普通高等教育土木工程专业新形态教材

建筑结构设计与PKPM 2021版 V1.2 CAD

崔钦淑　单鲁阳　聂洪达　编著

U0223244

清华大学出版社
北京

内 容 简 介

本书的撰写,以新规范和中国建筑科学研究院 PKPM 2021 V1.2 版软件为基础,内容深入浅出,简明扼要。为方便学生自学,列举多个例题,并附有习题供学生操作练习之用。本书共分 6 章,内容包括 PKPM 系列程序简介、建筑结构设计、PMCAD 结构平面设计软件应用、SATWE 多高层建筑结构空间有限元分析与设计软件、混凝土结构施工图绘制、LTCAD——楼梯设计程序。

本书可作为大学本科土木工程全日制专业、成人高等教育土建专业"结构设计程序应用"或"建筑结构 CAD"课程的教材和教学参考书,也可作为毕业设计的上机指导书和广大土木工程设计人员的参考书。

图书在版编目(CIP)数据

建筑结构设计与 PKPM 2021 版 V1.2 CAD/崔钦淑,单鲁阳,聂洪达编著.—北京:清华大学出版社,2022.7(2024.8 重印)
普通高等教育土木工程专业新形态教材
ISBN 978-7-302-60820-2

Ⅰ.①建… Ⅱ.①崔… ②单… ③聂… Ⅲ.①建筑结构—计算机辅助设计—应用软件—高等学校—教材 Ⅳ.①TU311.41

中国版本图书馆 CIP 数据核字(2022)第 081512 号

责任编辑:秦 娜 王 华
封面设计:陈国熙
责任校对:欧 洋
责任印制:刘海龙

出版发行:清华大学出版社
　　　　　网　　　址:https://www.tup.com.cn,https://www.wqxuetang.com
　　　　　地　　　址:北京清华大学学研大厦 A 座　　　邮　　编:100084
　　　　　社 总 机:010-83470000　　　　　邮　　购:010-62786544
　　　　　投稿与读者服务:010-62776969,c-service@tup.tsinghua.edu.cn
　　　　　质量反馈:010-62772015,zhiliang@tup.tsinghua.edu.cn
印 装 者:三河市天利华印刷装订有限公司
经　　销:全国新华书店
开　　本:185mm×260mm　　印　张:21.25　　　　　字　　数:513 千字
版　　次:2022 年 9 月第 1 版　　　　　　　　　　　印　　次:2024 年 8 月第 3 次印刷
定　　价:59.80 元

产品编号:076888-01

前 言

PREFACE

本书重点介绍中国建筑科学研究院 PKPM 2021 版 V1.2 结构设计软件的应用。结合典型工程实例,详细介绍 PKPM 2021 版 V1.2"结构"模块中各主要程序的基本使用方法及操作技巧。本书按现行新规范编写,采用规范通用符号、计量单位和基本术语。

本书的撰写,内容深入浅出、简明扼要,达到专业知识与设计软件的完美结合,具有很强的操作性和实用性,为方便学生学习,每章都精心设计了思考题及习题(除第 1 章、第 2 章只有思考题外),旨在引导学生举一反三,熟练掌握软件的应用,培养学生综合应用所学的知识解决专业问题的实践能力。本书的"提示"用于提醒学生设计中应该注意的问题或介绍实现同一目标的不同方法。

作者采取了"任务驱动式"的写作体例,注重理论与实践相结合,将实际工程中的实例按结构的建模与计算及施工图的绘制分散到各章节中进行讲解,有利于教师组织课堂教学和学生的自学。相信读者通过本书的学习以及上机实践,定会获益匪浅。

本书共分 6 章:

第 1 章 PKPM 系列程序简介,简单介绍 PKPM 结构设计的基本步骤、PKPM 结构设计程序模块(结构设计系列软件)、PKPM 结构设计软件联系网络。

第 2 章 建筑结构设计,详细介绍框架结构、剪力墙结构、框架-剪力墙结构设计要点,PMCAD 设计概念,结构的计算假定及程序的选择,框架结构设计实例。

第 3 章 PMCAD 结构平面设计软件应用,重点介绍 PMCAD 的基本功能与应用范围,启动建模软件 PMCAD,界面环境与工作方式,轴线输入、网格生成及实例,构件布置与楼层定义,荷载的输入与导算,设计参数,楼层组装及广义楼层组装,支座设置,工程拼装。

第 4 章 SATWE 多高层建筑结构空间有限元分析与设计软件,重点介绍 SATWE 软件的特点和基本功能,SATWE 软件的前处理——数据准备,特殊构件补充定义,分析和设计成果查看,结构整体性能控制,SATWE 有限元软件应用实例。

第 5 章 混凝土结构施工图绘制,重点介绍混凝土板施工图、混凝土梁施工图、混凝土柱施工图、混凝土剪力墙施工图的绘制。

第 6 章 LTCAD——楼梯设计程序,简要介绍普通楼梯、板式楼梯设计实例。

本书主要由崔钦淑、单鲁阳、聂洪达编著完成。其中,第 1 章由单鲁阳编著,第 2～4 章由崔钦淑编著,第 5 章由聂洪达编著,第 6 章由崔钦丽、聂澈编著。

本书为浙江工业大学重点建设教材,感谢浙江工业大学对本书的支持;感谢中国建筑科学研究院 PKPMCAD 工程部为本书提供的软件和用户手册;感谢浙江省自然科学基金项目(LY19E080017)的支持;并向在本书编著过程中给予关心和帮助的同事及有关编辑表示深深的敬意和感谢。

　　由于作者的经验和水平有限，书中有许多不足和疏漏之处，敬请广大读者批评指正，以便改进。

作　者

2022 年 8 月于杭州

目 录
CONTENTS

第1章

PKPM系列程序简介

本章要点、学习目标及思政要求

本章要点

(1) PKPM 结构设计的基本步骤。

(2) PKPM 结构设计程序模块。

(3) PKPM 结构设计软件联系网络。

学习目标

了解 PKPM 结构设计的基本步骤和各程序模块的适用范围,掌握 PKPM 结构设计软件的联系网络。

思政要求

激发学生的学习积极性,培养学生的专业自豪感和社会责任感。养成实事求是、一丝不苟的科学态度,树立诚信为本、开拓进取、为国奉献的思想品质。

PKPM 2021 版结构设计软件 V1.2 系列程序,包括 SATWE 核心的集成设计、PMSAP 核心的集成设计、Spas＋PMSAP 的集成设计、PK 二维设计、数据转换-接口、TCAD、拼图和工具,主要用于混凝土结构设计、砌体结构设计、钢结构设计、减隔震设计、施工图审查、鉴定加固设计、预应力结构设计及基础工程的设计。

PKPM 程序中结构设计分三步进行:①设计数据输入;②结构计算及计算结果输出;③施工图绘制。

1.1 PKPM 结构设计的基本步骤

1.1.1 设计数据输入

设计参数包括组成结构的几何数据、结构标准层所受荷载信息、结构标准层其他信息、楼层组装信息。

(1)组成结构的几何数据。定位网格线(轴线)、梁、柱、承重墙、斜支撑的截面尺寸及布置等。

(2) 结构标准层所受荷载信息。此信息有楼板恒荷载标准值、活荷载标准值、梁间荷载标准值、柱间荷载标准值、节点荷载标准值等。

(3) 结构标准层其他信息。此信息有结构总信息、地震作用信息、风荷载信息、绘图信息等。

(4) 楼层组装信息。对结构标准层进行层高定义、楼层复制与组装,最终形成整楼模型。

1.1.2　结构计算及计算结果输出

计算结果包括结构内力、位移及其他有关的数据、结构的配筋、轴压比、变形及裂缝宽度等。

1.结构计算

结构计算主要使用 SATWE 核心的集成设计、PMSAP 核心的集成设计、Spas＋PMSAP 的集成设计、PK 二维设计和 JCCAD 等程序模块下的分析计算程序,承接 PMCAD 建立的结构模型,进行结构分析计算,并进行基于计算结果的分析判断操作。

结构计算的主要工作有:

(1) 对设计数据输入的相关信息进行校核检查,并补充其他相关信息,PKPM 计算程序根据结构的几何信息、荷载信息、其他信息进行荷载组合和结构计算,求解方程组,输出计算结果。计算结果主要包括结构内力信息、变形信息、位移信息、结构构件配筋信息、裂缝信息等。

(2) 对计算结果进行判定,这里主要有两种情况:第一种情况主要是根据分析计算结果来判定是否满足建筑、结构设计规范及其他要求。如满足规范和其他要求则进行结构施工图绘制,否则重复 1.1.1 节设计数据输入,1.1.2 节结构计算及计算结果输出,直到满足设计要求为止。第二种情况是在某些情况下,建筑设计需要进行改动,则结构设计也需要进行相应调整,修改几何信息、荷载信息等相关设计参数,重复进行 1.1.1 节设计数据输入,1.1.2 节结构计算及计算结果输出,直到满足设计要求为止。

2.结构计算结果输出

(1) 经过计算机软件处理后以图形形式输出,在图上标注各种经过简化的相应数值。
(2) 以数据文件的形式输出各项精确的计算结果。

1.1.3　施工图绘制

完成施工图的绘制、编制修改、文件转换、图形打印、对相关文档进行处理等操作。

1.2　PKPM 结构设计程序模块

PKPM 结构设计软件 2021 版 V1.2 系列程序(单机版)主要包括结构、砌体、钢结构、减隔震、施工图审查、鉴定加固、预应力、工具与工业和 BIM 软件,本教材仅涉及"结构"程序模块。

1.2.1　PMCAD 结构建模

　　PMCAD软件采用人机交互方式,引导设计者逐层布置各层楼面和屋面,再输入层高就建立起一套描述建筑物整体结构的数据。PMCAD具有较强的荷载统计和传导计算功能,除计算结构自重外,还自动完成从楼板到次梁,从次梁到主梁,从主梁到柱或承重墙,再从上部结构传到基础的全部计算,加上局部的外加荷载,PMCAD可方便地建立整栋建筑结构的荷载数据。

　　由于建立了整栋建筑的结构数据,PMCAD成为PKPM系列结构设计软件各模块的核心,它为各分析设计模块提供必要的数据接口。

　　PMCAD是三维建筑设计软件APM与结构设计CAD相连接的必要接口。因此,它在整个系统中起到承前启后的重要作用。

1. 智能交互建立全楼结构模型

　　智能交互方式引导设计者在屏幕上逐层布置柱、梁、承重墙、洞口、楼板等结构构件,快速搭起全楼的结构模型,输入过程伴有中文菜单及提示,便于设计者反复修改。

2. 自动导算荷载,建立恒、活荷载标准值库

　　(1) 对于设计者给出的楼面恒荷载标准值、活荷载标准值,程序自动进行楼板到次梁、次梁到框架梁或承重墙的分析计算,所有次梁传到主梁的支座反力、各梁到梁、各梁到节点、各梁到柱传递的力均通过平面交叉梁系计算求得,自动计算次梁、主梁、柱及承重墙的自重。

　　(2) 引导设计者人机交互地输入或修改各房间楼面荷载、次梁荷载、主梁荷载、墙间荷载、节点荷载及柱间荷载,并方便设计者提供复制、反复修改等功能。

3. 为各种计算模型提供计算所需数据文件

　　(1) 可指定任一个轴线形成PK模块平面杆系计算所需的框架计算数据文件,包括结构立面、恒荷载、活荷载、风荷载的数据。

　　(2) 可指定任一层平面的任一由次梁或主梁组成的多组连梁,形成PK模块按连续梁计算所需的数据文件。

　　(3) 为空间有限元壳元计算程序SATWE提供数据,SATWE用壳元模型精确计算剪力墙,程序对墙自动划分壳单元并写出SATWE数据文件(这部分功能放在SATWE中)。

　　(4) 为特殊多、高层建筑结构分析与设计程序PMSAP(广义协调墙元模型)提供计算数据(这部分功能放在PMSAP模块中)。

4. 为上部结构各绘图CAD模块提供结构构件的精确尺寸

　　如梁柱施工图的截面、跨度、挑梁、次梁、轴线号、偏心等,剪力墙的平面与立面模板尺寸,楼板厚度,楼梯间布置等。

5. 为基础设计CAD模块提供布置数据与恒荷载和活荷载

　　不仅为基础设计CAD模块提供底层结构布置与轴线网格布置,还提供上部结构传下

的恒荷载和活荷载。

1.2.2　PK 平面结构设计程序

　　PK 模块本身包含二维杆系结构的人机交互输入和计算,也可以接 PMCAD 数据形成 PK 数据文件,程序采用二维内力计算模型,可以进行各种规则的和不规则的平面框架、连续梁、排架、框排架结构的内力分析、抗震验算及裂缝宽度计算等。程序还可以处理梁柱正交或斜交、梁错层、铰接梁柱等各种结构连接方式以及任意布置悬挑梁和牛腿,进行各种荷载效应组合和结构施工图的绘制。但 PK 的功能不仅限于 PK 菜单本身显示的内容,程序还可以在 SATWE 三维分析程序计算完成之后,接力绘制梁柱平面施工图、梁柱整体或梁柱分开表示的框架结构施工图。同时,PK 程序也是预应力结构和钢结构二维分析设计的内力计算内核。

1.2.3　SATWE 核心的集成设计

　　SATWE 是采用空间杆单元模拟梁、柱及支撑等杆件,采用基于壳元模拟凝聚而成的具有较高精度的墙元模型,分析计算剪力墙,适用于多高层结构分析与设计的程序。程序所需的几何信息、荷载信息全部从 PMCAD 模块提取生成,具有墙元和弹性楼板单元自动划分,多塔、错层信息自动生成功能,并能妥善处置上下洞口任意排布、弧墙等复杂情况,大大简化了设计者的操作。程序可完成建筑结构在恒荷载、活荷载、风荷载和地震作用下的内力分析、动力时程分析及荷载效应组合计算,可进行活荷载不利布置计算,并可将上部结构和地下室作为一个整体进行分析,对钢筋混凝土结构可完成截面配筋计算,对钢结构可作截面验算。完成计算后,可经全楼归并接力"混凝土施工图"模块,绘制梁、柱、剪力墙、板、组合楼板和层间板施工图,并可将荷载等信息传递给 JCCAD 程序模块,从而接力完成基础工程设计。程序适用于多高层钢筋混凝土框架、框架-剪力墙、高层钢结构或钢-混凝土混合结构。

1.2.4　PMSAP 核心的集成设计

　　PMSAP 是独立于其他结构设计程序的多高层结构分析程序。PMSAP 直接对多高层建筑中所出现的各种复杂情形进行分析。

　　PMSAP 核心的集成设计包含了结构建模(PMCAD＋空间标准层)、上部结构分析设计(PMSAP)、基础设计(JCCAD)、楼板设计(SLAB)、弹塑性时程分析(EPDA)、静力推覆分析(PUSH)、结构施工图等模块。

　　通过 PMCAD 标准层与空间标准层相结合的建模方式,并采用 PMSAP 分析内核,适合于主体为标准层结构,局部出现复杂的结构模型,如建筑物顶部有复杂的造型、钢屋盖、复杂的连廊等。

　　(1) 采用有限元分析方法,可以适用于任意结构布置形式,所有构件均可在空间位置布置。

　　(2) 有 20 多种有限元模型。一维单元有等截面和变截面的桁架杆、梁(柱)杆单元;二维单元有三角形及四边形空间壳及任意多边形空间壳(楼板元)、简化模型墙、细分模型墙;三维单元提供 48 自由度的六面体等参单元。此外还包括各种集中单元、地基单元等。

（3）在 PMSAP 中,采用带有最佳协调边界的子结构式墙元,该墙元通过最佳协调技术来满足墙与墙之间的协调性。

（4）在 PMSAP 中,将厚板转换层结构中的厚板、板柱体系结构中的楼板及一般结构中的楼板进行全楼整体分析和配筋设计。计算考虑了楼层之间、构件之间的耦合作用及地震作用组合的计算方法,具有较高的精度。

（5）可考虑梁、柱、墙、楼板的自动相互协调细分功能,保证了梁-楼板、墙-楼板、墙-柱之间的变形协调性。

（6）可考虑梁、柱、墙、楼板等所有类型单元的温度应力分析。

（7）可考虑整体刚度、分块刚性、完全弹性等多种楼板变形假定方式。

（8）三维与平面相结合的图形后处理。

1.2.5　Spas＋PMSAP 的集成设计软件

Spas＋PMSAP 的集成设计包含了空间结构建模与 PMSAP 分析、基础设计（JCCAD）、弹塑性时程分析（EPDA）、静力推覆分析（PUSH）、结构施工图等模块。

Spas 空间结构建模方式,采用 PMSAP 分析内核,适合于空间结构或出现空间斜墙的结构。

设计者在 SPASCAD 中直接建立包含 Z 坐标的三维模型,对于那些层规律不明显的工业建筑、桁架网架、体育馆博物馆等结构形式,有着更高的建模效率。

除了任意建立的几何模型之外,SPASCAD 中还提供了更多的工况及组合,结合 PMSAP 中对复杂空间结构更有针对性的分析选项,对这类结构的分析有着更好的适应性。

1.2.6　STS 软件

STS 软件用于建立多高层钢框架、门式刚架、桁架、支架、排架、框排架等钢结构的二维和三维模型,绘制钢结构施工图纸,与 PMCAD、PMSAP 交叉运用,共享模型数据。通过 SATWE 导入分析数据,返回至 STS 进行节点计算。

1.2.7　混凝土结构施工图

SATWE 或 PMSAP 配筋计算完毕,可接力"混凝土结构施工图"模块,绘制梁、柱、剪力墙、板、组合楼板和层间板施工图,梁、柱及剪力墙施工图中考虑了高层结构的构造要求。

1.2.8　LTCAD 设计软件

LTCAD 设计软件适用于单跑、二跑、三跑等梁式、板式楼梯,螺旋及悬挑等各种异形楼梯。可完成楼梯的内力与配筋计算及施工图绘制,生成楼梯平面图、竖向剖面图和楼梯板、楼梯梁及平台板配筋详图。

LTCAD 可与 PMCAD 连接使用,只需指定楼梯间所在位置并提供楼梯布置数据即可快速成图。

1.2.9　JCCAD 设计软件

JCCAD 可与 PMCAD 接口,读取柱网轴线和底层结构布置数据,以及读取上部结构计算(PK、PMCAD、SATWE)传来的基础荷载,可人机交互布置和修改基础。

JCCAD 可完成柱下独立基础(包括倒锥型、阶梯型、现浇或预制杯口基础,单柱、双柱或多柱基础)、墙下条形基础(包括砖、毛石、钢筋混凝土条基,并可带下卧梁)、弹性地基梁、带肋筏板(梁肋可朝上朝下)、柱下平板、墙下筏板基础、柱下独立桩基承台基础、桩筏基础、单桩基础(包括预制混凝土方桩、圆桩、钢管桩、水下冲钻孔桩、沉管灌注桩、干作业法钻孔灌注桩等),以及上述多种类型基础组合起来的大型混合基础的结构计算、沉降计算和施工图绘制。

1.3　PKPM 结构设计软件联系网络

PKPM 系列程序中用于结构设计的软件联系网络如图 1-1 所示。

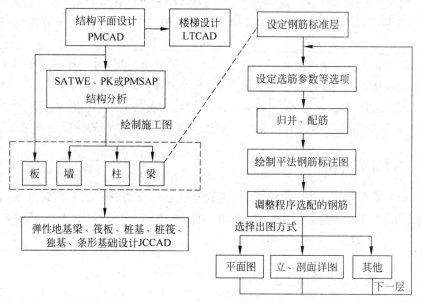

图 1-1　PKPM 系列程序中用于结构设计的软件联系网络

思考题

1. 请说出多层框架结构设计的基本流程及所使用的 PKPM 软件模块。
2. JCCAD 软件可以进行哪几类基础设计?
3. PMCAD 软件与 PK 软件有何不同?
4. 结构的梁、柱、剪力墙自重程序能否自动计算?
5. 梁间荷载、柱间荷载、节点荷载是输入荷载的标准值还是设计值?
6. PMCAD 建模时框架结构的填充墙如何处理?

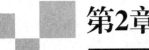

第2章

建筑结构设计

本章要点、学习目标及思政要求

本章要点

（1）框架结构设计要点及规范相关规定。

（2）框架-剪力墙结构设计要点及规范相关规定。

（3）剪力墙结构设计要点及规范相关规定。

学习目标

了解框架结构、剪力墙结构、框架-剪力墙结构总体布置原则；掌握结构基本构件梁、柱、板和剪力墙的截面尺寸估算方法；掌握结构的计算假定和程序的正确选择方法。

思政要求

科学素养、工匠精神、创新思维，理解按规范设计和工程创新之间的关系。

框架结构、剪力墙结构、框架-剪力墙结构是多层及高层钢筋混凝土结构中最为传统的结构体系。在建筑高度较高时，利用结构空间作用，又发展了框架-筒体结构、筒中筒结构、成束筒结构和巨型结构等多种结构体系。

2.1　框架结构设计

框架结构：由梁和柱为主要构件组成的承受竖向和水平作用的结构。按照框架布置方向的不同，框架结构体系可分为横向布置、纵向布置、纵横向布置三种框架布置形式。框架结构的变形特征为剪切型变形。在抗震设防地区，要求框架必须纵横向布置，形成双向框架结构形式，以抵抗水平风荷载和地震作用。框架结构的优点是建筑平面布置灵活，可以做成较大空间。需要时，可用隔断分隔成小空间，或拆除隔断恢复成大空间。外墙用非承重构件，可使立面设计灵活多变。如果采用轻质隔墙和外墙，就可大大降低房屋自重，节约材料。

框架结构有以下特点：

（1）梁、柱间的连接节点大多为刚节点。

（2）梁端具有部分固端约束（个别情况为固定端或铰接），故在大多数情况下梁端均作用有负弯矩。每跨梁的弯矩符合下述规律：

$$\left|M_{跨中}\right|+\left|\frac{M_{左端}+M_{右端}}{2}\right|=\left|M_{跨中,简支梁}\right| \tag{2-1}$$

在荷载作用下,梁既受弯曲、剪切,又受压缩(拉伸),计算中压缩(拉伸)的作用通常不予考虑。

(3) 柱在荷载作用下既受压缩,又受弯曲和剪切,在计算中必须同时考虑压缩和弯曲,剪切作用通常不予考虑;由于柱主要受压,在设计时要考虑稳定和压弯后的附加偏心距问题。

(4) 在框架结构设计时,要注意结构能否构成"几何不变体系",以及在几何不变体系中是静定结构还是超静定结构的问题。工程中不允许采用几何可变体系,而超静定框架结构的承载力肯定比静定框架结构大。

2.1.1　框架结构柱网布置要点

各种几何形状楼面的框架结构布置如图 2-1 所示。在进行框架结构体系的平面布置时,要注意以下 4 点:

(1) 柱网尽可能有规律地布置,以利于结构的受力。

(2) 进行框架结构的平面布置时,必须认清框架结构的主要受力方向。主框架平面应该尽量与建筑结构的主要受力方向一致。结构的主要受力方向往往为建筑物平面的短向。

(3) 在布置框架结构主要受力方向梁系时,也要同时考虑框架结构非主要受力方向梁系的布置,它们也应尽量有规律地布置。

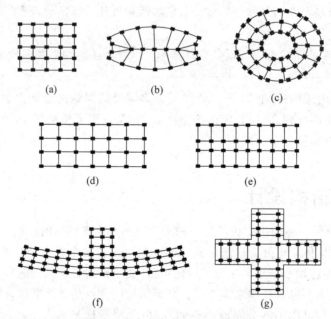

图 2-1　框架结构体系的平面布置
(a) 均布式;(b) 弧形式;(c) 圆形式;(d) 等跨式;(e) 内廊式;(f) 倒 T 式;(g) 十字式

(4) 框架柱的间距一般取主梁的常用跨度(6~9m)为宜;框架的层高一般取建筑物的合理层高(3~5m)。

在进行框架结构的平面布置时,要同时估计框架结构梁、柱的截面及板厚尺寸。

1. 梁截面尺寸估算

(1) 混凝土框架主梁的截面高度 $h = (1/15 \sim 1/10)l_0$ (l_0 为框架梁计算跨度),截面宽度 $b = (1/3 \sim 1/2)h$,且 $b \geqslant 200$mm,一般取 250mm、300mm、350mm 等。

(2) 框架连系梁或次梁的截面高度 $h = (1/18 \sim 1/12)l_0$ (l_0 为框架连系梁或次梁的计算跨度),截面宽度 $b = (1/3 \sim 1/2)h$,且 $b \geqslant 200$mm,一般取 200mm、250mm 等,跨度较小的管道井、厨房、卫生间隔墙下的梁截面宽可以取到 120mm、150mm 等。

(3) 井式楼盖梁截面高度 $h = (1/20 \sim 1/16)l_0$ (l_0 为房间平面的短边长度),截面宽度 $b = (1/4 \sim 1/3)h$。

(4) 悬臂梁截面高度 $h = (1/5 \sim 1/6)l_0$,$b = (1/3 \sim 1/2)h$。

2. 楼板截面尺寸估算

(1) 单向板:$h \geqslant (1/30)l_0$ (l_0 为板的计算跨度),且 $h \geqslant 80$mm。

(2) 双向板:$h \geqslant (1/40)l_{01}$ (l_{01} 为短边计算跨度),且 $h \geqslant 80$mm。

(3) 无梁支承的无柱帽板 $h \geqslant (1/30)l_{02}$,无梁支承的有柱帽板 $h \geqslant (1/35)l_{02}$ (l_{02} 为柱网长边计算跨度),且 $h \geqslant 150$mm。

(4) 现浇预应力混凝土楼板厚度:$h \geqslant (1/50 \sim 1/45)l_{01}$ (l_{01} 为预应力楼板的计算跨度),且 $h \geqslant 150$mm。

(5) 悬臂板板厚(固定端):$h \geqslant (1/12 \sim 1/10)l_0$ (l_0 为悬臂板长度),且当 $l_0 \leqslant 500$mm 时,$h \geqslant 80$mm;当 $l_0 = 1200$mm 时,$h \geqslant 100$mm。

提示:一般楼层现浇楼板厚度不应小于 80mm;当板内预埋暗管时不宜小于 100mm;顶层楼板厚度不宜小于 120mm;普通地下室顶板厚度不宜小于 160mm;作为上部结构嵌固部位的地下室楼层的顶盖应采用梁板结构,板厚不宜小于 180mm,应采用双向配筋,且每个方向配筋率不宜小于 0.25%。

3. 柱截面尺寸估算

框架柱的截面尺寸,可根据该柱估计承受的最大竖向荷载的设计值,按轴压比的要求,用下式估算:

$$A_c \geqslant \frac{N_c}{\mu_N f_c} \tag{2-2}$$

式中:f_c——混凝土轴心抗压强度设计值;

μ_N——框架柱轴压比限值,对一、二、三、四级抗震等级的框架柱,分别取 0.65、0.75、0.85、0.90;

A_c——柱的截面面积,$A_c = b \times h$,b、h 分别为柱的截面宽度和高度,宜取 $b \geqslant 350$mm,$h \geqslant 400$mm,$H_{cn}/h > 4$ (H_{cn} 为柱的净高),柱截面的高宽比不宜大于 3;

N_c——竖向荷载和活荷载(考虑活荷载折减)与地震作用组合下的轴力设计值,可根据框架柱的负荷面积按竖向荷载计算,再乘以增大系数得到,即:

$$N_c = 1.35nAq \tag{2-3}$$

式中：q——考虑水平力影响折算在建筑面积上均布竖向荷载(结构自重和活荷载)及填充

墙材料重量标准值,也可按表 2-1 选用;

A——柱承受荷载的从属面积;

n——计算截面以上的楼层层数。

表 2-1 柱考虑水平力(风荷载、地震作用)影响后的竖向荷载标准值

结构类型	重力荷载(包括活荷载)/(kN/m²)	
框架	轻质填充墙	11～15
框架-剪力墙	轻质填充墙	13～18
剪力墙、筒体	—	16～20

当剪跨比不大于 2(短柱)或建造于Ⅳ类场地土且较高的框架结构,其柱容易发生剪切破坏,为此应放大柱的截面,式(2-2)中 μ_N 对一、二、三、四级抗震等级,分别取 0.60、0.70、0.80、0.85。

2.1.2 框架结构规范有关规定

现浇混凝土框架结构最大适用高度、抗震等级(丙类建筑)、最大高宽比和弹性层间位移角的确定见表 2-2。甲乙类建筑按规定提高一度确定其抗震等级,高度超过表 2-2 相应规定的上界时,应采取比一级更有效的抗震构造措施。

表 2-2 现浇混凝土框架结构最大适用高度、抗震等级、最大高宽比和弹性层间位移角

设防烈度	非抗震设计	6		7		8(0.2g)		8(0.3g)		9
最大适用高度/m	70	60		50		40		35		24
抗震等级	—	≤24	>24	≤24	>24	≤24	>24	≤24	>24	≤24
		四	三	三	二	二	二	二	一	一
大跨度框架	—	三		二		一				一
最大高宽比	5	4		4		3				2
弹性层间位移角	1/550									

注:建筑场地为Ⅰ类时,除 6 度外应允许按表内降低一度所对应的抗震等级采取抗震构造措施,但相应的计算要求不应降低;大跨度框架指跨度不小于 18m 的框架;接近或等于高度分界时,应允许结合房屋不规则程度及场地、地基条件确定抗震等级。

框架结构伸缩缝、沉降缝和防震缝规定如下。

规范规定现浇混凝土框架结构伸缩缝的最大间距为 55m,防震缝宽度见表 2-3,抗震设计时,伸缩缝、沉降缝的宽度应满足防震缝的要求。

表 2-3 框架结构防震缝宽度

设防烈度	6		7		8		9	
高度 H/m	≤15	>15	≤15	>15	≤15	>15	≤15	>15
防震缝宽度 /mm	≥100	≥100+4h	≥100	≥100+5h	≥100	≥100+7h	≥100	≥100+10h

注:防震缝两侧结构类型不同时,宜按需要较宽防震缝的结构类型和较低房屋高度确定缝宽;表中 $h=H-15$。

当采用有效的构造措施和施工措施减少温度和混凝土收缩对结构的影响时,可适当放宽伸缩缝的间距。这些措施包括但不限于下列方面:

(1) 顶层、底层、山墙和纵墙端开间等温度变化影响较大的部位提高配筋率。

(2) 顶层加强保温隔热措施,外墙设置外保温层。

(3) 每 30～40m 间距留出施工后浇带,后浇带宽 800～1000mm,当后浇带是为减少混凝土施工过程的温度应力时,混凝土宜在两个月后浇筑;当后浇带是为调整结构不均匀沉降而设置时,后浇带中的混凝土应在两侧结构单元沉降基本稳定后再浇筑。后浇带部位的构件钢筋不截断,且增加不少于原配筋 15% 的附加钢筋,伸入后浇带两侧各 1000mm;后浇带采用比相应结构部位高一级的微膨胀混凝土浇筑;施工期间后浇带两侧构件应妥善支撑,以确保构件和结构整体在施工阶段的承载力和稳定性。

(4) 采用收缩小的水泥、减少水泥用量、在混凝土中加入适宜的外加剂。

(5) 提高每层楼板的构造配筋率或采用部分预应力结构。

2.1.3 典型框架结构的受力特点

1) 底层大空间框架的受力特点

有时由于建筑使用功能上的要求,例如上部为办公楼,底层为商场,要求在底层抽掉部分框架柱,以扩大建筑空间,如图 2-2(a)所示。这样会带来两个问题:一是在竖向荷载作用下,中间抽掉的柱子上的轴向力将通过转换大梁传给两侧的落地柱,因此该转换大梁的受力较复杂,且梁高也往往很大,给建筑立面处理带来一定困难。有时也可以用桁架代替该转换大梁,以方便转换层的采光和使用。二是底层落地柱所承受的侧向荷载突然增大,因此,落地柱的刚度(柱尺寸)应增加。

2) 带小塔楼框架的受力特点

带小塔楼的框架,如图 2-2(b)所示。在非地震区,带小塔楼的建筑结构的设计只要搞清楚竖向荷载传递路线即可。而在地震区,由于小塔楼部分的刚度、质量较下部建筑物有较大突变,地震时,小塔楼会产生鞭梢效应。突出部分的体型愈细长、占整个房屋重量的比例越小,则这种影响也越大。

框架结构按抗震设计时,不应采用部分由砌体墙承重之混合形式。框架结构中的楼、电梯间及局部出屋顶的电梯机房、楼梯间、水箱间等,应采用框架承重,不应采用砌体墙承重。

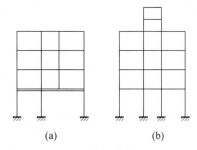

图 2-2 框架结构的变化

(a) 底层抽柱的框架结构;

(b) 带小塔楼的框架结构

3) 错层框架结构的受力特点

错层框架结构如图 2-3 所示。其中图中 2-3(a)、(b)是建筑物各部分之间层高不一致造成的,图 2-3(c)则是建筑物局部断梁造成的。错层框架对抗震不利。在地震作用下,由于两侧横梁的标高不一致而形成短柱,易发生脆性的剪切破坏,在设计中应予以避免。

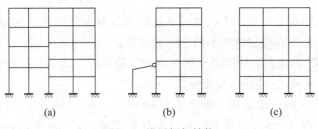

图 2-3　错层框架结构

(a)、(b) 层高不同框架；(c) 断梁框架

2.1.4　异形柱框架结构设计要点

1. 异形柱

异形柱结构是近年来发展起来的一种新型结构。截面几何形状为 L 形、T 形、十字形和 Z 形，且截面各肢的肢高肢厚比不大于 4 的柱，称为异形柱(图 2-4)。异形柱的柱肢宽度与建筑的填充墙等厚，避免柱楞凸出，把建筑美观和使用的灵活有机地结合。在异形柱结构体系中，一般角柱为 L 形，边柱为 T 形，中柱为十字形，当柱网轴线发生偏移时，采用 Z 形截面柱作为转换柱。在实际工程中异形柱已经被广泛用于住宅、宾馆、学生公寓等建筑中。

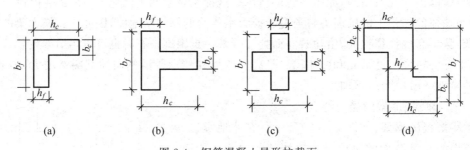

图 2-4　钢筋混凝土异形柱截面

(a) L 形柱；(b) T 形柱；(c) 十字形柱；(d) Z 形柱

2. 异形柱结构体系

钢筋混凝土异形柱结构体系是从 20 世纪 70 年代开始在住宅建筑的发展中逐步形成的一种结构体系。随着住宅产业的迅速发展和房地产市场的日臻成熟，异形柱多高层住宅建筑形式越来越受到人们的青睐。结构设计者在思想上从剪力墙到短肢剪力墙，再延伸到异形柱结构，他们大胆而创新地采用了 L 形、T 形、十字形及 Z 形柱截面形式，将柱子隐藏到墙体中，使住宅结构的内部美观平整；配合轻质隔墙的采用，使结构自重轻，地震作用小，造价更经济。

异形柱结构体系主要指采用框架结构(图 2-5)和框架-剪力墙结构(图 2-6)

3. 异形柱结构的优点与缺点

1) 异形柱结构的主要优点

(1) 柱肢的厚度与填充墙的厚度相等且柱肢较短，柱不突出在墙体外面(图 2-5 和图 2-6)，墙面平整美观，便于家具布置且较为经济。

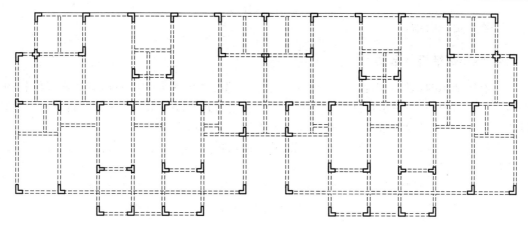

图 2-5　某住宅建筑异形柱框架结构平面布置

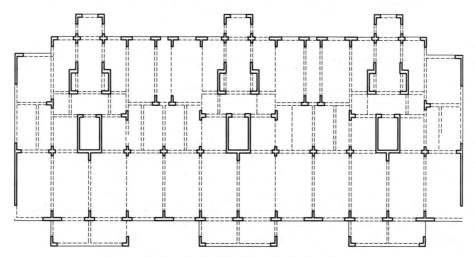

图 2-6　某住宅建筑异形柱框架-剪力墙结构平面布置

（2）由于采用异形柱承重,墙体只起填充作用,所以对墙体材料的强度要求较低,墙体的厚度可以做得较薄,与混凝土普通框架结构房屋相比,可增加 7%～10% 的使用面积。

（3）填充墙可采用轻质材料,不但有利于保温隔热,还有利于减轻房屋重量,与砖混结构体系相比可减轻自重 1/3～1/2,减少基础造价,对结构的抗震也十分有利。

（4）与带构造柱的砌体结构房屋相比,异形柱结构房屋不但受力性能好,而且可建成小高层住宅,节约建筑用地。

2）异形柱结构的主要缺点

（1）与矩形柱结构相比,异形柱结构的混凝土用量增加 4%～6%,钢筋用量增加 5%～9%,造价比矩形柱结构略高,比带构造柱的砌体结构房屋更高。

（2）异形柱由于多肢的存在,其剪力中心与截面形心往往不重合,各柱肢截面上除有正应力外,还有剪应力。由于剪应力的存在,异形柱的裂缝比普通矩形柱出现得早,变形能力比矩形柱低。因此,异形柱结构在轴压比、最大建筑高度以及抗震设防烈度等方面都将受到较大的限制。

（3）异形柱结构设计计算较复杂,通常采用数值积分方法对异形柱进行正截面承载力计算和配筋。异形柱的柱肢厚度与梁的宽度都较小(一般为 200mm),柱内钢筋较拥挤,给施工带来一定的困难。

4．异形柱结构的选型

异形柱结构的选型应当包括竖向承重结构的选型、水平承重结构的选型和底部结构的选型三部分。但是，水平承重结构和底部结构的选型与其他混凝土结构相同。因此，此处所指的异形柱结构的选型，是指异形柱结构竖向承重结构的选型。

异形柱结构应该根据建筑的使用要求、结构的高度、受力特点、抗震设防情况等选择竖向承重结构的形式。

（1）对于层数不多、高度不高的多层住宅和一般性民用建筑，可以选用全部由异形柱组成的纯异形柱框架结构体系。当结构受力上有需要时，也可以在异形柱框架结构中设置一部分普通框架柱。

（2）高层和层数较多、高度较高的多层住宅和一般性民用建筑，应采用异形柱框架-剪力墙结构。

（3）当使用上要求设置底部大空间时，可采用底部抽柱带转换层的异形柱结构。

异形柱结构房屋适用的最大高度应符合表 2-4 的规定。

表 2-4　异形柱结构房屋适用的最大高度　　　　　　　　　　　　　　　m

结构体系	非抗震设计	抗震设计				
		6 度	7 度		8 度	
		0.05g	0.10g	0.15g	0.20g	0.30g
框架结构	28	24	21	18	12	不应采用
框架-剪力墙结构	58	55	48	40	28	21

注：（1）房屋高度指室外地面至主要屋面的高度（不包括局部突出屋顶部分）；

（2）底部抽柱带转换层的异形柱结构，适用的房屋最大高度应符合《混凝土异形柱结构技术规程》（JGJ 149—2017）附录 A 的规定；

（3）房屋高度超过表内规定的数值时，结构设计应有可靠依据，并采取有效的加强措施。

异形柱结构适用的最大高宽比不宜超过表 2-5 的限值。

表 2-5　异形柱结构适用的最大高宽比

结构体系	非抗震	抗震设计				
		6 度	7 度		8 度	
		0.05g	0.10g	0.15g	0.20g	0.30g
框架结构	4.5	4.0	3.5	3.0	2.5	—
框架-剪力墙结构	5.0	5.0	4.5	4.0	3.5	3

5．异形柱结构的布置

结构布置包括结构平面布置和结构竖向布置两部分。

结构布置的合理与否，对建筑的使用、结构的受力、施工的便利以及经济合理性有重大影响。

1）异形柱结构的平面布置

异形柱结构的平面布置应符合下列要求：

（1）异形柱结构的一个独立单元内,结构的平面形状宜简单、规则、对称,减少偏心,刚度和承载力分布宜均匀。

（2）异形柱结构的框架纵、横柱网轴线宜分别对齐拉通;异形柱截面肢厚中心线宜与框架梁及剪力墙中心线对齐。

（3）异形柱框架-剪力墙结构中剪力墙的最大间距不宜超过表 2-6 的限值(取表中两个数值的较小值),当剪力墙间距超过限值时,在结构计算中应计入楼盖、屋盖平面内变形的影响。

2）异形柱结构的竖向布置

异形柱结构的竖向布置应符合下列要求:

（1）建筑的立面和竖向剖面宜规则、均匀,避免过大的外挑和内收。

（2）结构的侧向刚度沿竖向宜相近或均匀变化,避免侧向刚度和承载力沿竖向的突变;高层异形柱框架-剪力墙结构相邻楼层侧向刚度变化应符合现行国家行业标准《高层建筑混凝土结构技术规程》(JGJ 3—2010)第 3.5.2 条要求。

（3）异形柱框架-剪力墙结构体系的剪力墙应上下对齐、连续贯通房屋全高。

表 2-6　异形柱结构的剪力墙最大间距　　　　　　　　　　　　m

楼盖、屋盖类型	非抗震设计	抗震设计				
		6 度	7 度		8 度	
		0.05g	0.10g	0.15g	0.20g	0.30g
现浇	4.5B,55	4.0B,50	3.5B,45	3.0B,40	2.5B,35	2.0B,25
装配整体	3.0B,45	—	—	—	—	—

注:(1) 表中 B 为楼盖宽度(m);

（2）现浇层厚度不小于 60mm 的叠合楼板可作为现浇板考虑;

（3）当剪力墙之间的楼盖、屋盖有较大开洞时,剪力墙间距应比表中限值适当减小。

6. 异形柱框架结构的抗震等级

抗震设计时,异形柱结构应根据抗震设防烈度、建筑场地类别、结构类型和房屋高度按表 2-7 的规定采用不同的抗震等级,并应符合相应的计算和构造措施要求。建筑场地为Ⅰ类时,除 6 度外,应允许按本地区抗震设防烈度降低 1 度所对应的抗震等级采取抗震构造措施,但相应的计算要求不应降低。

表 2-7　异形柱框架结构的抗震等级

结构类型		抗震设防烈度					
		6 度	7 度			8 度	
		0.05g	0.10g		0.15g	0.20g	0.30g
框架结构	高度/m	≤21	>21	≤21	>21	≤18	>18	≤12	—
	框架	四	三	三	二	三(二)	二(二)	二	—

注:(1) 房屋高度指室外地面到主体屋顶板板顶的高度;

（2）对 7 度(0.15g)时建于Ⅲ、Ⅳ类场地的异形柱框架结构,应按表中括号内所示的抗震等级采取抗震构造措施;

（3）房屋高度接近或等于表中高度分界数值时,允许结合房屋不规则程度及场地、地基条件适当确定抗震等级。

2.2　框架-剪力墙结构设计

框架-剪力墙结构：由框架和剪力墙共同承受竖向和水平作用的结构，如图 2-7 所示。框架主要承受竖向荷载，剪力墙主要承受水平荷载。它克服了框架结构抗侧力小的缺点，既可使建筑平面灵活布置，又能对常见的 30 层以下的高层建筑提供足够的抗侧刚度，因而在实际工程中被广泛应用。

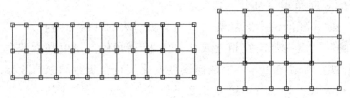

图 2-7　框架-剪力墙结构

2.2.1　框架-剪力墙结构布置要点

框架-剪力墙结构布置的关键是剪力墙的数量及位置。从建筑布置角度看，减少剪力墙数量则可使建筑布置更灵活；但从结构的角度看，剪力墙承担了 80% 以上的水平力，对结构抗侧刚度有明显的影响，因此剪力墙的数量不能过少。剪力墙的布置应注意以下问题：

(1) 应使墙体的长度方向与水平荷载作用方向平行，并使墙体截面面积满足抵抗水平荷载的要求。对于有抗震设防要求的建筑物，墙体应沿纵横两个方向布置；而在非地震区，矩形截面建筑物一般只在受风大的横向布置墙体。日本震害调查的经验表明：对有抗震要求的建筑物，每平方米建筑面积中设有 50～120mm 长的抗侧力墙体是合适的。

(2) 抗侧力墙体宜布置在建筑物两端、楼梯间、电梯间及平面刚度有变化处，同时以能使纵横方向相互联系为有利，这样可以增强整个建筑结构对偏心扭转的抵抗能力。对于图 2-8(a) 和 (b) 所示的墙体布置对抵抗水平力不利。在图 2-8(a) 中墙体在 x 方向没有刚度，在图 2-8(b) 中，抵抗中心和力作用中心不重合，且几乎没有抗扭刚度，图 2-8(c)～(f) 的布置是较好的。在图 2-8(d) 中，x 方向的荷载会产生扭转，但是在 y 方向的两片成对的墙可抵抗扭转。图 2-8(e) 的筒体形式能很好地抵抗任何方向来的水平力。图 2-8(f) 中墙的布置不仅有利于抵抗水平力和抵抗扭转，而且还有另一个优点，就是它允许建筑物角部在温度、徐变和收缩影响下有一定的变形。注意图 2-8 中的情况，成对的抵抗剪力的墙才能抗扭，因为扭矩是一个力偶，每一对剪力墙才可提供抵抗力偶。

(3) 抗侧力墙的间距在两片剪力墙（或两个筒体）之间布置框架时，楼盖必须有足够的平面内刚度，才能将水平剪力传递到两端的剪力墙上去，发挥剪力墙为主要抗侧力结构的作用，如图 2-9 所示。否则，楼盖在水平力作用下将产生弯曲变形，如图 2-9 中虚线所示，导致框架侧移增大，框架水平剪力也将成倍增大。通常以限制 L/B 比值作为保证楼盖刚度的主要措施。这个数值与楼盖的类型和构造有关。《高层建筑混凝土结构技术规程》(JGJ 3—2010) 规定的剪力墙间距 L 如表 2-8 所示。

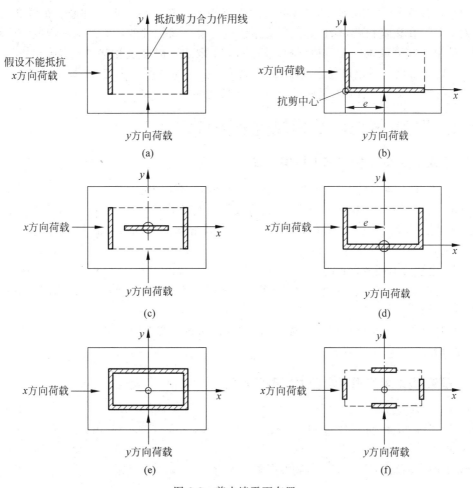

图 2-8　剪力墙平面布置

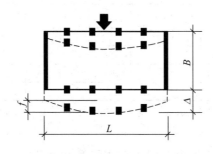

图 2-9　剪力墙间距

表 2-8　剪力墙间距 L（取较小者）　　　　　　　　　　　m

楼盖形式	非抗震设计	抗震设防烈度		
		6 度、7 度	8 度	9 度
现浇	$5.0B,60$	$4.0B,50$	$3.0B,40$	$2.0B,30$
整体装配	$3.5B,50$	$3.0B,40$	$2.5B,30$	—

注：B 为剪力墙之间的楼盖宽度。

（4）剪力墙靠近结构外围布置,可以加强结构的抗扭作用。但要注意:布置在同一轴线上而又分设在建筑物两端的剪力墙,会限制两片墙之间构件的热胀冷缩和混凝土收缩,由此产生的温度应力可能造成不利影响。因此,应采取适当消除温度应力的措施。

（5）抗侧力墙宜沿建筑物全高设置,沿高度方向应避免刚度突变,墙厚宜分段减薄。

（6）使整个结构平面内的刚心与质心尽量靠近。

2.2.2　框架-剪力墙结构规范有关规定

1. 框架-剪力墙结构中剪力墙构造要求

1）框架-剪力墙结构中,剪力墙的竖向、水平分布钢筋的配筋率

抗震设计时均不应小于 0.25%,非抗震设计时均不应小于 0.20%,钢筋直径不宜小于10mm,间距不宜大于 300mm,并应双排布置。各排分布筋之间应设置拉筋,拉筋的直径不应小于 6mm、间距不应大于 600mm。

2）带边框剪力墙的截面厚度

（1）抗震设计时,一、二级剪力墙的底部加强部位不应小于 200mm,其他情况下不应小于 160mm。

（2）剪力墙的水平钢筋应全部锚入边框柱内,锚固长度不应小于 l_a（非抗震设计）或 l_{aE}（抗震设计）。

2. 框架-剪力墙的规定及剪力墙截面初估

1）框架-剪力墙结构最大适用高度

非抗震 150m、设防烈度 6 度 130m、7 度 120m、8 度（0.2g）100m、8 度（0.3g）80m、9 度 50m。

框架-剪力墙结构抗震等级和最大高宽比的确定,如表 2-9 所示。

表 2-9　框架-剪力墙抗震等级和最大高宽比

设防烈度		非抗震	6		7			8			9	
抗震等级	高度/m	—	≤60	>60	<24	24～60	>60	<24	24～60	>60	<24	24～50
	框架	—	四	三	四	三	二	三	二	一	二	一
	剪力墙	—	三		三	二		二	一		一	
最大高宽比		7	6		6			5			4	

注:建筑场地为Ⅰ类时,除 6 度外应允许按表内降低 1 度对应的抗震等级采取抗震构造措施,但相应的计算要求不应降低。

2）框架-剪力墙结构伸缩缝、沉降缝和防震缝宽度规定

规范规定框架-剪力墙结构伸缩缝的间距可根据结构的具体布置情况取 45～55m 的数值,防震缝宽度如表 2-10 所示。

表 2-10　框架-剪力墙结构防震缝宽度

设防烈度	6		7		8		9	
房屋高度 H/m	≤15	>15	≤15	>15	≤15	>15	≤15	>15
防震缝宽度/mm	≥100	≥100+2.8h	≥100	≥100+3.5h	≥100	≥100+4.9h	≥100	≥100+7h

注:防震缝两侧结构类型不同时,宜按需要较宽防震缝的结构类型和较低房屋高度确定缝宽;表中 $h=H-15$。

3）剪力墙截面厚度和边框设置

（1）抗震墙的厚度不应小于 160mm 且不宜小于层高或无支长度的 1/20，底部加强部位的抗震墙厚度不应小于 200mm 且不宜小于层高或无支长度的 1/16。

（2）有端柱时，墙体在楼盖处宜设置暗梁，暗梁的截面高度不宜小于墙厚和 400mm 的较大值；端柱截面宜与同层框架柱相同；抗震墙底部加强部位的端柱和紧靠抗震墙洞口的端柱宜按柱箍筋加密区的要求沿全高加密箍筋。

2.3　剪力墙结构设计

剪力墙结构是由剪力墙组成的承受竖向和水平作用的结构。一般来说，剪力墙的宽度和高度与整个房屋的宽度和高度相同，宽达十几米或更大，高达几十米以上。而它的厚度则很薄，一般为 160～300mm，较厚的可达 500mm。

由于受楼板跨度的限制，剪力墙结构的开间一般为 3～8m，适用于住宅、旅馆等建筑。剪力墙结构采用现浇钢筋混凝土，整体性好，承载力及侧向刚度大。合理设计的延性剪力墙具有良好的抗震性能。在历次地震中，剪力墙的震害一般比较轻。剪力墙结构的适用高度范围大，10～30 层的住宅及旅馆都可应用。在剪力墙内配置钢骨，成为钢骨混凝土剪力墙，可以改善剪力墙的抗震性能。剪力墙结构平面布置不灵活，空间局限，结构自重大。图 2-10 是剪力墙结构平面布置的举例。

在侧向力作用下，剪力墙结构的侧向位移曲线呈弯曲形，即层间位移由下至上逐渐增大，如图 2-11 所示。

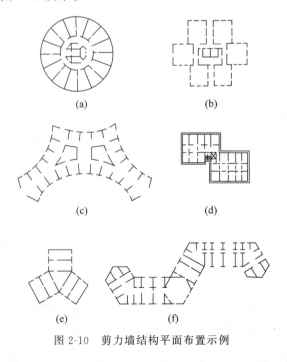

（a）　　　　　　　　（b）

（c）　　　　　　　　（d）

（e）　　　　　　　　（f）

图 2-10　剪力墙结构平面布置示例

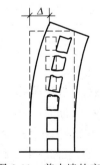

图 2-11　剪力墙的变形

2.3.1　剪力墙结构设计要点

　　剪力墙是平面构件,在其自身平面内有较大的承载力和刚度,平面外的承载力和刚度小,结构设计时一般不考虑平面外的承载力和刚度。因此,剪力墙要双向布置,分别抵抗各自平面内的侧向力;抗震设计的剪力墙结构,应力求使两个方向的刚度接近。

　　为了使底层或底部若干层有较大的空间,可以将结构做成底层或底部若干层为框架、上部为剪力墙的框支剪力墙结构,图 2-12 为框支剪力墙的立面。在地震作用下,框支层的层间变形大,造成框支柱破坏,甚至引起整幢建筑物倒塌,因此,地震区不允许采用底层或底部若干层全部为框架的框支剪力墙结构。地震区可以采用部分剪力墙落地、部分剪力墙有框架支承的部分框支剪力墙结构。由于有一定数量的剪力墙落地,通过转换层将不落地剪力墙的剪力转移到落地剪力墙,减少了框支层刚度和承载力突然变小对结构抗震性能的不利影响。

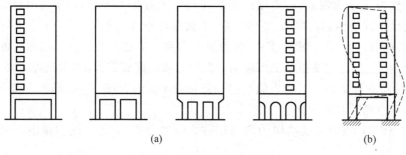

图 2-12　框支剪力墙的立面
(a) 框支剪力墙立面;(b) 框支剪力墙的变形

　　抗震设计的部分框支剪力墙结构底部大空间的层数不宜过多。应采取措施,加大底部大空间的刚度,如将落地的纵横向墙围成井筒,加大落地墙和井筒的墙体厚度等,转换层上部结构与下部结构的侧向刚度比及框支柱承受的地震水平剪力应符合一定的要求。图 2-13为底层大空间部分框支剪力墙结构的典型平面。

　　剪力墙的横截面(即水平面)一般是狭长的矩形。有时将纵横墙相连,则形成工形、Z形、L 形、T 形等,如图 2-14 所示。剪力墙沿竖向应贯通建筑物全高。墙厚在高度方向可以逐步减少,但要注意避免突然减小很多。为防止剪力墙在两层楼盖之间发生失稳破坏,《建筑抗震设计规范》(GB 50011—2010)第 6.4.1 条规定:抗震墙的厚度,抗震等级为一、二级不应小于 160mm,且不宜小于层高或无支长度的 1/20;抗震等级为三、四级不应小于 140mm,且不宜小于层高或无支长度的 1/25。无端柱或翼墙时,抗震等级为一、二级不宜小于层高或无支长度的 1/16;抗震等级为三、四级不宜小于层高或无支长度的 1/20。

　　底部加强部位的墙厚,抗震等级为一、二级不应小于 160mm 且不宜小于层高或无支长度的 1/16;抗震等级为三、四级不宜小于层高或无支长度的 1/20。无端柱或翼墙时,抗震等级为一、二级不宜小于层高或无支长度的 1/12;抗震等级为三、四级不宜小于层高或无支长度的 1/16。

　　剪力墙体系中一个重要问题是开设门窗或其他洞口的问题。在抗侧力墙上不可避免地要开设洞口,如果洞口的大小和位置不合理,会导致抗侧力墙体乃至整个建筑物刚度的过大削弱。

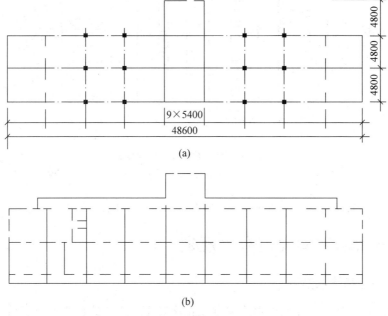

图 2-13　底层大空间部分框支剪力墙结构的典型平面

（a）首层平面；（b）标准层平面

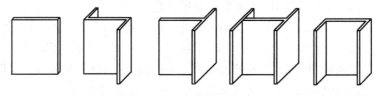

图 2-14　剪力墙截面的形式

剪力墙结构在竖向荷载作用下的受力情况较为简单，各榀剪力墙分别承受各层楼盖结构传来的作用力，剪力墙相当于一受压柱。在水平荷载作用下，剪力墙的受力较为复杂，其受力性能主要与开洞大小有关。图 2-15 表示了剪力墙开洞大小的变化情况。当剪力墙开洞较小时，如图 2-15（a）所示，剪力墙的整体工作性能较好，整个剪力墙犹如一个竖向放置的悬臂梁，剪力墙截面内的正应力分布在整个剪力墙截面高度范围内，并呈线性分布或接近于线性分布，这类剪力墙称为整截面剪力墙。如果剪力墙开洞面积很大，如图 2-15（d）所示，联系梁和墙肢的刚度均比较小，整个剪力墙的受力与变形接近于框架，几乎每层墙肢均有一个反弯点，这类剪力墙称为壁式框架。当剪力墙开洞介于两者之间时，则剪力墙在侧向荷载作用下的受力特性也介于上述两者之间。这时整个剪力墙截面上的正应力不再呈线性分布，由于联系梁的抗弯刚度的作用，会在墙肢顶部的某几层内产生反弯点，而在底部一般不会有反弯点出现，且墙肢内的弯矩分布不再像悬臂杆一样呈光滑的抛物线，而呈锯齿状分布。根据联系梁刚度的大小，这一范围内的剪力墙可分为整体小开口剪力墙（图 2-15（b））和双肢剪力墙（图 2-15（c））两类。

另外，如果联系梁的刚度很小，仅能起到传递推力的作用，而墙肢的刚度相对较大，则联系梁对墙肢弯曲变形的约束作用很小，仅能起到传递推力的作用。每个墙肢相当于一个悬

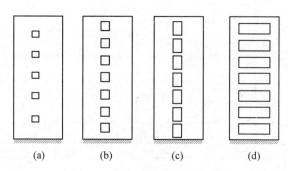

图 2-15　剪力墙开洞大小的变化

(a) 小开洞剪力墙；(b) 整体小开洞剪力墙；(c) 双肢剪力墙；(d) 大开洞剪力墙

臂杆,水平荷载由各个墙肢共同承担,每个墙肢的正应力呈线性分布。

2.3.2　剪力墙结构规范有关规定

1. 剪力墙结构体系方面

1) 剪力墙不宜过长。较长的剪力墙宜设置跨高比大于 6 的连梁形成洞口,将一道剪力墙分成长度较均匀的若干墙段,各墙段的高宽比不宜小于 3,墙肢截面高度不宜大于 8m。

2) 抗震设计时,剪力墙底部加强部位的范围应符合下列规定:

(1) 底部加强部位的高度,应从地下室顶板算起。

(2) 抗震设计时,房屋高度大于 24m 时,剪力墙底部加强部位的高度可取底部两层和墙体总高度的 1/10 二者的较大值,房屋高度不大于 24m 时,底部加强部位可取底部一层。部分框支抗震墙结构的剪力墙,其底部加强部位的高度,可取框支层加框支层以上两层的高度及落地剪力墙总高度的 1/10 二者的较大值。

(3) 当结构计算嵌固端位于地下一层的底板或以下时,底部加强部位宜向下延伸到计算嵌固端。

3) 楼面梁不宜支承在剪力墙或核心筒的连梁上。当剪力墙或核心筒墙肢与其平面外相交的楼面梁刚接时,可沿楼面梁轴线方向设置与梁相连的剪力墙、扶壁柱或在墙内设置暗柱,并应符合下列规定:

(1) 设置沿楼面梁轴线方向与梁相连的剪力墙时,墙的厚度不宜小于梁的宽度。

(2) 设置扶壁柱时,其宽度不应小于梁宽,墙厚可计入扶壁柱的截面高度。

(3) 墙内设置暗柱时,暗柱的截面高度可取墙的厚度,暗柱的截面宽度不应小于梁宽加 2 倍墙厚、不宜大于墙厚的 4 倍。

(4) 应通过计算确定暗柱或扶壁柱的竖向钢筋(或型钢),竖向钢筋的总配筋率应符合下列要求:非抗震设计时不应小于 0.6%;抗震设计时,一、二、三、四级分别不应小于 1.0%、0.8%、0.7%和 0.6%;采用 HRB400 热轧钢筋时应允许减少 0.1%。

(5) 楼面梁的水平钢筋应伸入剪力墙或扶壁柱,伸入长度应符合钢筋锚固要求。钢筋锚固段的水平投影长度,非抗震设计时不宜小于 $0.4l_{ab}$,抗震设计时不宜小于 $0.4l_{abE}$;当锚固段的水平投影长度不满足要求时,可将楼面梁伸出墙面形成梁头,梁的纵筋伸入梁头后弯折锚固,也可采取其他可靠的锚固措施。

（6）暗柱或扶壁柱应设置箍筋,箍筋应符合柱箍筋的构造要求。抗震设计时,箍筋加密区的范围及其构造要求应符合相同抗震等级的柱的要求,暗柱或扶壁柱的抗震等级应与剪力墙或核心筒的抗震等级相同。

4）当墙肢的截面高度与厚度之比不大于 4 时,宜按框架柱进行截面设计。

5）抗震设计时,高层建筑结构不应全部采用短肢剪力墙。当采用具有较多短肢剪力墙的剪力墙结构时,应符合下列要求：

（1）在规定的水平地震作用下,短肢剪力墙承担的底部倾覆力矩不宜大于结构底部总地震倾覆力矩的 50%。

（2）房屋适用高度应比规程规定的剪力墙结构的最大适用高度适当降低,7 度和 8 度时分别不宜大于 100m 和 80m。

短肢剪力墙是指截面厚度不大于 300mm、各肢截面高度与厚度之比的最大值大于 4 但不大于 8 的剪力墙。

具有较多短肢剪力墙的剪力墙结构是指,在规定的水平地震作用下,短肢剪力墙承担的底部倾覆力矩不小于结构底部总地震倾覆力矩的 30% 的剪力墙结构。B 级高度高层建筑以及抗震设防烈度为 9 度的 A 级高度高层建筑,不宜布置短肢剪力墙,不应采用具有较多短肢剪力墙的剪力墙结构。

6）剪力墙应进行平面内的斜截面受剪、偏心受压或偏心受拉、平面外轴心受压承载力验算。在集中荷载作用下,墙内无暗柱时还应进行局部受压承载力验算。

2.抗震墙结构的剪力墙截面设计及构造

1）剪力墙的截面厚度的设计要求

（1）一、二级剪力墙,底部加强部位的墙厚不应小于 200mm 且不宜小于层高或无支长度（指沿剪力墙长度方向没有平面外横向支承墙的长度）的 1/16,其他部位不应小于 160mm 且不宜小于层高或无支长度的 1/20；无端柱或翼墙的一字形独立剪力墙,底部加强部位不宜小于层高或无支长度的 1/12 且不应小于 220mm,其他部位不宜小于层高或无支长度的 1/16 且不应小于 180mm。

（2）三、四级剪力墙的截面厚度,底部加强部位不应小于 160mm 且不宜小于层高或无支长度的 1/20,其他部位不应小于 140mm 且不宜小于层高或无支长度的 1/25；无端柱或无翼墙的一字形独立剪力墙,底部加强部位截面厚度不应小于 180mm 且不宜小于层高或无支长度的 1/16,其他部位不应小于 160mm 且不宜小于层高或无支长度的 1/20。

（3）非抗震设计的剪力墙的截面厚度不应小于 160mm。

（4）剪力墙井筒中,分隔电梯井或管道井的墙肢截面厚度可适当减小,但不宜小于 160mm。

2）抗震设计时,短肢剪力墙的设计要求

（1）短肢剪力墙截面厚度除应符合 1）条的要求外,尚不应小于 200mm。

（2）一、二、三级短肢剪力墙的轴压比,分别不宜大于 0.45、0.50、0.55,一字形截面短肢剪力墙的轴压比限值应相应减少 0.1。

（3）短肢剪力墙的底部加强部位的应按《高层建筑混凝土结构技术规程》(JGJ 3—2010) 第 7.2.6 条调整剪力设计值,其他各层一、二、三级短肢剪力墙的剪力设计值应分别乘以增大系数 1.4、1.2 和 1.1。

（4）短肢剪力墙边缘构件的设置应符合《高层建筑混凝土结构技术规程》（JGJ 3—2010）第 7.2.14 条的要求。

（5）短肢剪力墙的全部竖向钢筋的配筋率，底部加强部位一、二级不宜小于 1.2%，三级不宜小于 1.0%。其他部位一、二级不宜小于 1.0%，三级不宜小于 0.8%。

（6）不宜采用一字形短肢剪力墙，不应在一字形短肢剪力墙布置平面外与之相交的单侧楼面梁。

3）高层剪力墙结构的竖向和水平分布钢筋

高层剪力墙结构的竖向和水平分布钢筋不应单排配置。剪力墙截面厚度不大于 400mm 时，可采用双排配筋；大于 400mm 但不大于 700mm 时，宜采用三排配筋；大于 700mm 时，宜采用四排配筋。各排分布钢筋之间拉筋的间距不应大于 600mm，直径不应小于 6mm；在底部加强部位，约束边缘构件以外的拉筋间距宜适当加密。

4）抗震设计的双肢剪力墙

其墙肢不宜出现小偏心受拉；当任一墙肢为偏心受拉时，另一墙肢的弯矩设计值及剪力设计值应乘以增大系数 1.25。

5）一级剪力墙的底部加强部位以上部位

墙肢的组合弯矩设计值和组合剪力设计值应乘以增大系数，弯矩增大系数可取为 1.2，剪力增大系数可取为 1.4。

6）剪力墙竖向和水平分布钢筋的配筋率

一、二、三级时抗震墙的竖向和横向分布钢筋最小配筋率均不应小于 0.25%，四级和非抗震设计时均不应小于 0.20%。剪力墙的竖向和水平分布钢筋的间距均不宜大于 300mm，部分框支抗震墙结构的落地抗震墙底部加强部位，竖向和横向分布钢筋的间距不宜大于 200mm。剪力墙的竖向和水平分布钢筋的直径，均不宜大于墙厚的 1/10 且不应小于 8mm；竖向钢筋直径不宜小于 10mm。

3. 剪力墙的布置规定

1）剪力墙结构最大适用高度、抗震等级和最大高宽比

剪力墙结构最大适用高度、抗震等级和最大高宽比（表 2-11）。

表 2-11　剪力墙结构最大高度、抗震等级和最大宽高比

	设防烈度	非抗震	6		7		8(0.2g)		8(0.3g)		9
高度/m	全部落地剪力墙	150	140		120		100		80		60
	部分框支剪力墙	130	120		100		80		50		不采用
抗震等级	高度/m	—	≤80	>80	≤80	>80	≤80	>80	≤80	>80	≤60
	剪力墙	—	四	三	三	二	二	一	二	一	一
最大高宽比		7	6		6		5				4

注：建筑场地为 I 类时，除 6 度外应允许按表内降低一度对应的抗震等级采取抗震构造措施，但相应的计算要求不应降低。

2）剪力墙结构伸缩缝、沉降缝和防震缝宽度

规范规定剪力墙结构伸缩缝的最大间距为 45m，抗震设计时，伸缩缝、沉降缝的宽度应

满足防震缝的要求,防震缝宽度如表 2-12 所示。

表 2-12　剪力墙结构防震缝宽度

设防烈度	6		7		8		9	
高度 H/m	≤15	>15	≤15	>15	≤15	>15	≤15	>15
防震缝宽度/mm	≥100	≥100+2h	≥100	≥100+2.5h	≥100	≥100+3.5h	≥100	≥100+5h

注:防震缝两侧结构不同时,宜按需要较宽防震缝的结构类型和较低房屋高度确定缝宽;表中 $h=H-15$。

2.4　PMCAD 结构设计概念

由建筑设计提供的建筑施工图,是建筑结构设计的基础。结构设计依据建筑施工图,进行结构选型、确定结构布置方案及荷载统计,对于需要布置梁、承重墙的位置则要绘制**网格线**,需要布置柱等构件的位置需要形成节点。PMCAD 结构模型中只需要布置承重构件,建筑施工图中的非承重构件,如填充墙、女儿墙、门窗、散水、卫生洁具等在结构建模时只考虑其荷载影响。结构计算的重点是对整体结构有影响的主要受力构件进行分析,对非主要受力构件,如阳台、雨篷、挑檐、空调板等,一般不参与整体建模,仅考虑其荷载影响,这些构件通常由 QITI 和 GJ 中的软件模块完成计算和绘图。

1. PMCAD 结构建模的基本概念

为了便于建模输入,按 PMCAD 程序确定下列概念。

1)结构标准层与结构层

在 PMCAD 程序建模中,楼层的输入以结构标准层建立。结构标准层是把**构件布置**和**荷载布置**完全相同的结构层(梁、柱、斜杆、承重墙、承重墙体开洞、楼板开洞及次梁布置,并包含结构楼层所需材料信息)划分到同一个组,一个楼层组构成一个"结构标准层",每一组相同的楼层可以同时输入 PMCAD 中。开始建立的结构标准层程序默认为第 1 结构标准层。一个"结构层"的构件包括该层的竖向构件(柱和承重墙)以及这些竖向传力构件所支撑的**水平结构构件**(梁和楼板)和作用在这些**构件上的荷载**。

提示:由于只有建筑的首层有雨篷等构件,尽管其建筑物内部结构平面布置可能与其他层一致,但通常首层作为一个结构标准层。对于有露台的建筑、有屋面的楼层作为一个单独的结构标准层。

2)楼板封闭原则

PMCAD 结构软件可以对全部房间自动形成楼板,前提是房间必须被主梁或承重墙等构件封闭。不封闭的房间不能生成楼板(包括悬挑梁上的板),不能布置楼板荷载,不能布置板洞。

3)首层结构层高、结构标高

在确定楼层层高时,应该以结构高度为准。首层结构层高是指基础顶至结构一层顶板顶面的高度,其他层的层高是本层楼板顶面至上层楼板顶面之间的高度。

结构标高是指结构图纸上明确的结构完成施工图后的最终标高(建筑标高减去面层做法得到结构标高),在结构施工图上应标注结构标高,在建筑施工图的屋面应标注结构标高、其他楼层建筑施工图应标注建筑标高。

4）承重墙洞口的底部高度与结构标准层

在结构标准层中布置剪力墙或承重砌体墙洞口时,其洞口的底部高度是指与该结构层标高的相对高度,布置门窗洞口时,需要考虑门、窗洞底部离楼(地)面的高度;门洞口与结构层标高相同。

提示:第一结构标准层由于底层从基础顶算起,需要考虑基础顶至地面的距离,洞口的底标高应从基础顶至洞口底部;对无地下室建筑的底层结构层高和顶层结构层高与建筑层高是不同的(建筑施工图屋顶标注的为结构标高,顶层的结构层高＝顶层的建筑层高＋顶层地面的面层做法)。

5）PMCAD中的次梁与结构设计中的次梁

PMCAD中输入的次梁与结构设计中的主次梁具有不同的概念。

结构设计中的次梁是传力关系,次梁的荷载传给主梁。而 PMCAD 中按次梁输入的次梁为在房间内输入的梁,以两端为铰接的形式传力至其支承梁,不需要网格线,不参与结构整体刚度分析,对地震作用没有影响。

提示:对于较小房间内的短跨度轻荷载次梁可作为次梁输入。这种次梁不划分房间,不增加节点,虽然是简化计算,仍可以满足工程设计要求。

2. PMCAD 中按主梁输入的次梁

次梁按主梁输入,需要先布置网格线再布置次梁,在计算分析中该梁保持主梁属性,可分割房间,可在【特殊构件补充定义】菜单中修改为不调幅梁、铰接梁等。在 SATWE 软件计算中参与交叉梁系三维整体计算,即根据节点变形协调条件和各梁线刚度的大小进行计算,考虑节点竖向位移。次梁的刚度计入结构整体刚度,对地震作用如刚度、周期、位移等均有影响。程序默认次梁与主梁刚接,其节点不仅传递竖向力,还传递弯矩和扭矩,但允许设计者设定为铰接。

提示:圆弧梁和房间外围梁、阳台、雨篷等悬挑部的封边梁、井字梁(调整梁支座为连通)、楼梯间的梁、起分割板块作用的次梁均应按主梁输入。

3. 坡屋顶及斜板荷载的输入

由于《建筑结构荷载规范》(GB 50009—2012)的活荷载标准值是按水平投影面计算的,因此坡屋面及斜板上的恒荷载标准值 $g_k = g_{k,斜}/\cos\alpha$,其中:α 为坡屋顶或斜板与水平线间的夹角。

2.5　结构的计算假定及程序的选择

2.5.1　结构的计算简图

实际结构的简化包括:①支座简化;②节点简化;③构件简化;④结构体系简化。其中,结构体系简化又包括:将空间结构分解为平面结构;交叉体系的荷载传递方式简化;将体系分解为基本部分和附属部分;忽略次要变形;离散化和连续化等。这些简化侧重于手算。

选取计算简图时,无论是手算还是电算,其假设条件不应被忽略。例如现浇单向板肋梁楼盖手算时,为了简化计算,通常作如下简化假定:

(1) 支座可以自由转动,但没有竖向位移。

(2) 不考虑薄膜效应对板内力的影响。

(3) 在确定板传给次梁的荷载以及多跨次梁传给主梁的荷载时,分别忽略板、次梁的连续性,按简支构件计算支座竖向反力。当次梁仅两跨时须考虑次梁的连续性,即按连续梁的反力作用在主梁上。

(4) 跨数超过五跨的连续梁、板,当各跨荷载相同,且跨度相差不超过 10% 时,可按五跨的等跨连续梁、板计算。

假定支座处没有竖向位移,即忽略了次梁、主梁、柱的竖向位移对板、次梁、主梁的影响。柱子的竖向位移主要由轴向变形引起,在通常的内力分析中都可以忽略。忽略主梁变形,将导致次梁跨中弯矩偏小、主梁跨中弯矩偏大。实际上,只有当主梁的线刚度与次梁的线刚度比不小于 8 时,主梁变形对次梁内力影响才比较小。次梁变形对板内力的影响也是如此。如要考虑这种影响,需按交叉梁系进行内力分析,比较复杂。

计算机计算一般采用矩阵位移法,其基本假定如下。

1) 平面结构和空间结构

房屋结构都是空间结构,由来自不同方向的构件组成,承受各种作用。在结构计算时,为简化计算就需作各种假定。这里所说的平面结构和空间结构是指计算假定。

(1) 平面结构:当把位于同一平面内的构件组成的结构作为平面结构计算时,只考虑其在平面内的变形和受力,即假定结构只在其平面内具有刚度,不考虑结构平面外刚度。平面结构是二维的,每个节点有 3 个独立的位移(u、w、θ),即 3 个自由度,如图 2-16(a)所示。

(2) 空间结构:把结构看成空间结构时,结构在平面内、平面外都有刚度。空间结构是三维的,每个节点有 6 个独立的位移(沿 3 个主轴的位移 u、v、w 及绕 3 个主轴的转角 θ_x、θ_y、θ_z),即 6 个自由度,如图 2-16(b)所示。结构计算自由度将大大增加,但更符合实际。

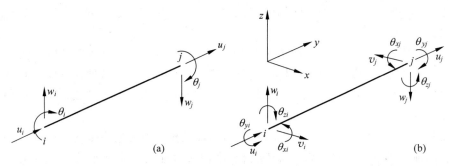

图 2-16　平面杆件及空间杆件

(a) 平面杆件;(b) 空间杆件

2) 刚性楼板和弹性楼板

楼板的作用除了承受竖向荷载外(楼板产生竖向挠度和受弯),在水平荷载作用下,楼板把各个抗侧力构件联系在一起,共同受力。这里所说的刚性楼板和弹性楼板,是指在水平荷载作用下楼板在其自身平面内的性质,因此,也是计算的假定。

在水平荷载作用下,楼板相当于一个水平放置的梁,它具有有限刚度,它会有水平方向的弯曲变形(楼板平面内),称为弹性楼板。弹性楼板假定在同一楼板平面内的杆件两端有相对位移,节点的计算自由度(或未知量)都是独立的。

为了简化计算,通常把楼板看成在自身平面内为刚性,即楼板在其自身平面内没有任何变形,同一块刚性板上的所有节点的平动自由度都是相关的。楼面上每个节点都只有 3 个独立的平移自由度(θ_x、θ_y、w),每块刚性楼板有 3 个公共的平动自由度(U、V、θ_z)。因此减少了计算未知量。如果楼板实际变形很小,这种假定是符合实际的。

2.5.2　建筑结构 PKPM 系列 CAD 的应用

在应用软件进行计算机辅助设计时,应根据实际情况选择计算程序及调整程序的各项参数及简化模型,使其最大限度地反映实际工程的情况,尽可能地使计算结果与实际模型相一致。

1. 结构计算模型的选择

对上部结构而言,PKPM 系列 CAD 程序中包含有完整的各种计算分析模块。根据结构特点,合理地选用程序模块对提高设计质量和效率十分重要。

PKPM 系列软件中最常用的结构分析模块及特点:

(1)所需数据均出自"结构建模"模块,从而实现一次建模,多向出口,便于不同计算方案的比较。

(2)平面计算程序:即忽略空间作用,取平面单元计算的 PK 模块,受力明确,概念简单。在平面杆系的结构体系下计算适应性广泛,结构类型除常用的框架、连续梁外,还可计算排架、框排架、桁架。活荷载不利位置布置计算精度较高。对于钢结构可输入多种截面类型(包括标准型钢),完成杆件强度、稳定及梁挠度等计算。

提示:PK 模块不能用于井字楼盖和主次梁刚度接近的楼盖体系。

(3)砌体结构和底层框架上砌体结构抗震分析:"砌体结构集成设计"模块和"底框结构集成设计"模块可完成各种砌体结构的抗震验算,并可考虑构造柱共同工作。底层框架可以是一层或多层。

(4)SATWE 高层空间有限元分析软件(壳元墙元模型):SATWE 采用空间有限元壳元模型计算剪力墙,用弹性板单元计算楼板(与 SAP 程序一致)。这种计算模型对剪力墙洞口的空间布置无限制,允许上下洞口不对齐,也适用于计算框支剪力墙或结构转换层等复杂结构。

对于楼板,SATWE 给出了 4 种简化假定,即楼板整体平面内为刚性、分块楼板为刚性、分块楼板为刚性加弹性连接板带及弹性楼板,因此大大提高了复杂平面的计算精度。它可用于楼板开大洞、连体多塔、无梁楼盖(板-柱体系)等复杂工程。

2. 计算结果正确性分析、确定及产生错误原因分析

程序不是万能的,对于某些情况计算结果正确,对于有某些特殊情况的结构,可能计算结果就会有问题;由于输入数据多,也难免出错;无论什么程序计算结果是否正确是要由设计者自己负责的;由于结构计算必定需要进行一些简化,或由概念设计要求,有些计算结

果需要进行修正和补充。凡此种种都要求在使用程序时,不仅认真输入数据,而且要对计算结果进行检查、分析和判断,不能盲目地、不加分析地使用输出数据。

对于周期和振型,要用经验公式作比较,如果出入较大,那么有两种可能:一是计算出错导致结果不正确,另一种是原定的结构刚度不恰当,要修改设计。

由于内力、位移输出结果都经过组合,已经不符合节点平衡规律,很难从是否满足平衡来直接检查其正确与否,特别是地震作用的结果,因为地震作用经过振型组合,组合结果有时很不规律。对于不符合常规的计算结果要查对,直到能做出合理解释。必要时可以用单种荷载(风荷载或第一振型)对程序进行节点平衡校核,或置换某些输入数据,比较计算结果以验证其正确性。

计算结果的正确性非常重要,直接影响结构的安全性和建筑结构设计的经济性。虽然在设计初步阶段进行结构的概念设计,但高层建筑结构的受力复杂,计算后数据输出量大,必须对计算结果进行分析,判断计算结果的合理性和正确性。判断主要从自振周期、振型曲线、地震作用大小、水平位移特征、对称性及合理性等方面进行。

(1) 结构内力和变形的对称性:对称结构在对称外力作用下,对称点的内力与位移必须对称。一般程序本身已保证了计算结构对称性。在结果输出图形中,比较结构内力的数值和位移数据,判断结构计算和数据输入的正确性。

(2) 竖向内力位移变化的均匀性:抗侧移刚度、竖向质量逐渐均匀变化的结构,在较均匀变化的外力作用下,其内力、位移等计算结果自上而下也均匀变化,不应有突变。

(3) 内外力平衡:在标准荷载作用下,节点、第 n 层的竖向或水平力满足平衡条件。可检查底层或其他层的内力或内外力平衡条件。平衡式为:

$$\sum N_i = G \tag{2-4}$$

$$\sum V_i = \sum F \tag{2-5}$$

式中:N_i——底层或其他层柱、墙在单组标准荷载下的轴力,其和等于该层以上总重量 G
（校核时,不应考虑分层加载）;

V_i——风荷载作用下的底层或其他层墙柱剪力,求和时应注意局部坐标与整体坐标的方向不同;

$\sum F$——该层以上的全部风荷载。

注意风荷载作用下的底层或其他层墙柱剪力不考虑剪力调整。

对地震作用不能校核平衡条件,因为各振型采用侧刚分析法或总刚分析法进行内力组合后,不再等于总地震作用产生的内力。

(4) 地震作用(剪重比):根据目前许多工程的计算结果,截面尺寸、结构布置都比较合理的结构,其底部剪力大约在下述范围内:

抗震烈度 8 度,Ⅱ类场地土

$$F_{EK} = (0.03 \sim 0.06)G \tag{2-6}$$

抗震烈度 7 度,Ⅱ类场地土

$$F_{EK} = (0.015 \sim 0.03)G \tag{2-7}$$

式中:F_{EK}——底部地震剪力标准值;

G——结构总重量。

层数多、刚度小时,偏于较小值;层数少、刚度大时,偏于较大值。当其他烈度和场地类型时,相应调整此数值。

当计算的底部剪力小于上述数值时,宜适当加大截面、提高刚度,适当增大地震作用以保证安全;反之,地震作用过大,宜适当降低刚度以求得合适的经济技术指标。

进行剪重比控制的主要原因是在周期较长时,由振型分解法算出的地震效应可能偏小,而这种偏小对长周期结构有更大危害。

(5)结构自振周期:结构物其自振周期一般在下列范围:

框架结构

$$T_1 = (0.08 \sim 0.10)n \qquad (2\text{-}8)$$

框架-剪力墙结构和框架-筒体结构

$$T_1 = (0.06 \sim 0.08)n \qquad (2\text{-}9)$$

剪力墙结构和筒中筒结构

$$T_1 = (0.05 \sim 0.06)n \qquad (2\text{-}10)$$

式中:n——结构层数。

第二振型及第三振型的周期近似按下式计算

$$T_2 = (1/5 \sim 1/3)T_1 \qquad (2\text{-}11)$$

$$T_3 = (1/7 \sim 1/5)T_1 \qquad (2\text{-}12)$$

如果计算结果偏离上述数值较大,应考虑工程中截面是否太大或太小,剪力墙数量是否合理,应适当予以调整。如以上正确,则需检查输入数据的正确性或是否采用了不正确的软件。该判断是根据平移振动振型分解方法提出的,考虑扭转耦联振动时,则首先应挑出与平移振动对应的振型来进行上述比较。

(6)振型曲线:在正常的计算下,沿结构物高度抗侧移刚度变化比较均匀的结构,振型曲线应是连续光滑的曲线,如图2-17所示,不应有大进大出,大的凹凸曲折。

第一振型无零点;第二振型在$(0.7 \sim 0.8)H$处有一个零点;第三振型分别在$(0.4 \sim 0.5)H$及$(0.8 \sim 0.9)H$处有两个零点。

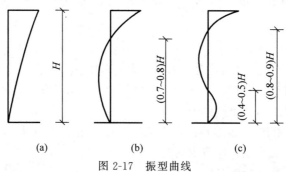

图 2-17　振型曲线

(a)第一振型;(b)第二振型;(c)第三振型

(7)水平位移特征:结构的水平位移满足《高层建筑混凝土结构技术规程》(JGJ 3—2010)的要求,是设计的必须满足条件之一,但这不一定是合理的设计。

在抗震设计时,地震作用大小与刚度直接相关。当结构刚度小,结构不一定合理时,由于地震作用也小,所以位移可能在限值范围内。此时不能认为结构合理,因为结构的周期

长、地震作用太小,并不安全,结构的位移值可作补充判断。将各层位移连成侧移曲线,应具有以下特征:

剪力墙结构的位移曲线具有悬臂弯曲梁的特征,位移越往上增大越快,成外弯形曲线(图 2-18(a))。

框架结构具有剪切梁的特点,越向上增长越慢,成内收形曲线(图 2-18(c))。

框架-剪力墙结构和框架-筒体结构处于两者之间,为反 S 形曲线,接近于一直线(图 2-18(b))。

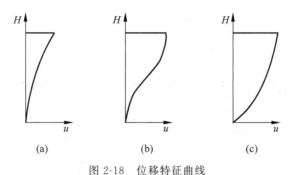

图 2-18 位移特征曲线

(a) 剪力墙结构;(b) 框架-剪力墙结构;(c) 框架结构

在沿结构物高度抗侧移刚度较均匀情况下,位移曲线应连续光滑,无突然凸凹变化和折点。

(8) 结构设计合理性:设计较正常的结构,基本上应符合以下规律:①柱、墙的轴力设计值绝大部分为压力;②柱、墙大部分为构造配筋,剪力墙符合截面抗剪要求;③梁基本上无超筋,可能有少量抗剪不满足要求、抗扭超限截面。

符合上述(1)~(8)项要求,可以认为计算结果设计基本合理,调整部分超筋构件可应用于工程设计。

由于各种程序采用的计算模型不同,对于较为重要或复杂的结构,应当选用两种(或三种)不同模型,且由不同编制组编制的程序计算,可以互相校核比较。

有时,在进行概念分析的基础上,有足够的经验和依据时,需要对某些计算结果进行修正,对某些部分进行加强,或某些局部有限量地减弱。

总之,计算只是设计的一部分,在计算机和计算程序相当发达的今天,要防止过分依赖计算机而忽视结果分析、忽视概念设计等倾向。

2.6 框架结构设计实例

2.6.1 工程概况

杭州市某 6 层办公楼,采用现浇框架结构,建筑平、剖面分别如图 2-19、图 2-20 所示。抗震设防烈度 7 度(0.1g),设计地震分组为第一组,场地类别为Ⅱ类,基本风压为 0.45kN/m^2。

设计资料如下:

(1) 建筑设计标高。室内设计标高±0.000 相当于绝对标高 4.400m,室内外高

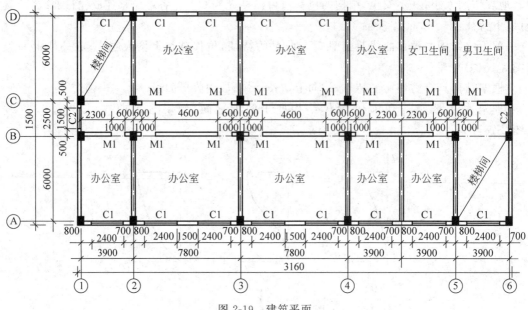

图 2-19 建筑平面

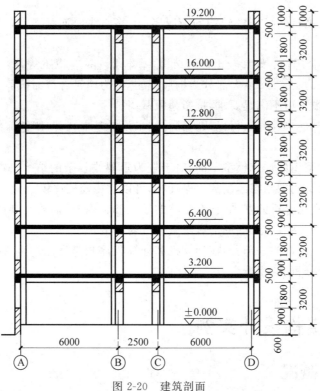

图 2-20 建筑剖面

差 600mm。

（2）墙身做法。墙身为 200mm 厚加气混凝土砌块填充墙（重度 8kN/m³），用 M5 混合砂浆砌筑。内粉刷为水泥砂浆粉刷，"803"内墙涂料两度。外粉刷为 1：3 水泥砂浆底，厚

20mm,陶瓷锦砖贴面。

（3）楼面做法。楼板顶面为 20mm 厚水泥砂浆找平,10mm 厚防滑砖地面;楼板底面为 20mm 厚 1∶2 水泥细砂浆抹底,涂料两度。

（4）屋面做法。现浇屋面板上铺膨胀珍珠岩保温层(檐口处厚 100mm,2‰ 自两侧檐口向中间找坡),50 厚聚苯乙烯泡沫板隔热层,1∶2 水泥砂浆找平层厚 20mm,三元乙丙橡胶卷材防水层,40 厚 C20 细石混凝土面层,屋面板底 20mm 厚 1∶2 水泥细砂浆抹底。

（5）卫生间墙底设与墙同宽的高 300mm 的 C20 混凝土止水台,卫生间楼面、地面均比其相邻其他房间低 30mm。

（6）门窗做法。门厅处为铝合金门窗,其他均为木门、钢窗。

（7）地质资料。属Ⅱ类建筑场地,余略。

（8）活荷载标准值。查《建筑结构荷载规范》(GB 50009—2012):不上人屋面活荷载 0.5kN/m^2,办公室楼面活荷载 2.0kN/m^2,走廊、门厅楼面活荷载 2.5kN/m^2,卫生间楼面活荷载 2.5kN/m^2,楼梯间活荷载为 3.5kN/m^2。

（9）楼梯间做法。楼梯踏步尺寸为 $160 \text{mm} \times 300 \text{mm}$。采用 C35 混凝土,楼梯斜板厚取 $h = 120 \text{mm}$。

楼梯角 $\alpha = \arctan(160/300) = 28.07°, \cos\alpha = 0.882$,楼梯间面层采用现浇水磨石面层: 12mm 厚 1∶2 水泥石子磨光;素水泥浆结合层一道;18mm 厚 1∶3 水泥砂浆找平层;素水泥砂浆结合层一道。

2.6.2　设计准备

1. 结构体系、抗震等级、基础类型、结构标准层、结构层高等的确定

1）确定结构体系

在建筑结构设计之前,首先应根据建筑的使用功能要求,结合建筑所在的场地情况,本工程采用钢筋混凝土框架结构体系和主次梁现浇混凝土肋梁楼、屋盖。

2）确定框架结构的抗震等级

结构的抗震等级主要根据结构类型、设防烈度和房屋高度确定(房屋高度指室外地面到主要屋面板板顶的高度,且不包括局部突出屋顶部分)。

该建筑抗震设防烈度为 7 度,设计基本地震加速度值为 0.10g,根据《建筑抗震设计规范》(GB 50011—2010)第 6.1.2 条表 6.1.2,该建筑总高度 $H = 19.200 - (-0.600) = 19.800(\text{m}) < 24\text{m}$,该框架结构的抗震等级为三级。

3）确定基础类型及基础高度

根据地质勘察报告(书中略),该建筑所处场地为二类场地,采用柱下承台桩基础,选用承台底标高为 -1.900m,承台厚度定为 800mm。

4）确定钢筋混凝土材料强度

梁、板、柱混凝土强度等级采用 C35,梁、柱纵筋和箍筋、板的受力钢筋和分布钢筋均采用 HRB400 级。

5）结构标准层数的确定

本工程无地下室,分三个结构标准层:第一结构标准层为建筑 2～5 层;第二结构标准

层为建筑 6 层；第三结构标准层为建筑 6 层顶（屋顶）。第二结构标准层与第三结构标准层的区别在于楼梯，将五层、六层中间的楼梯平台归五层，即第一结构标准层。

6）结构层高和结构标高

该建筑基础顶面标高为 −1.100m（表 2-13）。

当前层结构层高（m）＝当前层结构顶标高−当前层结构底标高

结构标高（m）＝建筑标高−建筑面层做法

表 2-13   结构层高与层底结构标高

自然层	结构层	结构标准层	结构标高/m	结构层高/m	楼面做法厚度/m	建筑层高/m	建筑标高/m
屋面	6	3	19.200	—	—	—	19.200
6	5	2	15.970	3.230	0.030	3.200	16.000
5	4	1	12.770	3.200	0.030	3.200	12.800
4	3	1	9.570	3.200	0.030	3.200	9.600
3	2	1	6.370	3.200	0.030	3.200	6.400
2	1	1	3.170	3.200	0.030	3.200	3.200
1	—		−0.030	4.270	0.030	3.200	±0.000
	基础顶		−1.100		—	—	—

注：自然层是指按楼板、地板分层的楼层数（建筑结构施工图的楼层数）；

结构层是指用 PMCAD 所创建的结构设计模型的层数。

2. 恒荷载计算

钢筋混凝土的重度查《建筑结构荷载规范》（GB 50009—2012）可取 25kN/m²，对于 100mm 厚的楼板自重为 $0.1 \times 25 = 2.5$kN/m²。楼板、楼梯斜板、屋面板的自重可由 PMCAD 自动计算。

1）不上人屋面恒荷载标准值（不包括屋面板自重）

40 厚 C20 细石混凝土面层	$0.04 \times 25 = 1.0$kN/m²
三元乙丙橡胶卷材防水层	0.3kN/m²
20mm 厚 1：2 水泥砂浆找平	$0.02 \times 20 = 0.4$kN/m²
50mm 厚聚苯乙烯泡沫隔热层	$0.05 \times 0.5 = 0.025$kN/m²
100～140mm 厚（2% 找坡）膨胀珍珠岩	$\dfrac{0.10 + 0.14}{2} \times 7 = 0.84$kN/m²
20mm 厚 1：2 水泥细砂浆抹底	$0.02 \times 20 = 0.40$kN/m²

屋面恒荷载   2.97kN/m²（取 3.0）

2）楼面恒荷载标准值

10mm 厚防滑砖地面	0.7kN/m²
20mm 厚水泥砂浆面层	$0.02 \times 20 = 0.40$kN/m²
20mm 厚 1：2 水泥细砂浆抹底	$0.02 \times 20 = 0.40$kN/m²

楼面恒荷载	1.50kN/m^2

3）楼面卫生间恒荷载标准值

10mm 厚防滑砖地面	0.7kN/m^2
20mm 厚水泥砂浆面层	$0.02\times20=0.40\text{kN/m}^2$
卫生洁具	1.0kN/m^2
20mm 厚 1∶2 水泥细砂浆抹底	$0.02\times20=0.40\text{kN/m}^2$

楼面卫生间恒荷载	2.50kN/m^2

4）楼梯恒荷载标准值（不包括楼梯斜板重）　$0.12\times25/\cos\alpha=3.40\text{kN/m}^2$

栏杆自重	0.5kN/m^2
10mm 水磨石面层,20mm 水泥砂浆打底	$(0.3+0.16)\times0.65/0.3\approx1.00\text{kN/m}^2$
混凝土三角形踏步	$0.5\times0.3\times0.16\times25/0.3=2.00\text{kN/m}^2$
板底 20mm 厚 1∶2 水泥细砂浆抹灰	$0.02\times20/\cos\alpha=0.45\text{kN/m}^2$

楼梯间面恒荷载	3.95kN/m^2

提示：PMCAD 按照水平投影导算荷载,故输入的楼梯面荷载为水平投影荷载,即斜板板底抹灰重为 $g/\cos\alpha$。

5）顶层周边屋面梁上线荷载标准值

1m 高女儿墙自重	$1\times0.2\times8=1.6\text{kN/m}$
1m 高女儿墙水泥粉刷重	$1\times0.02\times2\times20=0.8\text{kN/m}$

顶层周边屋面梁线荷载	2.4kN/m

6）外墙梁上线荷载标准值

贴瓷砖墙面（包括水泥砂浆打底）	$(3.2-0.6)\times0.6=1.56\text{kN/m}$
加气混凝土砌块 200 厚	$(3.2-0.6)\times0.20\times8=4.16\text{kN/m}$
水泥粉刷墙面	$(3.2-0.6)\times0.02\times20=1.04\text{kN/m}$

无洞外墙梁上线荷载	6.76kN/m
有洞外墙梁上线荷载（可按开洞率 15％考虑）	$6.76\times0.85\approx5.75\text{kN/m}$

7）内墙梁上线荷载标准值（梁高 500mm）

加气混凝土砌块 200 厚	$(3.2-0.5)\times0.2\times8=4.32\text{kN/m}$
墙体水泥粉刷	$(3.2-0.5)\times2\times0.02\times20=2.16\text{kN/m}$

无洞口内墙梁上线荷载	6.48kN/m

8）内墙无洞口梁上线荷载标准值（梁高 600mm）

墙自重	$(3.2-0.6)\times0.20\times8=4.16\text{kN/m}$
墙体水泥粉刷重	$(3.2-0.6)\times2\times0.02\times20=2.08\text{kN/m}$

内墙无洞口梁上线荷载	6.24kN/m

有洞内墙梁上线荷载(可按开洞率 15％考虑)6.24×0.85≈5.30kN/m

提示：加气混凝土砌块重度为 8kN/m³,水泥砂浆重度为 20kN/m³,钢筋混凝土重度为 25kN/m³,贴瓷砖墙面面荷载为 0.6kN/m²。

思考题

1. 框架结构布置形式有哪几种？各有何优缺点？
2. 梁、柱、板、剪力墙截面尺寸如何初步确定？
3. 剪力墙按墙体开洞大小分哪几类？
4. 框架-剪力墙结构中剪力墙的布置应遵循什么原则？
5. 剪力墙在建筑平面布置的原则有哪些？
6. 异形柱结构体系有何优点？
7. 对高层建筑：第一扭转周期/第一平动周期值在什么范围适合,不符合时如何调整？
8. 结构的合理性根据什么规律判断？
9. 简述什么情况下采用 PK 模块进行结构建模。
10. 什么是弹性楼板？什么是刚性楼板？

第3章

PMCAD结构平面设计软件应用

本章要点、学习目标及思政要求

本章要点

（1）PMCAD应用范围及一般规定。

（2）轴线输入与网格生成。

（3）构件布置（主梁、柱、承重墙及其门窗洞口、层内斜杆、次梁、层间梁、楼板生成及楼梯布置等）与楼层定义。

（4）荷载的输入与导算。

（5）楼层组装。

学习目标

了解PMCAD的基本功能及应用范围，熟悉PMCAD建模常用Ribbon菜单的操作；掌握PMCAD参数的确定方法和相应的规范条文；掌握构件布置及楼层定义方法；掌握荷载输入及楼层组装方法。

思政要求

实事求是，理解按规范设计和工程创新之间的关系；追求"精益求精"。

3.1 PMCAD的基本功能与应用范围

PMCAD软件是通过人机交互方式输入整体结构而建立数据文件的软件，是PKPM中各项软件模块的数据接口，为其他软件模块提供几何数据、荷载数据等。其输入的是空间整体结构，而计算和绘图功能仅有平面楼盖、屋盖结构设计。

在软件中，主要建模方式是以结构标准层为单位进行的。所谓"结构标准层"，**就是结构布置、层高（梁上荷载不同要定义为不同的标准层）、材料完全相同的相邻楼层的总称**，这些楼层作为一个结构标准层共同进行建模、修改、计算、出图等操作，以提高设计效率。输入层高就建立起建筑结构整体结构数据，再补充部分楼层修改及一些特殊的处理，即形成完整的**结构几何数据**。

　　软件具有荷载统计和传导计算功能。可计算结构承重构件自重,按设定的方式自动完成从楼板到梁、梁到柱或承重墙、柱或承重墙到基础的荷载传导,加上局部修改以及外加节点、梁柱和剪力墙上荷载,可建立完整的**荷载数据**。

1.基本功能

　　(1) 人机交互建立全楼结构模型。在屏幕上绘制网格线及节点(用于构件布置),通过人机交互方式,直接布置柱、梁、承重墙、洞口、楼板等结构构件,建立全楼的结构框架,并可返回修改。

　　(2) 自动导算荷载,建立恒荷载、活荷载标准值库。对于输入的楼面恒荷载标准值、活荷载标准值,软件按设定的方式(单向传递、双向传递或周边传递)进行楼板到周边梁(或承重墙)、梁到柱的导荷。在梁与梁相交结构的荷载分析中,软件设定按**平面交叉梁**结构分析计算。软件按设定计算主梁及承重墙的自重,由 PMCAD 形成的 PK、SATWE 或 PMSAP 的荷载文件时均包含梁、柱及承重墙自重。

　　(3) 为 PK、SATWE 或 PMSAP 计算模型提供计算数据文件。可指定任一轴线形成 PK 平面杆系结构或连续梁结构,并提供计算数据;为空间有限元计算程序 SATWE 或 PMSAP 提供数据。

　　(4) 为结构绘图提供数据;为基础设计提供底层轴线网格布置和底层柱及剪力墙结构布置,并提供上部结构传给基础的竖向荷载。

　　(5) 结构平面施工图辅助设计及现浇钢筋混凝土楼板设计。绘制结构平面布置图及各种楼板布置方式。计算单向、双向和异形(非矩形)楼板的弯矩,并进行配筋计算,输出弯矩图和配筋图,软件进行自动或人工布筋,通过绘出轴线等完成楼板的配筋图。

2.应用范围

　　1) 楼面结构平面形式

　　楼面结构平面形式,可采用平面正交网格、平面斜交网格或用线条构成的不规则复杂体型平面,线条可为直线、圆弧线及三点连成的曲线。

　　2) 最大适用范围

　　(1) 结构总层数不大于 190 层。

　　(2) 结构所采用的结构标准层不大于 190 层。

　　(3) 正交网格输入时,横向网格、纵向网格线各不多于 170 条;斜交网格输入时,网格线总条数不多于 30000 条;设计者命名的轴线总条数不多于 5000 条。

　　(4) 网格节点总数(包括网格线交点、线条的端点、圆心点及其他输入的节点等)不多于 12000 点。

　　(5) 所选用标准柱截面不多于 800 个,标准梁截面不多于 800 个,标准墙体洞口不多于 512 个;标准楼板洞口不多于 80 个;标准墙截面不多于 200 个;标准斜杆截面不多于 200 个;标准荷载定义不多于 2000 个。

　　(6) 每一楼层的柱总数不多于 3000 根,每一楼层的梁总数(不包括次梁)不多于 14000 根、承重墙总数不多于 2500 面,每一楼层房间(周边为梁和承重墙的板)总数不多于 6000 个,每一楼层次梁总根数不多于 6000 根,每一楼层房间周围最多可以容纳的梁和承重墙数不多于 150,每一节点周围不重叠的梁和承重墙总数不多于 15;每一层次梁布置种类数、每层预制板布置种类数、每层楼板开洞种类数均不多于 40 种;每个房间楼板开洞数不多于 7 个,每个房间次梁布置数不多于 16 根,每层层内斜杆布置数不多于 2000 根,全楼斜杆布置数不多于 3000 根。

3．一般规定

(1) 两节点之间最多布置一个洞口。需布置两个洞口时,应在两洞口间增设一节点。

(2) 结构平面上的房间数量的编号是由软件自动做出的,软件将由承重墙或梁围成的一个个平面闭合体自动编成房间,房间用来作为输入楼面上的次梁、预制板、洞口、导荷载和绘图的一个基本单元。

(3) 次梁是指在房间内布置且在执行"构件布置"菜单中的"次梁"命令时输入的梁,不论在矩形房间或非矩形房间均可输入次梁。次梁布置时不需要网格线,次梁和主梁、承重墙相交处也不产生节点。对于弧形梁,因目前程序无法输入弧形次梁,可把它作为主梁输入。

(4) 这里输入的墙应是结构承重墙或抗侧力墙,**框架填充墙**不应当作墙输入,它的重量可作为**荷载输入**,否则不能形成框架梁间荷载。

(5) 平面布置时,应避免大房间内套小房间的布置,否则会在荷载导算或统计材料时重叠计算,可在大小房间之间用虚梁(虚梁为截面 100mm×100mm 的主梁)连接,将大房间切割。

提示:梁、柱、承重墙自重程序可以自动计算,楼板自重可以选择程序自动计算或设计者输入,程序输入的恒荷载和活荷载值均为标准值。

3.2　启动建模软件 PMCAD

1．PKPM 主界面

双击桌面 PKPM 快捷图标,进入主界面,如图 3-1 所示。

在主界面右上角的专业模块列表中选择"结构建模"选项。

单击主界面左侧的"SATWE 核心的集成设计"(普通标准层建模)按钮,或者"PMSAP 核心的集成设计"(普通标准层+空间层建模)。

可以移动光标到相关的工程组装效果图上,双击启动 PMCAD 建模程序。

提示:将鼠标移动到工程组装效果图上,等待 1s 后,程序会给出当前工程模型的全路径信息提示。

2．工作子目录

做任一项工程项目,应建立该项工程专用的工作子目录,子目录名称任意设定,但不能超过 256 个英文字符或 128 个中文字符,也不能使用特殊字符。为了设置当前工作目录,请单击主界面上方的"新建/打开"按钮,此时弹出对话框如图 3-2 所示。

设计者选择驱动器、目录,也可以直接在"工程路径"栏中输入带路径的目录,然后单击"确认"按钮,设置好工作目录。对于新建工程,设置工作目录后,首先应执行专业模块列表

图 3-1　启动 PKPM 主界面

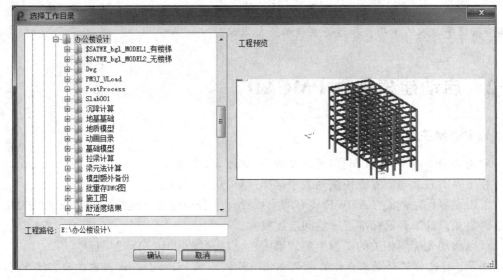

图 3-2　"选择工作目录"对话框

中选择"结构建模"选项,这样可建立该项工程的整体数据结构,完成后可按顺序执行列表中的其他选项。

　　提示:不同的工程项目,应在不同的工作子目录下运行。

3. 工程数据及其保存

　　一个工程的数据结构,包括设计者交互输入的模型数据、定义的各类参数和软件运算后得到的结果,都以文件方式保存在工程目录下。

对于已有的工程数据,把各类文件复制进另一台机器的工作子目录,就可在另一台机器上恢复原有工程的数据结构。

位于 PKPM 主界面左侧处(图 3-1 中左侧上数第四排"模型打包")的"PKPM 设计数据存取管理"程序提供了备份工程数据的功能。该模块可把工程目录下的各种文件压缩后保存。设计者可有选择地挑选要保存的文件。

3.3　界面环境和工作方式

本节主要介绍 PMCAD 程序的主要界面环境、基本定义和工作方式等。

1. 界面环境

单击 PKPM 选择工作目录对话框"确认"按钮进入"结构建模"模块,弹出界面如图 3-3所示。

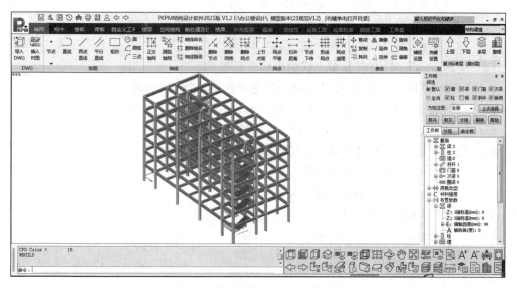

图 3-3　建模程序 PMCAD 主界面

程序将屏幕划分为上侧的 Ribbon 菜单区、模块切换及楼层显示管理区,右侧的工作树、分组及命令树面板区,下侧的命令提示区、快捷工具条按钮区、图形状态提示区和中部的图形显示区。

Ribbon 菜单主要为软件的专业功能,主要包含文件存储、图形显示、轴线网点生成、构件布置编辑、荷载输入、楼层组装、工具设置等功能。

上部的模块切换及楼层管理区,可以在同一集成环境中切换到其他计算分析处理模块,而楼层显示管理区,可以快速进行单层、全楼的展示。

上部的快捷命令按钮区,主要包含了模型的快速存储、恢复,以及编辑过程中的恢复(Undo)、重做(Redo)功能。

下侧的快捷工具条按钮区,主要包含了模型显示模式快速切换,构件的快速删除、编辑、测量工具,楼板显示开关,模型保存、编辑过程中的恢复(Undo)、重做(Redo)等功能。

下侧的图形状态提示区,包含了图形工作状态管理的一些快捷按钮,有点网显示、角度捕捉、正交模式、点网捕捉、对象捕捉、显示叉丝、显示坐标等功能,可以在交互过程中单击按钮,直接进行各种状态的切换。

在屏幕左下侧是命令提示区,一些数据、选择和命令由键盘在此输入,如果设计者熟悉命令名,可以在"命令:"的提示下直接输入一个命令而不必使用菜单。

2. 基本定义和工作方式

1) 功能键定义

鼠标左键=Enter,用于确认、输入。

鼠标右键=Esc,用于否定、放弃、返回菜单。

鼠标中键=Tab,用于功能转换,或在绘图时为选取参考点。

鼠标中滚轮往上滚动:连续放大图形。

鼠标中滚轮往下滚动:连续缩小图形。

鼠标中滚轮按住滚轮平移:拖动平移显示的图形。

Ctrl+按住滚轮平移:三维线框显示时变换空间透视的方位角度。

F1=帮助热键,提供必要的帮助信息。

F2=坐标显示开关,交替控制光标的坐标值是否显示。

Ctrl+F2=点网显示开关,交替控制点网是否在屏幕背景上显示。

F3=点网捕捉开关,交替控制点网捕捉方式是否打开。

Ctrl+F3=节点捕捉开关,交替控制节点捕捉方式是否打开。

F4=角度捕捉开关,交替控制角度捕捉方式是否打开。

Ctrl+F4=十字准线显示开关,可以打开或关闭十字准线。

F5=重新显示当前图、刷新修改结果。

Ctrl+F5=恢复上次显示。

F6=充满显示。

Ctrl+F6=显示全图。

F7=放大一倍显示。

F8=缩小一半显示。

Ctrl+W=提示设计者选窗口放大图形。

F9=设置捕捉值。

Ctrl+←=左移显示的图形。

Ctrl+→=右移显示的图形。

Ctrl+↑=上移显示的图形。

Ctrl+↓=下移显示的图形。

如 ScrollLock 打开,以上的 4 项 Ctrl 键可取消。

←=使光标左移一步。

→=使光标右移一步。

↑=使光标上移一步。

↓＝使光标下移一步。

Page Up＝增加键盘移动光标时的步长。

Page Down＝减少键盘移动光标时的步长。

U＝在绘图时,后退一步操作。

S＝在绘图时,选择节点捕捉方式。

Ctrl＋A＝当重显过程较慢时,中断重显过程。

Ctrl＋P＝打印或绘出当前屏幕上的图形。

Ctrl＋～＝具有多视窗时,顺序切换视窗。

Ctrl＋E＝具有多视窗时,将当前视窗充满。

Ctrl＋T＝具有多视窗时,将各视窗重排。

以上这些热键不仅在人机交互建模菜单起作用,在其他图形状态下也起作用。

2) 工作状态配置

WORK. CFG 文件是程序的配置文件,只有在该文件处于当前目录时,程序才能按该文件设置的条件进行工作,如果当前目录没有该文件,程序将按缺省值创建一个配置文件,这个文件一般是安装在 PM 目录中,设计者需修改配置时,可在进行程序前把它复制在当前工作目录中。该文件的内容如下。

Width 设定显示区域的宽度所表示的工程平面的长度。

Height 设定显示区域的高度所表示的工程平面的宽度。

Unit 设定单位,其值应为 1,表示 mm,设计者不应修改。

Ratio 设定图比例,该值暂不使用。

Xorign 用户坐标系原点距屏幕左侧的距离。

Yorign 用户坐标系原点距屏幕下端的距离。

Bcolor 命令提示区、右侧菜单区和绘图区的背景颜色,该颜色值按 6 位整数编码。即个位和十位表示绘图区背景色号,百位和千位表示右侧菜单区的背景色号,万位和十万位为命令提示区背景色号,背景色号有效范围是 0～15,分别表示黑(0)、蓝(1)、绿(2)、青(3)、红(4)、紫(5)、黄(6)、白(7)、灰(8)、亮蓝(9)、亮绿(10)、亮青(11)、亮红(12)、亮紫(13)、亮黄(14)和亮白(15),设计者可根据个人喜好配置。如 2038 表示提示区绿色、菜单区青色,绘图区灰色。建议设计者不要使用 8 以上的颜色值,否则会造成部分图与背景混淆不清。

Status 状态显示开关,一般应为 0。

Coord 坐标显示开关,记忆和设置 F2 键状态。

Snap 点网捕捉开关,记忆和设置 F3 键状态。

Dsnap 角度捕捉开关,记忆和设置 F4 键状态。

Targer 捕捉靶大小,记忆和设置 Ctrl＋F9 键状态。

Cfgend 配置文件结束。

一般需要改动的是系统配置文件 WORK. CFG 中显示区域的宽(Width)、高(Height)、原点位置(Xorign,Yorign),其他项目在进入程序后可以随时变动(显示区域的高度设置对图幅起着决定作用,宽度可取高度的 4/3 倍)。如对于一个长 150m、宽 70m 的平面,可以设 Width 为 150000,Height 为 70000。如果坐标原点设在屏幕中心,可以设 Xorign 为 75000,Yorign 为 35000。虽然在程序中有显示变换工具可以在数百万倍的范围内缩放,但是设定合适的显示区域可以使用"显示全图"或 F6 热键一次就能达到最佳显示区域,而省去频繁缩放调整。

3．工作树、命令树和分组

新版增加的工作树,提供了一种全新的方式,可做到以前版本不能做到的选择、编辑交互。树表提供了 PM 中已定义的各种截面、荷载、属性,反过来可作为选择过滤条件,同时也可由树表内容看出当前模型的整体情况,如图 3-4 所示。

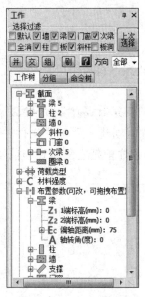

图 3-4　"工作"对话框

工作树的交互对象都是针对**先选中的构件**。

双击树表中任一种条件,可直接选中当前层中满足该条件的构件供编辑使用,而且还可以多种条件同时作用,比如取交集、并集。

拖动一个条件到工作区,可以完成对已选择构件的布置。

1)工作树的基本作用

在工作树中列出了截面、荷载类型、材料强度、布置参数、SATWE 超筋信息、计算配筋简图信息作为条件。这些条件有如下作用。

(1)展示已布置模型的各种信息,如梁截面、荷载,使用了哪些材料。

(2)工作树的交互对象都是需要先选择的,和前面的交互先选择一起,可以根据这些条件选中构件,作为下一步编辑的构件范围。

可随时在模型上单击选中更多的构件,或者按住 Shift 键反选去掉这些构件。

(3)工作树的条件,可以拖动到屏幕中,将选中的构件改为这种条件,例如拖动截面将选中的柱子换为此种截面。

2)多条件筛选和右键菜单

工作树提供了强大的选择方式,来查找、筛选构件。已经被选中的构件都可以再次使用其他条件在右键菜单中"交集选择"或"并集选择"。

3)SATWE 超筋选择和配筋衬图

工作树提供了超筋选择条件和 SATWE 配筋衬图,如图 3-5 所示。对于大体量工程,查找超筋构件位置都会变得比较困难,新版在 PMCAD 的工作树中增加了读取 SATWE 超筋信息的功能,双击"显示超筋超限"选项可以直接选中并高亮显示超筋构件。

另外,在工作树中增加了显示 SATWE 计算配筋简图的功能,方便设计者根据计算配筋结果反过来查改模型。

SATWE 计算配筋是在自然层中表达的,而 PMCAD 是标准层,如果一个标准层对应多个自然层,则会在同一个标准层下,根据双击的自然层,显示对应的自然层超筋信息和配筋简图,如图 3-6 所示。

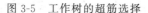

图 3-5 工作树的超筋选择　　　　图 3-6 双击自然层展示超筋信息

4）筛选的构件类型选择

可以定义模型交互选择和双击工作树列表选择构件的类型,例如只"勾选"柱子,则在"框选"构件时只会选中柱构件,而不会选中其他类型构件,这对快速筛选指定类型构件是很有用的。

此外,还可以根据构件的方向来决定过滤条件。构件类型中只"勾选"梁,方向下拉框中选择"Y 向",则在双击截面列表中"1 矩形 500×500"时,只会高亮选中沿 Y 轴方向布置的梁构件。

5）分组

工作树同时还提供了分组功能,分组是将选择的构件记录在组中,方便再次调用。

被选中的构件,可以作为一组保存起来。分组结果记录在模型文件中,下次进入模型会带回这些信息,双击分组信息列表,就可以高亮显示这些构件。

6）命令树

右侧列表中还集成了命令树,树中按上部 Ribbon 菜单的组织结构用树的形式列出了各命令。

在快捷栏中单击"自定义"按钮,可弹出对话框。对话框左侧的树表按照 Ribbon 菜单的组织,列出了所有的菜单命令,设计者"勾选"想要的命令后,该命令会自动加入右侧列表中,在右侧列表中选择某个命令,可对该命令进行"改名",改为自己想要的名字。还可以通过"加分隔"和"上移""下移"来调整命令的位置,调整完后,单击"确认"按钮,调整后的命令会显示在快捷栏中。

4. 建模过程概述

PMCAD 建模是逐层录入模型,再将所有楼层组装成工程整体模型的过程,其输入的步骤如下。

（1）平面布置首先输入轴线。程序要求平面上布置的构件一定要放在轴线或网格线上,因此凡是有构件布置的地方一定先用"轴网"菜单布置它的轴线。轴线可用直线、圆弧等在屏幕上绘出,对正交网格可用对话框方式生成。程序会自动在轴线相交处计算生成节点（白色）,两节点之间的一段轴线称为网格线。

（2）构件布置需依据网格线。两节点之间的一段网格线上布置梁、承重墙等构件。柱必须布置在节点上。比如一根轴线被其上的 4 个节点划分为 3 段,3 段上都布满了承重墙,则程序就生成了 3 个墙构件。

（3）用"构件"菜单定义构件的截面尺寸,输入各层平面的梁、柱、承重墙、楼板等构件。构件可以设置对于网格和节点的偏心。

（4）"荷载"菜单中程序可输入的荷载有作用于楼面的均布恒荷载和活荷载**标准值**,梁间、墙间、柱间和节点的恒荷载和活荷载**标准值**。

（5）完成一个标准层的布置后，可以使用"添加新标准层"命令，把已有的楼层全部或局部复制下来，再在其上布置新的标准层，这样可保证在各层组装在一起时，上下楼层的坐标系自动对位，从而实现上下楼层的自动对接。

依次录入各标准层的平面布置，最后使用"楼层组装"命令组装成全楼模型。

3.4　轴线输入、网格生成及实例

绘制轴网是整个交互输入程序最为重要的一环。"轴线网点"菜单集成了轴线输入和网格生成两部分功能，只有在此绘制出准确的网格线才能为以后的结构布置工作打下良好的基础，如图 3-7 所示。

图 3-7　轴线网点菜单

3.4.1　轴线输入

用作图工具绘制红色轴线，构件的定位都要根据网格或节点的位置决定。"网格"是轴线交织后被交点分割成的红色线段，在所有轴线相交处及轴线本身的端点、圆弧的圆心都产生一个白色的"节点"，将轴线划分为"网格"与"节点"的过程是在程序内部适时自动进行的。

1. 基本轴线图素

程序提供了两点直线、直线、圆环、圆弧、节点、平行直线和矩形等基本图素，它们配合各种捕捉工具、热键和其他一级菜单中的各项工具，构成了一个小型绘图系统，用于绘制轴线。

绘制图素采用了通用的操作方式，比如画图、编辑的操作和 AutoCAD 完全相同。

（1）两点直线。用于绘制零散的直轴线。可以使用任何方式和工具进行绘制。

（2）直线。适用于绘制连续首尾相接的直轴线和弧轴线，按 Esc 键可以结束一条折线，输入另一条折线或切换为切向圆弧。

（3）圆环。适用于绘制一组闭合同心圆环轴线。在确定圆心和半径或直径的两个端点或圆上的 3 个点后可以绘制第一个圆。输入复制间距和次数可绘制同心圆，复制间距值的正负决定了复制方向，以"半径增加方向为正"，可以分别按不同间距连续复制，屏幕左下角提示区自动累计半径增减的总和。

（4）圆弧。适用于绘制一组同心圆弧轴线。按圆心起始角、终止角的次序绘出第一条弧轴线，绘制过程中还可以使用热键直接输入数值或改变顺逆时针方向。输入复制间距和次数，复制间距值的正负表示复制方向，以"半径增加方向为正"，可以分别按不同间距连续复制，提示区自动累计半径增减总和。

（5）节点。用于直接绘制白色节点，供以节点定位的构件使用，绘制是单个进行的，如果需要成批输入可以使用图编辑菜单进行复制。

（6）平行直线。适用于绘制一组平行的直轴线。首先绘制第一条轴线；以第一条轴线为基准输入复制的间距和次数，间距值的正负决定了复制的方向。以"上、右为正"，可以分别按不同的间距连续复制，提示区自动累计复制的总间距。

（7）矩形。适用于绘制一个与 x、y 轴平行的，闭合矩形轴线，它只需要两个对角的坐标，因此它比用"直线"菜单绘制的同样轴线更快速。

2. 绘图操作方式和工具

（1）键盘坐标输入方式。该方式是在十字光标出现后，在提示区直接输入绝对坐标、相对坐标或极坐标值。方法如下（R 为极距，A 为角度）。

绝对直角坐标输入 $!x,y,z$ 或 $!x,y$。

相对直角坐标输入 x,y,z 或 x,y。

直角坐标过滤输入以 xyz 字母前缀加数字表示，如：$x123$ 表示只输入 x 坐标 123，yz 坐标不变；$xy123,456$ 表示输入 x 坐标 123，y 坐标 456，z 坐标不变；只输入 xyz 不跟数字表示 xyz 坐标均取上次输入值。

可识别的相对坐标前缀有：x,y,z,xy,xz,yz,xyz。

可识别的绝对坐标前缀有：$!x,!y,!z,!xy,!xz,!yz,!xyz$。

绝对极坐标输入 $!R<A$。

相对极坐标输入 $R<A$。

绝对柱坐标输入 $!R<A,Z$。

相对柱坐标输入 $R<A,Z$。

绝对球坐标输入 $!R<A<A$。

相对球坐标输入 $R<A<A$。

极坐标、柱坐标和球坐标不能过滤输入。

（2）追踪线方式。设计者输入一点后该点即出现橙黄色的方形框套住该点，随后移动鼠标在某些特定方向，比如水平或垂直方向时，屏幕上会出现拉长的虚线，这时输入一个数值即可得到沿虚线方向该数值距离的点。我们称这种虚线为追踪线，输入方式为追踪线方式。

用鼠标在任何点上稍作停留都会在该点出现橙黄色方形框，该点即成为参照点，随后均可采用追踪线方式。程序隐含设定水平和垂直两个方向的追踪线，设计者还可定义其他角度的方向。

（3）鼠标键盘配合输入相对距离。输相对距离时，用鼠标在屏幕上拉出方向，用键盘输入距离数值。

（4）角度捕捉工具。当打开控制开关 F4 后，拉动鼠标时所有线段都只能锁定在预设的角度上移动。预设的角度可以用 F9 随时修改设置，如图 3-8 所示。

（5）捕捉靶方框。在缺省方式下有一方框靶随光标移动，如果屏幕上已经画了若干图素，此方框可以捕捉到在靶范围中的已有图素，如线段的端点、两直线的交点或图素上的任意点等，从而可以根据已有图素绘出准确图形。F9 可以设置捕捉靶的大小。当需要从已有图素的端点或交点上再延伸一些线段，就必须使用节点捕捉工具，这个工具有三项功能。

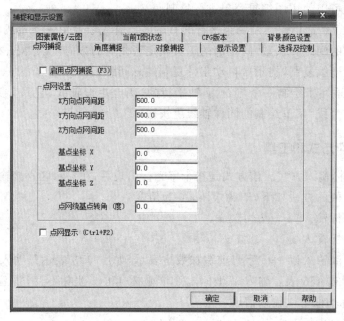

图 3-8 "捕捉和显示设置"对话框

① **捕捉图素节点**：直线的两个端点、圆弧的两个端点、折线、多边形的顶点、圆或圆弧的圆心，直线与直线、直线与圆弧、圆弧与圆弧之间的交点。图素被捕捉靶套中后首先判断是否靠近这些节点，如果选中，光标便置于该点之上。

② **捕捉拖动与图素的交点**：如果图素的节点未能找到，该工具便试图找到拖动线与这个图素的交点，所谓拖动线就是在捕捉中从上一点到当前光标的连线，由于上一点已成为历史，不可移动，而当前光标正为你所操纵，因此可以有意控制这条线的角度，如打开 F4 进行角度捕捉等，这样你可以在任意图形上画出不出头的准确图形。

③ **捕捉光标点到一个直线的水平或垂直投影点**：如果当前光标作为第一点输入而没有拖动线时，光标靶如果套住了一条直线而且远离直线的两个端点时，光标将沿水平或垂直方向移向其在直线上的投影点，这对于画线段的第一点或画节点时十分有用。

（6）选择参照点定位。这个功能就是用已知图素上的点作参照，找出和它相对坐标的点。操作是：将光标移动到参照的节点，稍作停留后该节点上将出现橙黄色的方形框，这说明参照点已经选好，再用键盘输入和该点的相对距离，就得到需要输入的点。

如果需要输入的点在参照点的水平或垂直方向，当参照点上的橙黄色的方形框出现后，接着在水平或垂直方向拉动鼠标会出现水平或垂直的虚线，这时输入一个距离值即可得到需要输入的点。

（7）设计者选择已知图素上的特征点。如需要直接捕捉到已知图素上的某些特征点，如某直线的中点或垂足时，设计者可在绘制直线或其他图素时按一下 S 字母键，选取指定这样的特征点（如中点），此后点取该直线时，程序会自动捕捉到直线的中点。

（8）点网捕捉工具。所谓点网是一些点沿 x、y 方向按一定间距排列形成的阵列。这个点网可以由 Ctrl＋F2 点网显示开关控制其可见或不可见。

如果设计者打开了 F3 点网捕捉开关,光标将总是停留在这些点上,而不会停留在两点之间。可以用 F9 随时修改点网间距。

(9) 自定义捕捉方式。在进行直线、平行直线、折线、圆弧等图素输入时,程序会自动弹出"设置捕捉参数"对话框,可以自定义网格捕捉点的功能。这样,捕捉状态更接近 AutoCAD 的习惯,鼠标在线上更容易捕捉到关键点,而不再需要在捕靶范围内。这个对话框提供了自定义的单选项目,方便切换要用的捕捉点,同时不需要的捕捉点又不会成为干扰,目前提供了中点、长度、等分点、角度模数捕捉,端点捕捉始终默认开启。

其中长度捕捉会同时开启网格距离捕捉和长度模数,对网格本身,网格延长线,0°、90° 虚线等位置都起作用,方便设计者用于定位,在常规的输入距离找位置的方法之外,提供了一种新的方法快速捕捉到需要的位置。

程序也可以选择使用"任意捕捉方式",在这种方式下,设计者可以捕捉直线段的端点、中点,两直线的交点,点到直线的垂足,圆、圆弧的圆心、切点等任意特征点。

程序还提供了网格的长度、角度及坐标显示标注,其样式设置隐藏在自定义快捷键的最后一项,一般可以不调整。当布置完成一段网格后,标注会停留一下,方便查看;当布置新网格或滚动鼠标时自动消失。

此外,为方便设计者在编辑时进行捕捉,在执行"复制""移动""拖动复制"3 个命令时,系统会自动打开"设置捕捉参数"对话框,供设计者设置。

(10) 正交轴网和圆弧轴网的数据参数定义方式。在轴线输入部分有"正交轴网"和"圆弧轴网"两个命令,可不通过屏幕绘图方式,而是以参数定义方式形成平面正交轴网或圆弧轴网。

正交轴网是通过定义开间和进深形成正交网格,定义开间是输入**横向从左到右**连续各跨跨度,定义进深是输入**竖向从下到上**各跨跨度,跨度数据可用鼠标从屏幕上已有的常见数据中挑选,也可以用键盘输入。

输完开间和进深后,按"确定"按钮退出对话框,此时移动光标可将形成的轴网布置在平面上任意位置。布置时可输入轴线的倾斜角度,也可以直接捕捉现有的网点使新建轴网与之相连。

圆弧轴网的开间是指轴线展开角度,进深是指沿半径方向的跨度,点取确定时再输入径向轴线端部延伸长度和环向轴线端部延伸角度。

正交轴网:下面介绍正交轴网对话框中各控件的功能,如图 3-9 所示。

预览窗口:

"预览窗口"可动态显示设计者输入的轴网,并可标注尺寸。

鼠标的滚轮可以对"预览窗口"中的轴网进行实时比例放缩,按下鼠标中键还可以平移预览图形。

在"预览窗口"的上方有 3 个小按钮:

放大:放大预览图形。

缩小:缩小预览图形。

全图:充满显示预览图形。

"预览窗口"的右边是两个列表框。左边的列表框:显示当前开间或进深的数据。

如果设计者习惯键盘输入的方式,可以在预览窗下的 4 个编辑框中直接输入数据,如

图 3-9　直线轴网输入对话框

图 3-10　"轴网数据录入和
编辑"框

图 3-10 所示。在输入数据时支持使用"＊"乘号重复上一个相同的数据,乘号后输入重复次数。也可以像在 WORD 文档中操作一样,用 Ctrl＋C 和 Ctrl＋V 的快捷方式将一行数据复制到另一行。

转角:是指轴网的旋转角度,逆时针方向为正。

输轴号:可在此处给轴线命名,输入横向和竖向起始的轴线号即可。

数据全清:可以清除所有数据。

导出轴网:将当前设置的轴网导出至独立文件 axisrect. axr 中,以便重复使用。

导入轴网:从已有的 axisrect. axr 文件中导入输入过的轴网,当轴网类似时可避免重复工作。

改变基点:可在轴网四个角端点间切换基点,以改变布置轴网时的基点。

数据全部输入完成后,单击"确定"按钮即可布置设置后的轴网。

在布置轴网时,也可通过快捷键 A 改变轴网的旋转角度,通过快捷键 B 改变轴网的插入基点,通过快捷键 R 返回"直线轴网输入"对话框重新设置。

圆弧轴网:圆弧轴网是一个环向为开间,径向为进深的扇形轴网。"圆弧轴网"对话框如图 3-11 所示。

可在该对话框中分别设置"圆弧开间角"和"进深"项目下的"跨数＊跨度""内半径"和"旋转角"参数。

内半径:环向最内侧轴线半径,作为起始轴线。

旋转角:径向第一条轴线起始角度,轴线按逆时针方向排列。

也可单击右侧"两点确定"按钮输入插入点,缺省方式是以圆心为基准点,按 Tab 键可

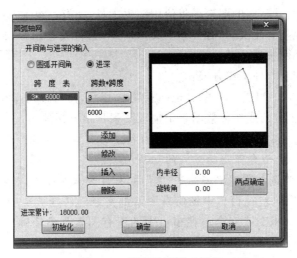

图 3-11　"圆弧轴网"对话框

转换为以第一开间与第一进深的交点为基准点的布置方式。

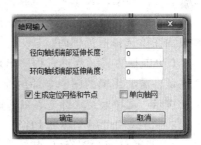

完成后按"确定"按钮,弹出"轴网输入"对话框如图 3-12 所示。

输入径向轴线端部延伸长度:为避免径向轴线端节点置于内外侧环向轴线上,可将径向轴线两端延长。

输入环向轴线端部延伸角度:为避免环向轴线端节点置于起止径向轴线上,可将环向轴线延长一个角度。

图 3-12　"轴网输入"对话框

生成定位网格和节点:由于环向轴线是无始无终的闭合圆,因此程序将环向自动生成网格线来代表环向轴线,而径向轴线的网点可根据需要生成。

单向轴网:如果环向或径向只定义了一个跨度,该选项将激活,选择"是"则只产生单向轴网,否则产生双向轴网。

数据全部输入完成后,单击"确定"按钮即可布置设置好的轴网。

3. 图素编辑

图素的复制、删除等编辑功能在图素编辑菜单中,如图 3-13 所示。可用于编辑轴线、网格、节点和各种构件。

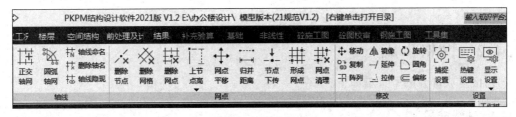

图 3-13　图素编辑菜单

凡是有对称性、可复制性的图素尽量使用编辑工具,如有一组平行线,首先绘出一条,然后按指定方向和间距复制几次,如有一个三叉形的平面,首先绘出一块后,用"镜像复制"或"旋转复制"绘出另外两块。

各项编辑命令均有 5 种工作方式:

(1) 目标捕捉方式。当进入程序出现捕捉靶"□"后,便可以对单个图素进行捕捉并要求加以确认,这对于少量的或在较繁图素中抽取图素是很方便的。

提示:在单击没有选中的情形下,程序会自动变为窗口方式进行选择,满足设计者在大多数情况下的使用要求,避免了选择方式的切换。

(2) 窗口方式。当进入程序出现箭头"↑"后,程序要求在图中用两个对角点截取窗口,当第一点在左边时,完全包在窗口中的所有图素都不经确认地被选中而被编辑;当第一点在右边时,与窗口边框相交或完全包在窗口中的所有图素都不经确认地被选中而被编辑。这对于整块图形的操作是很方便的。

(3) 直线方式。当进入程序出现十字叉"十"后,程序要求在图中用两个点拉一直线,与直线相交的所有图素都不经确认地被选中而被编辑。

(4) 带窗围取方式。当进入程序出现选择框"□"后,程序要求将需要编辑的图素全部被包围在该选择框范围内。

(5) 围栏方式。当进入程序出现十字叉"十"后,程序要求在图中选取任意的点围成一个区域将需要编辑的图素全部包围在内。

提示:此种方式应避免在围选时出现交叉线。

5 种方式间可用 Tab 键切换。

"图素平移"和"图素复制"首先要求输入一基点和方向,然后提问"平移距离"或"复制间距和次数",如果放弃提问则按设计者输入的基点和方向"平移"或"复制一次"。对于直线类图素还会提问"是否对齐",如果回答"是",则"复制"和"平移"将按该直线的垂直方向进行。

"图素旋转"和"旋转复制"要求输入一基点和角度,如果放弃输入角度值,程序让设计者从基点画出两条直线,用其夹角作为旋转角度。

"图素镜像"和"镜像复制"首先要求输入一条基准线,镜像便以该直线为对称轴进行。

Undo 可以使设计者退回一步绘图操作,"标记 Undo"是在设置了标志之后,使程序退回到标记位置,该功能只记忆最后 10 个标记,因此当设置的标记多于 10 个时,以前的便自动失效。

图素编辑和 10 次 Undo 只适用于由"轴线网点"菜单中的各种图素产生的图形,对构件的布置方式"Undo"可有多次。

U 键与 Undo 的功能相同,它只能在绘图中的光标出现时才能使用,在布置构件时不允许使用。

3.4.2　网格生成

网格生成部分的子菜单如下。

1. 轴线命名

在网点生成之后为轴线命名的菜单。在此输入的轴线名将在施工图中使用,而不能在本菜单中进行标注。在输入轴线时,凡在同一条直线上的线段不论其是否贯通都视为同一轴线,在执行本菜单时可以点取每根网格,为其所在的轴线命名,对于平行的直轴线可以在按一次 Tab 键后进行成批的命名,这时程序要求点取相互平行的起始轴线以及虽然平行但不希望命名的轴线,点取之后输入一个字母或数字后程序自动顺序地为轴线编号。

提示:同一位置上在施工图中出现的轴线名称,取决于这个工程中最上一层(或最靠近顶层)中命名的名称,所以当想修改轴线名称时,应重新命名的为靠近顶层的楼层。

2. 轴线显示

轴线显示是控制轴线显示的开关。

3. 平移网点

可以不改变构件的布置情况,而对轴线、节点、间距进行调整。对于与圆弧有关的节点应使所有与该圆弧有关的节点一起移动,否则圆弧的新位置无法确定。

4. 删除节点

在形成网点图后可对节点进行删除。删除节点过程中若节点已被布置的墙线挡住,可使用 F9 键中的"填充开关"项使墙线变为非填充状态。端节点的删除将导致与之联系的网格也被删除。

5. 形成网点

可将设计者输入的几何线条转变成楼层布置需用的白色节点和红色网格线,并显示轴线与网点的总数。这项功能在输入轴线后自动执行,一般不必专门点此菜单。

6. 网点清理

本菜单将清除本层平面上没有用到的网格和节点。程序会把平面上的无用网点,如作辅助线用的网格、从别的层复制来的网格等得到清理,以避免无用网格对程序运行产生的负面影响。

7. 上节点高

上节点高即是本层在层高处相对于楼层高的高差,程序隐含为每一节点高位于层高处,即其上节点高为 0。改变上节点高,也就改变了该节点处的柱高和与之相连的墙、梁的坡度。用该菜单可更方便地处理像坡屋顶这样楼面高度有变化的情况。

单击"上节点高"菜单后,可在弹出的对话框中选择节点抬高方式,如图 3-14 所示。

(1) 上节点高值。直接输入抬高值(单位:mm),并按多种选择方式选择按此值进行抬高的节点。

(2) 指定两个节点,自动调整两点间的节点。指

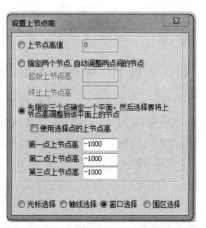

图 3-14　"设置上节点高"对话框

定同一轴线上两节点的抬高值,一般存在高差,程序自动将此两点之间的其他节点的抬高值按同一坡度自动调整,从而简化逐一输入的操作。

(3) 先指定 3 个点确定一个平面,然后选择要将上节点高调整到该平面上的节点。该功能用于快捷的形成一个斜面。主要方法是指定这个斜面上的 3 点,分别给出 3 点的标高,此时再选择其他需要拉伸到此斜面上的节点,即可由程序自动抬高或下降这些节点,从而形成所需的斜面。

为了解决使用上节点高制造错层,而频繁修改边缘节点两端梁、墙顶标高的问题,在上节点高界面增加了"使用选择点的上节点高"选项,在设置上节点高时,如果勾选了该选项,则设置上节点高两端的梁、墙两端将保持同步上下平动,避免了手工调整梁、墙另一端节点的问题。

8. 删除网格

在形成网点图后可对网格进行删除。

提示:网格上布置的构件也会同时被删除。

9. 节点对齐

将上面各标准层的各节点与第一层的相近节点对齐,归并的距离就是 11. 节点距离定义的距离,用于纠正上面各层节点网格输入不准的情况。

10. 网点显示

网点显示是在形成网点之后,在每条网格上显示网格的编号和长度,即两节点的间距。帮助设计者了解网点生成的情况。如果文字太小,可执行显示放大后再执行本菜单。

11. 节点距离

为了改善由于计算机精度有限产生意外网格的菜单。如果有些工程规模很大或带有半径很大的圆弧轴线,"形成网点"菜单会有计算误差、网点位置不准而引起的网点混乱,常见的现象是本来应该归并在一起的节点却分开成两个或多个节点,造成房间不能封闭。此时应执行本菜单。程序要求输入一个归并间距,这样,凡是间距小于该数值的节点都被归并为同一个节点。程序初始值的节点归并间距设定为 50mm。

3.4.3 设计实例 3-1 轴网输入及轴线命名

根据 2.6 节图 2-19 建筑平面图,确定结构布置方案。结构轴网的轴线编号必须与建筑施工图的轴线编号一致。通常建筑施工图标有轴线的位置都需要绘制网格线。当要在没有标注建筑轴线的位置布置梁、柱、承重墙构件,则需要增加网格线,如要对该网格线轴线命名,则需要用"分轴线号",如在建筑图Ⓐ、Ⓑ轴线间命名新的轴线,则应命名为 1/A 或 1/0B。由于②～⑤轴线开间过大,所以在②～⑤轴框架梁中间增加网格线,布置按主梁输入的次梁,用于分割房间,降低楼板厚度。在楼梯间楼层高度位置输入楼梯平台梁,需要增加网格线。

提示:楼层高度位置的平台梁程序不能自动生成应在整体建模中输入。

1.创建工作目录

首先在计算机 E 盘建一个文件夹,并命名为"办公楼设计",然后打开 PKPM 程序,在 PKPM 程序主界面上方单击"新建|打开"按钮,弹出选择工作目录对话框,在计算机 E 盘找到刚建的文件夹,按"确定"按钮,屏幕弹出"请输入工程名"对话框,在对话框中输入"bgl"后,按"确定"按钮。

2.创建轴网

单击"轴线|正交轴网"菜单,"下开间"输入从左至右的开间数据 3900,7800×3,3900; "左进深"输入从下至上的进深数据 6000,2500,6000,并勾选"输轴号"选项,如图 3-15 所示。按"确定"按钮,生成的正交轴网如图 3-16 所示。

图 3-15　轴网数据录入

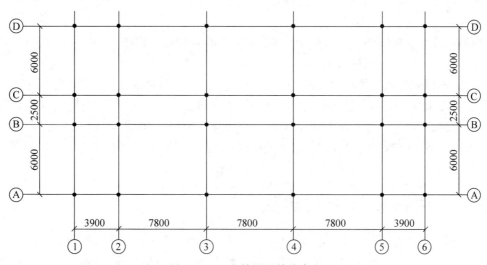

图 3-16　正交轴网及轴线命名

3.轴网细化

在两个楼梯间楼层位置布置楼梯平台梁需要网格线,考虑大办公室开间为 7800mm,在中间加一道次梁,以降低楼板厚度,可采用"二点直线"菜单绘制,先捕捉参照点,之后输入相对参照点的相对坐标来绘制二点直线。绘出的轴线如图 3-17 所示。

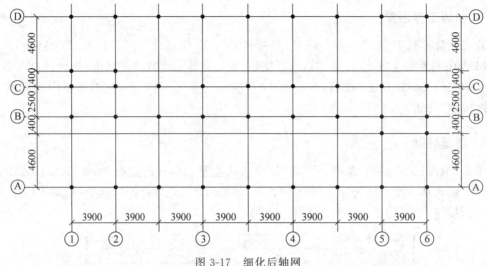

图 3-17　细化后轴网

Ⓒ、Ⓓ**轴线间的网格线绘制方法 1**：单击"绘图/二点直线"菜单，屏幕左下方命令行提示"输入第一点"，将光标移到定位的参照点上（Ⓒ轴与①轴的交点），程序自动捕捉到该参照点，然后将鼠标沿着①轴线方向往上移动，按 F4 打开垂直开关，保证追踪线与Ⓒ轴垂直，这时在命令提示行输入："1400"并按 Enter 键或鼠标左键，就输入了第一点，即在①轴线上，距参照点 1400mm 的位置处。命令行提示"输入下一点"，这时将鼠标从刚才定义的第一点位置向右侧水平拉动与轴线②相交，按鼠标左键，就输入了第二点，按 Esc 键或右击结束输入。

提示：用鼠标在任何点上稍作停留都会在该点出现橙色方形框，该点即成为参照点，随后都可以采用追踪线方式输入一个数值，形成第一个输入点，输入的数值单位为 mm。

Ⓒ、Ⓓ**轴线间的网格线绘制方法 2**：在屏幕左下方命令行：输入"CO"复制命令按 Enter键，命令行提示"请选择图素"，用鼠标选择轴线①和轴线②之间的Ⓒ轴网格线后按鼠标右键，命令行提示："请输入基点"，用鼠标选择①轴与Ⓒ轴的交点，按鼠标左键，命令行提示："请输入第二点"，这时输入"1400"后按 Enter 键，完成楼层处楼梯平台梁的轴线输入。

3.5　构件布置与楼层定义

新版程序中，为了提高构件输入的效率，采用了一种全新的构件输入停靠面板方式。如图 3-18 所示，在上部菜单中单击主梁、柱、墙、门窗等构件的布置按钮，屏幕左侧将弹出构件布置统一入口面板。使用这个面板，可以完成对截面的增加、删除、修改、复制、清理、去重、合并等管理显示工作。

3.5.1　构件布置集成面板

面板的左上部提供了每类构件的预览图和每类构件布置参数对话框。在列表中，以浅绿色加亮的行表示该截面在本标准层中有构件引用。

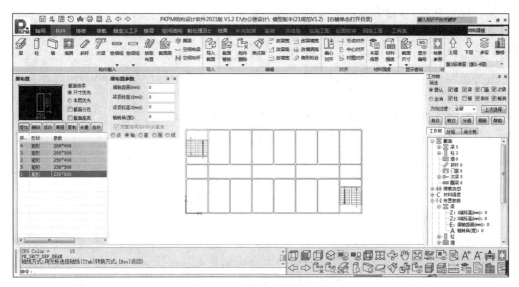

图 3-18　构件布置集成面板

每类构件布置参数对话框给出构件布置时需要输入的参数,如偏心、标高、转角等。单击顶部的构件类别,程序会自动切换布置信息,单击截面列表中某类截面和布置方式,就可以在图面上开始构件的输入了。

新版本程序将原有 PMCAD 及钢结构 STS 的所有截面进行了整合。在增加新截面时,程序提供了原有 PMCAD 及钢结构 STS 的所有梁截面,供设计者选择,如图 3-19 所示。

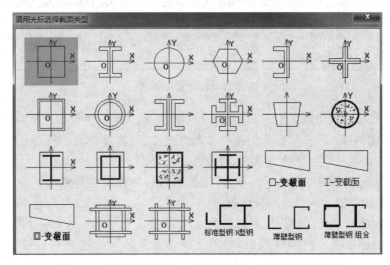

图 3-19　整合了 PMCAD 及钢结构 STS 的所有梁截面

3.5.2　构件布置要点

1. 参照定位

各种构件布置时的参照定位是不同的。

柱布置在节点上,每个节点上只能布置一根柱。

梁、墙布置在网格上,两节点之间的一段网格上仅能布置一道墙,可以布置多道梁,但各梁标高不应重合。梁、墙长度即是两节点之间的距离。

层间梁的布置方式与主梁基本一致,但需要在输入时指定相对于层顶的高差和作用在其上的**均布荷载**。

洞口也布置在网格线上,该网格线上还应布置承重墙。可在一段网格上布置多个洞口,但程序会在两洞口之间自动增加节点,如洞口跨越节点布置,则该洞口会被节点截成两个标准洞口。

斜杆支撑有两种布置方式,按节点布置和按网格布置。斜杆在本层布置时,其两端点的高度可以任意,既可越层布置,也可水平布置,用输标高的方法来实现。

提示:斜杆两端点所用的节点,不能只在执行布置的标准层有,承接斜杆另一端的标准层也应标出斜杆另一端的节点。

次梁布置时是选取它首、尾两端相交的主梁或墙构件,连续次梁的首、尾两端可以跨越若干跨一次布置,不需要在次梁下布置网格线,次梁的顶面标高和与它相连的主梁或墙构件的标高相同。

2. 构件定义

构件布置分为梁、柱、墙、墙洞、斜杆、次梁、层间梁等。菜单如图 3-20 所示。

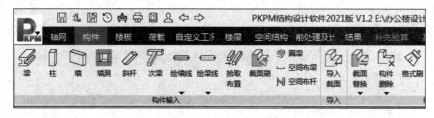

图 3-20　构件布置菜单

构件在布置前必须要定义它的截面尺寸、材料、形状类型等信息。程序对"构件"菜单组中的构件的定义和布置的参数都采用构件布置集成面板(图 3-18)。对话框上面是增加、删除、修改、清理、复制、去重、合并、截面排序按钮。

增加:定义一个新的截面类型。单击"增加"按钮,将弹出构件截面类型选择定义对话框,选择在对话框中输入构件的相关参数。

删除:删除已经定义过的构件截面定义,已经布置于各层的这种构件也将自动删除。

修改:修改已定义过的构件截面,对于已经布置于各层的这种构件的尺寸也会自动改变。

清理:自动将定义了但在整个工程中未使用的截面类型清除掉,这样便于在布置或修改截面时快速地找到需要的截面。同时由于容量的原因,也能减少在工程较大时截面类型不够的问题。

复制:在对话框中选取某一种截面后,再单击"复制"按钮,将得到一个相同的截面类型。

去重:可以将截面列表中截面类型、尺寸和材料相同的截面仅保留一个,可以快速地去掉重复的截面定义。

合并：可以选择几个截面合并为其中的一个截面，操作过程为：按住 Ctrl 键选择多个截面，单击"合并"按钮，弹出"截面归并"对话框，如图 3-21 所示，在对话框中指定合并后的截面，可以勾选"清理截面"选项清理合并后不需要的截面。

截面排序：选择"尺寸优先"，软件自动将截面列表中的截面先按照截面类型再按尺寸大小排序。"本层优先"是指软件优先按照本层已使用的截面排在最上部，然后再按尺寸优先排序。经过上述排序后，可显著提高目标截面查找效率。

提示：列表中，浅绿色背景的行表示当前标准层有构件使用该截面。

图 3-21　"截面归并"对话框

3. 偏心参数

当布置柱、梁、墙、洞口等构件时，选取构件后，可弹出输入构件的偏心信息等参数，如图 3-22 所示。如不修改其窗口中隐含数值则可不操作该对话框而直接在网格节点上布置构件。如果需要输入偏心信息时，应点取对话框中项目输入，该值将作为今后布置的隐含值直到下次被修改。用这种方式工作的好处是当偏心不变时每次的布置可省略一次输入偏心的操作。

柱相对于节点可以有偏心和转角，柱截面宽边方向与 x 轴的夹角称为转角，沿柱截面宽方向（转角方向）的偏心称为沿轴偏心，右偏为正，沿柱高方向的偏心称为偏轴偏心，以向上（柱截面高方向）为正。柱沿轴线布置时，柱的方向自动取轴线的方向，如图 3-23 所示。

图 3-22　"梁布置参数"对话框

图 3-23　"柱布置参数"对话框

设梁或墙的偏心时，一般输入偏心的绝对值，布置梁墙时，光标偏向网格的那一边，梁、墙也偏向那一边。

在选择标准构件时，或在程序要求输入构件相对于网格或节点的偏心值的时候，设计者可输入数值。

4. 高亮选中截面

在构件布置面板（图 3-24），可以勾选"截面高亮"。勾选后，楼层中使用当前选中截面的构件，将以高亮形式显示，且支持三维透视图、视角转动等常规操作，便于设计者观察楼层对当前选中截面的使用情况。

图 3-24　构件布置面板

5. 按截面显示

在构件布置面板(图 3-24),可以勾选"截面分色"选项。为了便于设计者观察各类截面在当前层乃至全楼的布置情况,程序提供了按截面显示功能,目前仅梁、柱、墙和支撑支持该功能。勾选该选项后,程序自动对截面列表中的各个截面自动分配一个颜色值并给出截面形状、尺寸和材料信息(颜色值可单击表格中的颜色修改),同时根据各个颜色刷新图形。

一般情况下,设计者可能只关注个别一种或几种截面,可单击"默认颜色",全部的梁将变为默认的颜色,此时仅修改几种关注的梁截面的颜色,然后单击"应用"按钮即可。可使用此功能做视觉效果好一些的 PPT 等报告文档。

该功能对全楼有效,支持单层和全楼的二维、三维透视图和渲染图,并支持右上角的下拉表切换楼层和缩放、旋转等基本操作。如果在全楼组装后再调整颜色,程序会提示需要重新组装一次以便刷新颜色。

关掉颜色设置对话框或取消勾选将自动退出按截面显示状态。

6. 布置的方式

布置有 5 种方式,如图 3-24 所示。

(1) 直接布置方式。在选择了标准构件,并输入了偏心值后程序首先进入该方式,凡是被捕捉靶套住的网格或节点,在按 Enter 键后即被插入该构件,若该处已有构件,将被当前值替换,设计者可随时用 F5 键刷新屏幕,观察布置结果。

(2) 沿轴线布置方式。在出现了"直接布置"的提示和捕捉靶后按一次 Tab 键,程序转换为"沿轴线布置"方式,此时,被捕捉靶套住的轴线上的所有节点或网格将被插入该构件。

(3) 按窗口布置方式。在出现了"沿轴线布置"的提示和捕捉靶后按一次 Tab 键,程序转换为"按窗口布置"方式,此时设计者用光标在图中截取一窗口,窗口内的所有网格或节点上将被插入该构件。

(4) 按围栏布置方式。用光标点取多个点围成一个任意形状的围栏,将围栏内所有节点与网格上插入构件。

(5) 直线栏选布置方式。当切换到该方式时,需拉一条线段,与该线段相交的网点或构件即被选中,随即进行后续的布置操作。荷载布置和删除时同样可通过 Tab 键切换到直线栏选方式。

按 Tab 键,可使程序在这 5 种方式间依次转换。

退出构件布置的操作:鼠标停靠在构件布置对话框时右击或按 Esc 键。

7. 构件删除

(1)直接用鼠标选择要删除的构件,然后按 Delete 键即可删除。

(2)单击"构件删除"命令。构件删除功能统一放置到"构件删除"对话框中。当在对话框中选中某类构件时(可一次选择多类构件),直接选取所需删除的构件,在构件上右击即可完成删除操作。"构件删除"在"常用菜单"中的位置如图 3-25 所示;右下角的快捷菜单栏中的位置如图 3-26 所示,弹出的"构件删除"对话框如图 3-27 所示。

图 3-25　常用菜单构件删除菜单位置

图 3-26　右下角构件删除菜单位置

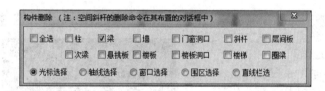

图 3-27　"构件删除"对话框

新版的构件删除命令支持光标选择、轴线选择、窗口选择、围区选择和直线选择 5 种方式,可在二维和三维下通用,为选择层间梁等层间构件和切换视角后的选择提供了方便。

除此之外,该功能还支持"反选"功能:在选择完构件后(构件会以亮粉色标示被选中),此时按住 Shift 键再次选择已选的构件,则该构件会变为未选中状态,从选择集中剔除。

3.5.3　普通构件的布置过程

下面介绍输入各层的柱、梁、次梁、层间梁、墙、墙洞、斜杆、空间斜杆、梁加腋、钢板墙等的过程。

1. 柱布置

1)截面定义

在柱布置集成面板中,单击"增加"按钮,弹出柱的截面类型选择界面如图 3-28 所示。

选择某一类型,如矩形后,弹出"截面参数"对话框如图 3-29 所示。

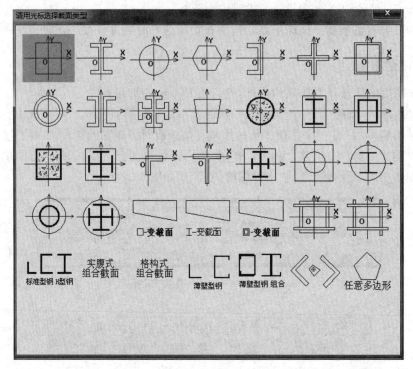

图 3-28　截面类型选择界面

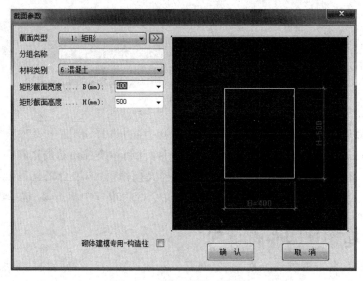

图 3-29　"截面参数"对话框

要求定义柱的截面尺寸及材料(混凝土或钢材料),同时右侧预览图根据输入尺寸按比例绘制截面形状。如果材料类别输入 0,保存后自动更正为 6(混凝土)。如果新建的截面参数与已有的截面参数相同,新建的截面将不会被保存。柱最多可以定义 800 类截面。

如果需要更改截面类型,单击"修改"按钮,弹出"请用光标选择截面类型"对话框,此时程序自动加亮当前被修改的类型图标,这样可方便知道当前要被修改的截面类型,再选择新的截面类型即可。

2)柱布置的操作

柱需要布置到节点上,靠节点定位,每节点上只能布置一根柱,如果在已布置了柱的节点上再布置柱,后布置的柱将覆盖掉已有的柱。

柱的布置参数信息对话框中包含的参数有偏心、转角及柱底标高。柱宽边方向与 x 轴的夹角称为"柱转角",沿柱截面宽方向(转角方向)相对于节点的偏心称为"沿轴偏心",右偏为正,沿柱截面高方向的偏心称为"偏轴偏心",以向上(柱截面高方向)为正。

"柱底高"指柱底相对于本层层底的高度,柱底高于层底时为正值,低于层底为负值。可以通过"柱底高"的调整实现越层柱的建模,如图 3-30 所示。

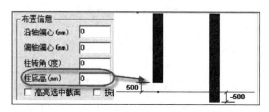

图 3-30　调整柱底高

软件取柱顶高度为本层层高。当柱所在节点有上节点高向上或向下的调整时,柱顶高度跟随上节点高调整。

布置的参数信息在进行下一次布置时自动保存。单击"拾取布置"命令,选择图形区中已经布置的柱后,柱的布置参数信息自动提取到对话框中。利用"拾取布置"命令可以快速布置或修改柱。

柱布置有 5 种方式:直接布置方式、沿轴线布置方式、按窗口布置方式、围栏布置方式、直线栏选布置方式。按 Tab 键,可使程序在这 5 种方式间依次转换,也可在布置参数对话框上直接单击布置方式。柱沿轴线布置时,柱的方向会自动取轴线的方向。

L 形截面和 T 形截面柱布置时的插入点为翼缘和腹版中心线的交点(Z 形截面和十字形截面的插入点在截面高度一半处),因此使用 L 形、T 形截面进行输入时,较 Z 形和十字形等截面输入可以省去偏心的计算。

2. 梁布置

同柱布置,与柱不同的是梁布置在网格线上,一个网格线上通过调整梁端的标高可布置多道梁,但两根梁之间不能有重合的部分。"梁布置"对话框如图 3-31 所示。

偏轴距离:可以输入偏心的绝对值,布置梁时,光标偏向网格的哪一边,梁也偏向那一边。

梁顶标高:梁两端相对于本层顶的高差。如果该节点有上节点高的调整,则梁顶标高是相对于调整后节点的高差。如果梁所在的网格是竖直的,梁顶标高 1 指下面的节点,梁顶标高 2 指上面的节点;如果梁所在的网格是水平的,梁顶标高 1 指网格左面的节点,梁顶标高 2 指网格右面的节点。对于按主梁输入的次梁,三维结构计算程序将默认为不调幅梁。

轴转角:此参数控制梁布置时梁截面绕截面中心的转角。

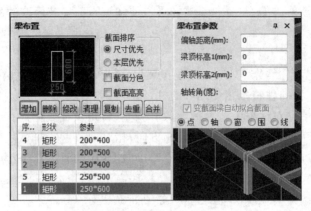

图 3-31　"梁布置"对话框

3. 次梁布置

次梁与主梁采用同一套截面定义的数据,如果对主梁的截面进行定义、修改,次梁也会随之修改。次梁布置时是选取它首、尾两端相交的主梁或承重墙,连续次梁的首、尾两端可以跨越若干跨一次布置,不需要在次梁下布置网格线,次梁的顶面标高和与它相连的主梁或墙构件的标高相同。

因为次梁定位时采用"参照点定位",可以用主梁或承重墙的某一个端节点作参照点。首先将光标移动到定位的参照点上,按 Tab 键后,鼠标即捕捉到参照点,再根据提示输入相对偏移值即可得到精确定位。

提示:布置的次梁应满足以下 3 个条件:使其与房间的某边平行或垂直;非二级以上次梁;次梁之间有相交关系时,必须相互垂直。

对不满足这些条件的次梁,虽然可以正常建模,但后续模块的处理可能产生问题。

4. 层间梁布置

选择层间梁的截面类型之后,可以开始布置层间梁。在布置过程中,在梁参数对话框中输入相对底层的标高,鼠标会自动跳到精确位置。然后移动鼠标至与另外一根柱水平相交的位置,程序会自动捕捉相交点,单击鼠标左键确认,程序完成一根相对柱底高的水平层间梁的布置。

使用"层间梁"可以进行坡道的快速建模,只需要分别在近端的柱底和最远端的柱顶各用鼠标单击一次,程序会自动完成将整根贯通的大梁拆分成小梁段的工作。程序会计算出每段小梁与两柱的交点,赋予各小梁段准确的梁顶标高值。

5. 墙布置

墙需要定义厚度和材料(混凝土、烧结砖、蒸压砖、空心砌块等)。布置方式同主梁布置。墙最多可以定义 200 类截面。

墙布置时可以指定墙底标高和墙两端的顶标高(墙顶标高 1 和墙顶标高 2)。墙顶标高是指墙顶两端相对于所在楼层顶部节点的高度,如果该节点有上节点高的调整,则是相对于调整后节点的高度。通过修改墙顶标高，可以建立山墙、错层墙等形式的模型，如图 3-32 所示。

对于山墙等墙顶倾斜的情况，混凝土结构计算程序和砌体结构程序都可以处理。需要特别指出的是，若需使用 SATWE 进行模型分析，则非顶部结构的剪力墙允许错层（即相邻两片墙顶标高可以不一致），但不允许墙顶倾斜。

图 3-32　"墙布置参数"
对话框

6. 墙洞布置

墙洞布置在网格上，该网格上还应布置承重墙。一段网格上只能布置一个洞口。布置洞口时，可以在洞口布置参数对话框中输入底部标高（相对于层底的标高）和定位信息。定位方式有左起定位方式、居中定位方式、右起定位方式。如果定位距离大于 0，则为左起定位；若键入 0，则该洞口在该网格线上居中布置；若键入一个小于 0 的负数（如 $-D$，单位：mm），程序将该洞口布置在距该网格右起为 D 的位置上。如需洞口紧贴左或右节点布置，可输入 1 或 -1。如第一个数输入一大于 0 小于 1 的小数，则洞口左端位置可由光标直接点取确定。

7. 斜杆布置

单击"斜杆"命令，弹出"斜杆布置"参数输入对话框，如图 3-33 所示。

图 3-33　"斜杆布置"及"斜杆布置参数"对话框

1）传统（2 点）布置方式

传统方式有两种布置方法，按"节点布置"和"按网格布置"。斜杆在本层布置时，其两端点的高度可以任意，即可越层布置，也可水平布置，用输入标高的方法来实现。

提示：斜杆两端点所用的节点，不能只在执行布置的标准层有，承接斜杆另一端的标准层也应标出斜杆另一端的节点。斜柱可按斜杆输。

斜杆的布置方式，如图 3-33 所示。对话框中可以选择是"按节点布置"还是"按网格布置"，如果"按节点布置"，先分别输入所选的两个节点处斜杆端部相对于层底的标高（输入 0 表示按本层地面标高，输入 1 表示使用层高，也可由右侧的单选按钮完成）和相对于节点的偏心，再在图形上依次选择相应的两节点，即可完成斜杆的输入。如果选择"按网格布置"，则以上输入的各值将以所选网格的两端节点为参照。

斜杆布置的"轴转角"指斜杆截面相对于截面中轴的转角。

2）一点斜杆的布置方式

所谓"一点斜杆"是指在布置时只需指定一个节点，另一点直接在图面上进行捕捉或者输入相对坐标来确定，第二点位置不一定要有节点，从而避免原有传统方式第二点的节点打断其他构件。在布置中，第一个点确定节点，第二个点确定偏移值。

如图 3-33 所示，在"斜杆布置参数"对话框中，选择"1 点斜杆"方式，"1 端标高"设置为"与层高同"，"2 端标高"设置为"0"，然后在图面上选择第一点位置，在左下部的信息提示栏中给出"选择 2 端偏移值（［Esc］返回）"时，可以直接捕捉端点、中点等位置，也可以通过输入斜杆投影长度直接定位斜杆。

布置完成后，使用右击斜杆的一个端点，弹出"构件属性"对话框，如图 3-34 所示。其中，对于"1 点斜杆"，它两端依赖的节点都为同一个节点，通过设置 1、2 端的 x、y 方向的偏移值来进行定位。在"构件属性"框中，可以直接修改这些偏移值，然后再单击上部的"确定"按钮，就可以重新进行定位。

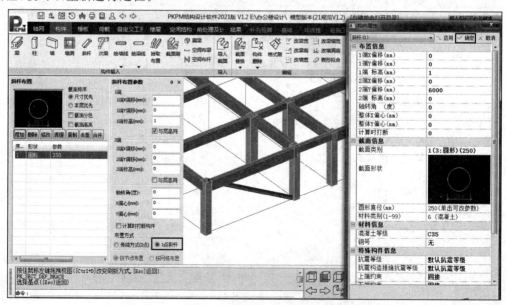

图 3-34　"1 点斜杆"布置结果及参数修改

"1点斜杆"方式最大的优势在于沿着斜交构件布置斜杆时,可以在平面布局直接输入距离确定长度,而不需要分别计算 x,y 的偏移值再手工填写。

3）斜杆的偏移与整体偏心

框架外立面有坡度变化的情况,此时需要用斜杆来建立斜柱。原来需要建立两个节点,这样因为节点的存在,就会把连接的梁打断为两段,而实际在空间中此梁是完整的一段。现在通过偏移方式可以解决此问题。利用偏移值设置,可以在一个节点上就可以布置斜杆。其方法是在 SATWE 生成数据阶段,根据偏移值重新调整节点位置,在三维环境下生成节点的三维实际位置,这样就避免了将梁打断。"整体 x、y 向偏心"参数,即构件是整体平移的,主要用来解决柱、墙与斜杆外皮对齐的问题。

提示：偏移和偏心是不同的,偏移会产生新节点,一般数值较大;而偏心是构件在原有位置上的偏心修正,不改变节点位置。无论传统的布置方式还是"1点斜杆"布置方式,都可以设置偏移值,"1点斜杆"方式仅仅是方便建模的手段,其底层数据记录是相同的。

4）斜杆的打断

勾选打断选项,则在 SATWE 或 PMSAP 分析时,斜杆遇到周边构件则自动打断,构件在此点协调。

8. 绘梁线、绘墙线

"绘梁线"命令的位置和对应的各个菜单如图 3-35 所示,"绘墙线"的菜单与"绘梁线"菜单完全相同。

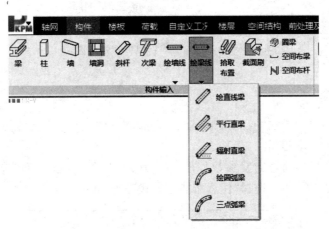

图 3-35　"绘梁线"菜单

这里可以把墙、梁的布置连同上面的轴线一起输入,省去先输轴线再布置墙、梁的两步操作,简化为一步操作。

9. 空间斜杆布置

单击"空间布杆"命令后,弹出空间拉杆布置及斜杆布置参数对话框,如图 3-36 所示,该对话框增加了"捕捉类型"选项,除常规的"中点""模数""等分数"外,还可选择"任意捕捉方式"进行捕捉。

提示："空间斜杆"与"层内斜杆"索引相同的截面定义,即修改某一截面参数,其关联的所有"空间斜杆"与"层内斜杆"都会发生变化。

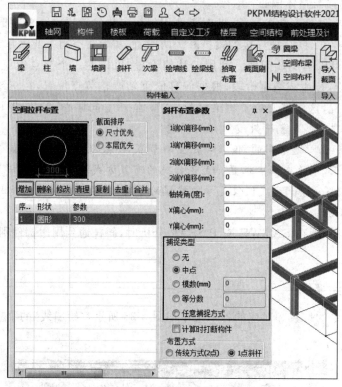

图 3-36 "空间拉杆布置"及"斜杆布置参数"选项卡

10. 空间布梁

在构件布置菜单中增加"空间布梁"命令。可以支持单层、多层及整楼下拉线捕捉布置。用法和"空间布杆"基本相同。

"空间布梁"布置界面与布置参数如图 3-37 所示,增加"捕捉类型"选项,除常规的"中点""长度""等分数"外,还可选择"任意布捕捉方式"进行捕捉。

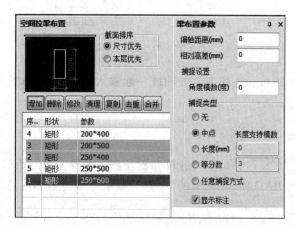

图 3-37 "空间拉梁布置"及"梁布置参数"对话框

11. 梁加腋

如图 3-38 所示,"梁加腋"命令位于"补充"→"补充输入"菜单中,包含了"布置加腋""删除加腋"两个命令。

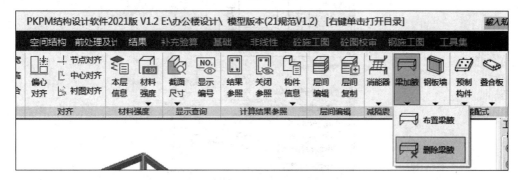

图 3-38　梁加腋菜单

单击"布置梁腋"命令后,软件将弹出"加腋梁输入"对话框,如图 3-39 所示。输入"腋长""下部腋高"等参数,选择"水平加腋"选项,就可以在图面上开始布置。

图 3-39　"加腋梁输入"对话框

提示:在删除加腋梁时,如果是采用"光标选择"方式,程序会删除距离光标最近位置一端的梁加腋;而如果采用其他选择方式,是以整根梁为单位进行删除,即两端布置的梁加腋会同时删除。"加腋梁"只能布置在矩形截面的梁上。

12. 钢板墙布置

单击"钢板墙"→"外包钢板"菜单,弹出"外包钢板砼组合墙"对话框,如图 3-40 所示,在对话框中进行各参数的设置,就可以在图面选择已有墙进行布置。

对于"内置钢板剪力墙"的输入,其功能与 SATWE 前处理特殊墙中的内置钢板剪力墙输入相同,选择需要布置的墙后,会在墙侧辅以文字标示,以示区分。

图 3-40 "外包钢板砼组合墙"对话框

3.5.4 设计实例 3-2 梁柱截面尺寸估算

1. 柱截面尺寸确定

(1) 柱从属面积：为了便于施工，办公建筑柱截面暂按首层最大从属面积估算。图 3-41 阴影区为柱最大从属面积：$A=7.8\times(6+2.5)/2\text{m}^2=33.15\text{m}^2$。

(2) 估算设计荷载：$N_c=1.35nAq=1.35\times6\times33.15\times(11\sim15)\text{kN}\approx2954\sim4028\text{kN}$

(3) 估算柱的截面：根据轴压比确定柱的截面尺寸，混凝土强度等级 C35，查《混凝土结构设计规范》(GB 50010—2010)表 4.1.1-1 得到混凝土轴心抗压强度设计值 $f_c=16.7\text{N}/\text{mm}^2$，该框架的抗震等级为三级，查《建筑抗震设计规范》(GB 50011—2010)表 6.3.6 得到柱轴压比限值 $\mu_N=0.85$。

$$A_c=\frac{N_c}{\mu_N f_c}=\frac{(2954\sim4028)\times10^3}{0.85\times16.7}\text{mm}^2\approx208101\sim283762\text{mm}^2，$$若取柱截面为正方形，

则暂估柱的边长为 $b=h=456\sim533\text{mm}$。

(4) 估算柱截面边长：以层高为参照，该办公楼首层结构层高为 $H=4270\text{mm}$（建筑二层楼面到基础顶面的高度），框架柱的边长 $b=h=(1/15\sim1/10)H\approx285\sim427\text{mm}$，对于抗震等级为三级的框架结构《建筑抗震设计规范》(GB 50011—2010)规定柱边长不宜小于 400mm。

最后初步确定中柱截面为 450mm×500mm。

边柱截面为 400mm×450mm。

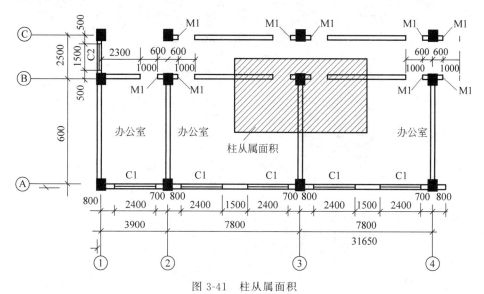

图 3-41　柱从属面积

2. 框架梁、次梁截面尺寸估算

1）纵向框架梁跨度为 3.9m 和 7.8m

7.8m 框架梁截面高度：$h=(1/15\sim1/10)l_0=(1/15\sim1/10)\times7800mm=520\sim780mm$，取 $h=600mm$，截面宽度 $b=(1/3\sim1/2)h=200\sim300mm$，取 $b=250mm$。

考虑建筑的立面效果 3.9m 跨度的框架梁截面取值同 7.8m。

2）横向框架梁跨度为 6m 和 2.5m

6m 跨度框架梁截面高度：$h=(1/15\sim1/10)l_0=(1/15\sim1/10)\times6000mm=400\sim600mm$ 取 $h=500mm$，截面宽度 $b=(1/3\sim1/2)h=167\sim250mm$，取 $b=250mm$。

2.5m 跨框架梁高取 $h=400mm$，宽度与相邻跨相同，取 $b=250mm$。

3）次梁截面尺寸

6m 跨次梁截面高度：$h=(1/18\sim1/12)l_0=(1/18\sim1/12)\times6000mm=333\sim500mm$，取 $h=500mm$，$b=200mm$。

3.9m 跨楼梯间平台梁截面高度：$h=400mm$，$b=200mm$。

3.5.5　设计实例 3-3 梁柱截面定义及布置

1. 梁截面定义及布置

单击"构件"→"构件输入/梁"菜单，弹出"梁布置及参数"对话框，如图 3-42 所示。单击"增加"按钮，弹出"截面参数"对话框（图 3-29），其中"矩形截面宽度 B（mm）""矩形截面高度 H（mm）"中分别输入"250""600"，其余保持默认设置，单击"确认"按钮，得到图 3-42 对话框中序号 1 的矩形截面，其余梁截面的定义重复前面的步骤。此时，选定已定义的梁截面

（使其变成蓝色），然后选择图 3-42 中的梁截面，将所定义的梁布置在网格线上，布置完成后，单击"开/关梁尺寸"按钮，如图 3-43 所示。布置好的梁截面如图 3-44 所示。

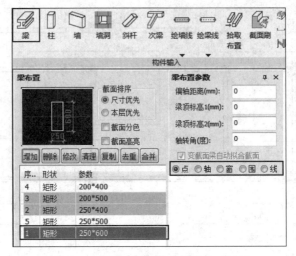

图 3-42　"梁布置"及梁布置参数对话框

图 3-43　梁截面显示按钮位置

2. 柱截面布置

单击"构件"→"构件输入/柱"菜单，单击"增加"按钮，弹出"截面参数"对话框（图 3-29），在其中"矩形截面宽度 B（mm）""矩形截面高度 H（mm）"中分别输入"450""500"，其余保持默认设置，单击"确认"按钮，得到图 3-45 对话框中序号 1 矩形，柱截面 400×450 的定义重复前面的步骤。此时，选定已定义的柱截面（使其变成蓝色），然后选择图 3-45 中的"点、轴、窗"等方式之一，将所定义的柱布置在节点上，布置完成后，单击"开/关柱尺寸"按钮，布置好的柱截面尺寸如图 3-47 所示。

3. 将框架边梁与柱外皮对齐，将走道梁与柱外皮对齐

在二维平面显示状态下，执行"偏心对齐"命令，弹出"偏心对齐"对话框，如图 3-46 所示。用鼠标左键选择柱的外边为基准面，软件自动延伸，用虚线绘制出对齐基准边，然后选择要对齐的目标梁外侧，软件会将梁的外侧自动对齐到基准边。

在选择梁进行对齐操作时，软件会根据选择位置与基准边对齐。例如，选择梁外边时，则外边移动到基准线边，选择梁内边时，内边移动到基准边。

继续重复执行"偏心对齐"命令，完成建筑外围和走道梁的偏心对齐操作（键入空格键可继续前一个命令，同 AutoCAD 相似）。完成了偏心对齐后的结构模型如图 3-47 所示。

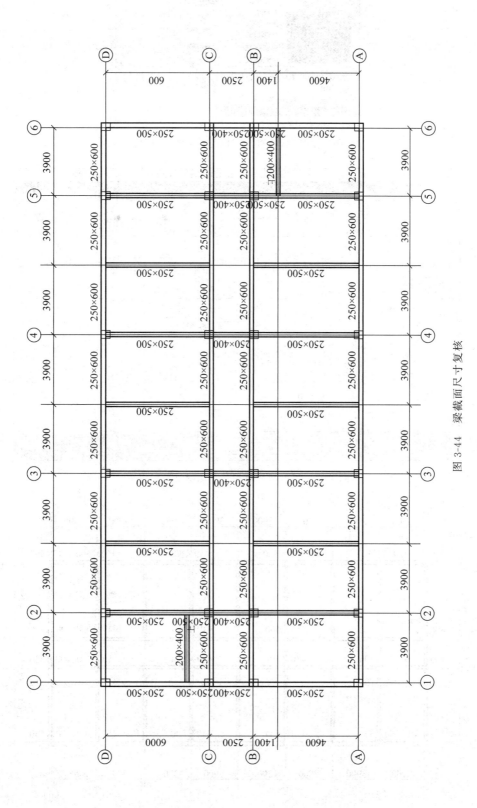

图 3-44 梁截面尺寸复核

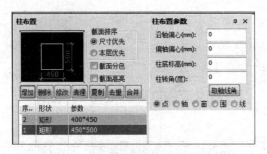

图 3-45 "柱布置"及"柱布置参数"对话框

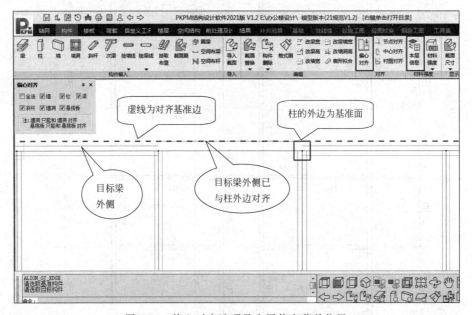

图 3-46 偏心对齐选项及本层信息菜单位置

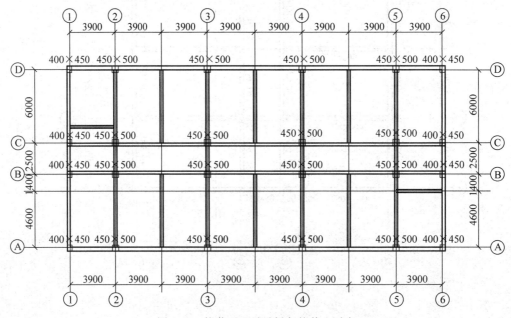

图 3-47 柱截面显示及梁与柱偏心对齐

3.5.6　设计实例 3-4 本层信息

单击"构件"→"材料强度/本层信息"菜单,弹出"本标准层信息"对话框,如图 3-48 所示。在对话框中输入 2.6.2 节"设计准备"所设定的混凝土强度等级和钢筋等级,单击"确定"按钮。

在 PMCAD 中,允许单独对某构件的材料强度进行特殊定义。单击"材料强度"菜单,弹出如图 3-49 所示的对话框。单击对话框的"混凝土强度"和"钢号"单选项,图形区的构件上会显示当前采用的材料强度等级。在对话框中输入强度等级或钢号后,选择要定义强度等级或钢号的构件类型,用鼠标左键单击图形区要变更强度等级或钢号的构件即可变更该构件的强度等级或钢号。该操作可用于定义加强部位构件的材料强度等级或钢号。

图 3-48　"本标准层信息"对话框　　　　图 3-49　"构件材料设置"对话框

3.5.7　生成楼板

1. 普通楼板

"生成楼板"菜单位于"楼板"菜单下,如图 3-50 所示。其中的生成楼板功能按本层信息中设置的板厚值自动生成各房间楼板,同时产生了由主梁和墙围成的各房间信息。

本菜单其他功能除悬挑板外,都要按房间进行操作。操作时,鼠标移动到某一房间时,其楼板边缘将以亮黄色勾勒出来,方便确定操作对象。

1) 生成楼板

单击"楼板"→"楼板|生成楼板"菜单,可生成本标准层结构布置后的各房间楼板,板厚

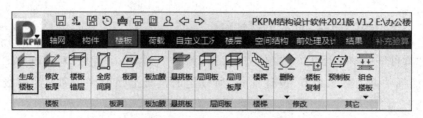

图 3-50　楼板相关功能菜单

默认取"本层信息"菜单中设置的板厚值,也可通过"修改板厚"菜单进行修改。生成楼板后,如果修改"本层信息"对话框中的板厚,没有进行过手工调整的房间的板厚将自动按照新的板厚取值。

布置预制板时,同样需要用到此功能生成的房间信息,因此要先运行一次"生成楼板"菜单,再在生成好的楼板上进行布置。

2)修改板厚

"生成楼板"菜单的功能自动按"本层信息"菜单中的板厚值设置板厚,可以通过"修改板厚"菜单进行修改。运行"修改板厚"菜单命令后,每块楼板上标出其目前板厚,并弹出板厚的输入窗口,输入板厚后,在图形上用鼠标左键选中需要修改的房间楼板即可。

板厚设置为 0:例如楼梯间,建模时不需布置楼板,却要保留该房间楼面恒活荷载时,可通过将该房间板厚设置为 0,在板施工图中不进行板内力计算和画钢筋。

提示:结构建模时如果楼梯也建到模型中,程序自动考虑楼梯板自重,对于踏步自重、面层做法与栏杆自重等荷载需要以面荷载形式布置在楼梯间(楼梯间板厚应设置为 0)。

3)楼板错层

单击"楼板错层"命令,每块楼板上标出其错层值,并弹出错层参数输入窗口,输入错层值后,用鼠标左键选中需要修改的楼板即可。主要用于结构中与本层标高有高差的楼板,如卫生间、厨房、阳台等处的楼板。

2. 层间楼板

层间楼板布置时,可以指定板厚值、楼面恒荷载值、楼面活荷载值以及所处的标高值。在"荷载"布置菜单中也相应增加了层间楼板的恒荷载、活荷载修改功能。在退出建模程序时,程序会自动将层间楼板上的荷载导算到支撑梁、承重墙上。

图 3-51　"层间板参数"对话框

提示:层间板只能布置在支撑构件(梁、墙)上,并且要求这些构件已经形成了闭合区域。在指定标高时,必须与支撑构件所处同一标高。所以,在布置层间板前,请执行一下"生成楼板"菜单。一个房间区域内,只能布置一块层间板。

如图 3-51 所示,在"层间板参数"对话框中,"标高"参数的默认值为"−1",含义是让程序从层顶开始,向下查找第一块可以形成层间板的空间区域,自动布置上层间板。这个参数支持"−1"到"−3",即可以最多向下查找 3 层。程序支持自动查找空间斜板。

提示：层间板和斜板共用一条边而不重合时，可以布置层间楼板。

布置好层间楼板后，请打开"开/关板厚"按钮（图 3-52），再使用"三维旋转"命令来查看。为了与层顶楼板有所区别，层间楼板默认为透明的深红色。

图 3-52　开/关板厚按钮及三维旋转按钮所在位置

3. 板洞布置

1）板洞的布置

单击"板洞"菜单，弹出"板洞布置"及"板洞布置参数"对话框，如图 3-53 所示。板洞的布置方式与一般构件类似，需要先进行洞口形状的定义，再将定义好的板洞布置到楼板上。

图 3-53　"板洞布置"及"板洞布置参数"对话框

目前支持的洞口形状有矩形、圆形和任意多边形。洞口布置的要点如下。

（1）洞口布置首先选择参照的房间，当鼠标的光标落在参照房间内时，图形上将加粗标识出该房间布置洞口的基准点和基准边，将鼠标靠近围成房间的某个节点，则基准点将挪动到该点上。

（2）矩形洞口插入点为左下角点，圆形洞口插入点为圆心，任意多边形的插入点在画多边形后人工指定。

（3）洞口的"沿轴偏心"指洞口插入点距离基准点沿基准边方向的偏移值；"偏轴偏心"则指洞口插入点距离基准点沿基准边法线方向的偏移值；"轴转角"指洞口绕其插入点沿基准边正方向开始逆时针旋转的角度。

2）全房间洞

将指定房间全部设置为开洞。当某房间设置了全房间洞时，该房间楼板上布置的其他洞口将不再显示。全房间开洞时，相当于该房间无楼板，也无楼面恒荷载和活荷载（例如：电梯井道开洞）。

3）板洞删除

在"构件删除"选项框中勾选"板洞"选项，删除所选的楼板开洞，如图 3-54 所示。

4. 布悬挑板

布悬挑板具体操作要点如下。

图 3-54　"构件删除"选项卡（1）

（1）悬挑板的布置方式与一般构件类似，需要先进行悬挑板形状的定义，再将定义好的悬挑板布置到楼面上。

（2）悬挑板的类型定义。程序支持输入矩形悬挑板和自定义多边形悬挑板。在悬挑板定义中，增加了悬挑板宽度参数，输入 0 时取布置的网格宽度。

（3）悬挑板的布置方向由程序自动确定，其布置网格线的一侧必须已经存在楼板，此时悬挑板挑出方向将自动定为网格的另一侧。

（4）悬挑板的定位距离。对于在定义中指定了宽度的悬挑板，可以在此输入相对于网格线两端的定位距离。

（5）悬挑板的顶部标高：可以指定悬挑板顶部相对于楼面的高差。

（6）一道网格只能布置一个悬挑板。

5．布置预制板

"预制板"菜单下有 2 个二级菜单"布预制板"和"删预制板"。

1）布预制板。

布置预制板时，需要先运行"生成楼板"菜单，在房间上生成现浇板信息。有两种板布置方式：自动布板和指定布板。

（1）"自动布板"方式。输入预制板宽度（每间可有 2 种宽度）、板缝的最大宽度限制与最小宽度限制。由程序自动选择板的数量、板缝，并将剩余部分做成现浇带放在最右或最上，如图 3-55 所示。

图 3-55　预制板的自动布板方式

（2）"指定布板"方式。由设计者指定本房间中楼板的宽度和数量、板缝宽度、现浇带所在位置，如图 3-56 所示。

提示：只能指定一块现浇带。

图 3-56　预制板的指定布板方式

每个房间中预制板可有 2 种宽度，在自动布板方式下软件以最小现浇带为目标对 2 种板的数量做优化选择。

预制板的方向：确定布置后鼠标光标停留的房间上会以高亮显示出预制板的宽度和布置方向，此时按 Tab 键可以进行布置方向的切换，效果较为直观。

2）删除预制板

单击"删除预制板"菜单，可删除指定房间内布置的预制板，并以之前的现浇板替换。

6. 楼盖定义

对于三维建模的钢结构，"组合楼盖"菜单组可以完成钢结构组合楼板的定义、压型钢板的布置，STS 中"画结构平面图与钢材统计"可以进行组合楼板的计算和施工图绘制，以及统计全楼钢材（包括压型钢板）的用量。

7. 压板布置

在定义了楼盖类型等参数后即可进行压型钢板布置，按布置方式、布置方向及压型钢板种类三项内容进行布板。

提示：对于已布置预制楼板的房间不能同时布置压型钢板。

8. 楼梯布置

《建筑抗震设计规范》（GB 50011—2010）第 3.6.6.1 条规定："计算模型的建立、必要的简化计算与处理，应符合结构的实际工作状况，计算中应考虑楼梯构件的影响。"条文说明中指出："考虑到楼梯的梯板等具有斜撑的受力状态，对结构的整体刚度有较明显的影响。建议在结构计算中予以适当考虑。"

为了适应新的《建筑抗震设计规范》（GB 50011—2010）要求，软件给出了计算中考虑楼梯影响的解决方案：在 PMCAD 的模型输入中输入楼梯，可在矩形房间输入二跑、平行的三跑、四跑楼梯等类型。软件可自动将楼梯转化成折梁或折板。

此后在接力 SATWE 计算时，无须更换目录，在计算参数中直接选择是否计算楼梯即可。SATWE"参数定义"中可选择是否考虑楼梯作用,如果考虑,可选择梁或板任一种方式或两种方式同时计算楼梯。

楼梯布置在"楼板/楼梯"菜单中,如图 3-57 所示,各菜单功能如下。

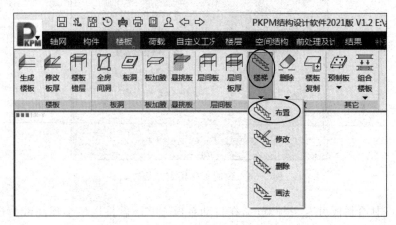

图 3-57　楼梯菜单内容

1) 楼梯布置

单击"楼梯/布置"菜单,光标处于拾取状态,软件左下角提示:"选择楼梯间:请按鼠标左键选择矩形房间",单击要布置楼梯的矩形房间后,弹出"请选择楼梯布置类型"选择框,供设计者选择,目前软件共有 12 种楼梯类型可供选择,如图 3-58 所示。

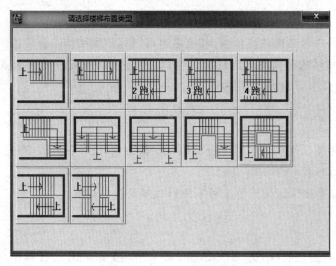

图 3-58　楼梯布置类型选择

单击"平行双跑楼梯",弹出"平行两跑楼梯——智能设计"对话框,如图 3-59 所示,对话框右上角为楼梯预览图,修改参数后,预览图与之联动。

各参数含义如下:

起始节点号:用来修改楼梯布置方向,可根据预览图中显示的房间角点编号调整。

是否是顺时针:用来确定楼梯走向。

起始高度(mm):第一跑楼梯最下端相对本层底标高的相对高度。

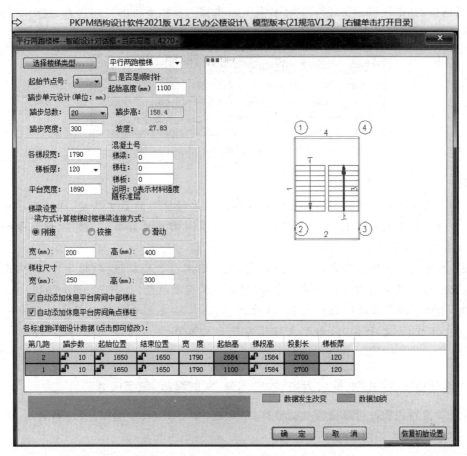

图 3-59　平行两跑楼梯——智能设计对话框

踏步总数：输入楼梯的总踏步数。

踏步高、踏步宽度：定义踏步尺寸。

坡度：当修改踏步参数时，软件根据层高自动调整楼梯坡度，并显示计算结果。

各梯段宽：设置梯板宽度。

梯板厚：设置楼梯斜板厚度。

平台宽度：设置平台宽度。

混凝土号：设置梯梁、梯柱、梯板的混凝土强度等级。

梯梁设置：设置梯梁的宽高尺寸。

梯柱尺寸：设置梯柱的宽高尺寸。

各标准跑详细设计数据：设置各梯跑定义与布置参数。

输入参数后，单击"确定"按钮，完成楼梯定义。

2）楼梯修改

单击"楼梯|修改"即可对已布置的楼梯数据进行修改。首先单击"修改"命令，再按提示选择已布置楼梯的房间，可弹出如图 3-59 所示的对话框进一步修改楼梯参数。

3）楼梯删除

楼梯删除操作与其他构件删除操作是一样的。单击"楼梯|删除"命令，软件弹出"构件

删除"对话框,如图3-60所示,勾选"楼梯"选项,选择与梯跑平行的房间边界,这时该梯跑将高亮显示,单击即可删除。

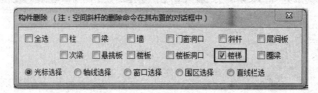

图3-60　"构件删除"选项卡(2)

提示:

(1) 布置楼梯时最好在本层信息中输入楼层组装时使用的真实高度,这样程序能自动计算出合理的踏步高度与数量,便于建模。楼梯计算所需要的数据(如梯梁、梯柱等的几何位置)是在楼层组装之后形成的。

(2) 原模型在楼梯间布置的楼面恒荷载数值,应不包含楼梯板、起始平台板、休息平台板的自重。楼面活荷载数值按实际用途查《建筑结构荷载规范》(GB 50009—2012)输入。

(3) 原楼梯间布置的楼面恒荷载、活荷载,将自动按梁上均布线荷载导算到每一块梯板、起始平台板、休息平台上,由于支撑休息平台的层间梁为间接受力,故不再增加梁间荷载。

9. 截面替换、格式刷、偏心对齐、本层信息、材料强度、截面尺寸

对已布置好的构件可以进行截面替换、格式刷、偏心对齐、本层信息、材料强度、截面尺寸等操作,菜单位置如图3-61所示。

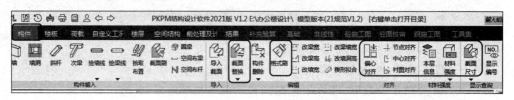

图3-61　构件截面替换、格式刷、偏心对齐、本层信息、材料强度、截面尺寸菜单位置

1) 截面替换

截面替换是把平面上某一类型截面的构件用另一类型截面替换。选择完"截面替换"命令后,依次选择被替换截面和替换截面即可,模型中对应的构件也会随之更新。

在"构件"命令下,"截面替换"菜单如图3-62所示,包含了柱、梁、墙、门窗洞口、层内斜杆的替换命令,同时提供了替换操作过程的记录。

单击"截面替换/柱"菜单后,弹出"构件截面替换"对话框,如图3-63所示。

(1) 替换。完成新的截面类型替换旧的截面类型。

(2) 撤销。对截面替换操作进行了误操作,想恢复原来结果,可以单击"撤销"按钮。

(3) 图面拾取截面。在选择原截面、新截面时,可以从图面拾取,例如单击原截面"图面拾取截面"按钮,软件下方的信息栏提示"光标方式:选择目标(按Tab键转换方式,按Esc键返回)",用鼠标左键在图面拾取一个需要替换的柱,软件会将使用这个截面的所有柱截面

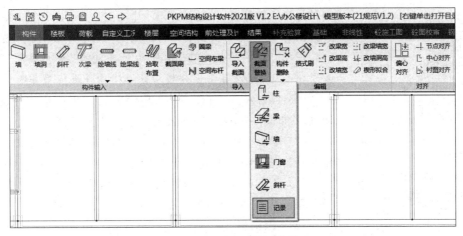

图 3-62　"截面替换"菜单

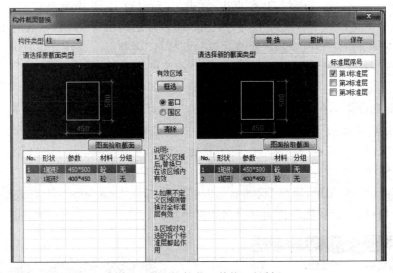

图 3-63　"构件截面替换"对话框

同时高亮显示。

（4）标准层序号。选择需要进行相同替换操作的标准层，可仅对某个或某几个标准层进行操作。

2）格式刷

通过"格式刷"菜单，可以将构件的截面、布置参数、荷载、SATWE 前处理属性一并或部分调整复制到其他同类构件，节省了再分别调整荷载和属性等工作步骤和时间。

单击"格式刷"菜单，软件下方的信息栏提示"光标方式：用光标选择目标（按 Tab 键转换方式，按住按 Shift 键反选，右击确认，按 Esc 键取消）"，用鼠标左键选择一个基准构件（如：一个柱），弹出该构件可供复制的参数对话框，如图 3-64 所示。勾选需要复制的参数后，再选择目标构件即可完成复制过程。

3）偏心对齐、中心对齐和节点对齐

在单层、多层和全楼二维、三维视图状态下，均可以选择某一构件为基准构件，然后选择

图 3-64 "格式刷-柱"
对话框

各种目标构件都可以进行边对齐、中心对齐,不限制构件类型,较为灵活,一个命令解决所有构件的上下对齐和水平对齐问题。

提示:在单层状态下,构件的对齐支持"层间编辑"操作;多层状态下,可仅显示部分楼层来选择构件进行对齐操作。

(1)偏心对齐。指定对齐基准线后,调整所选构件的偏心使其对准基准线,达到边对齐的目的。

(2)中心对齐。指定对齐基准构件后,调整所选构件的中心使其与基准构件中心对齐。

(3)节点对齐。多层或全楼组装时,切换到水平视图,指定一个基准节点,使竖向多楼层在该位置节点对齐

4)本层信息

本层信息是每个结构标准层必须做的操作,单击"本层信息"命令,弹出"标准层"信息对话框,如图 3-65 所示。

"板厚"(一般单向板取跨度的 1/30;双向板可取短边跨度的 1/40),"混凝土强度等级"等参数均为本标准层统一值,通过"修改板厚"和"材料"菜单可以进行详细的修改。

提示:板厚不仅用于计算板配筋,还可用于计算板自重。

5)材料强度

材料强度初设值可在"本层信息"菜单内设置,而对于与初设值强度等级不同的构件,则可用"材料强度"菜单进行赋值。对于梁、柱纵向受力普通钢筋应采用 HRB400、HRB500、HRBF400、HRBF500 级钢筋。梁、柱、板的混凝土强度等级可选 C30 及以上。

6)截面尺寸

单击"截面尺寸"菜单,弹出"截面显示"对话框,如图 3-66 所示。允许设计者设置梁、次梁、柱、墙、斜杆、门窗各类构件的显示和数据显示。

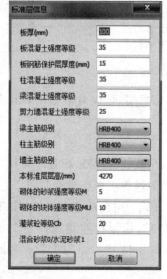

图 3-65 "标准层信息"对话框

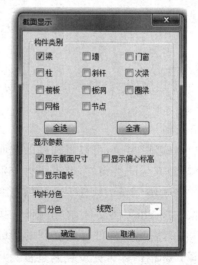

图 3-66 "截面显示"对话框

3.5.8　楼层管理

"楼层管理"命令包含增加标准层、删除标准层、插入标准层和层间编辑,其菜单位置如图 3-67、图 3-68 所示。删标准层和插入标准层是对标准层进行编辑的功能。

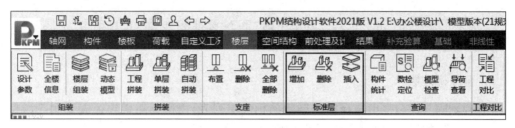

图 3-67　楼层管理菜单位置

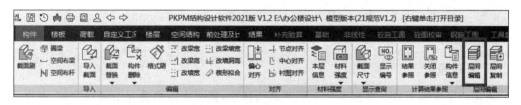

图 3-68　层间编辑菜单位置

1. 增加标准层

完成一个标准层平面布置后,"增加"标准层菜单用于输入一个新的标准层。新标准层应在旧标准层基础上输入,以保证上下节点网格的对应,为此应将旧标准层的全部或一部分复制成新的标准层,在此基础上修改。

在标准层列表中(图 3-69)单击"添加新标准层"时,软件即认为增加一新的标准层。可以依据当前标准层,增加一个标准层,把已有的楼层内容全部或局部复制下来。

单击"增加"标准层命令,弹出"选择/添加新标准层"选择框,如图 3-70 所示。

图 3-69　标准层列表

图 3-70　"选择/添加标准层"选项卡

（1）全部复制。将某个标准层的参数全部复制。

（2）局部复制。只复制平面的某一或某几部分，可按照直接、轴线、窗口、围栏4种方式选择复制的部分。

（3）只复制网格。该层的轴线被复制，可对轴线增删修改，再形成网点生成该层新的网格。

切换标准层可以单击下拉式工具条中的"第 N 标准层"进行，也可单击"上层"按钮和"下层"按钮直接切换到相邻的标准层。

2. 删除标准层

单击"删除"菜单，弹出选择需要删除的标准层列表，用鼠标左键选择需要删除的标准层，单击"确定"按钮即可删除所选的标准层。

3. 插入标准层

在指定标准层后插入一标准层，其网点和构件布置可从指定标准层复制。

4. 层间编辑

该菜单可在多个或全部标准层上同时进行操作，省去来回切换到不同标准层，再去执行同一菜单的麻烦。

例如，如需在第 1～3 标准层上的同一位置加一根梁，则可先在"层间编辑"菜单定义1～3 标准层，只需在一层布置梁后增加该梁的操作，即可自动在第 1～3 标准层做出，不但操作简化，还可免除逐层操作造成的布置误差。类似操作还有画轴线，布置构件、删除构件，移动删除网点，修改偏心等。

单击"层间编辑"菜单后程序提供一对话框，如图 3-71 所示。可对层间编辑表进行增删操作，全部删除的效果就是取消层间编辑操作。

层间编辑状态下，对每个操作程序会弹出"层间编辑设置"对话框，如图 3-72 所示，用来控制对其他层的相同操作。如果取消层间编辑操作，选择第 5 个选项即可。

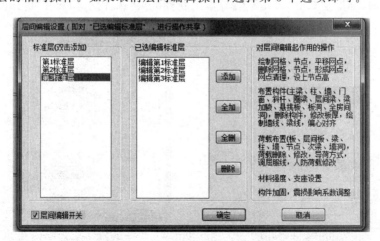

图 3-71 "层间编辑设置"对话框

图 3-72　层间编辑选择对话框

3.5.9　设计实例 3-5 楼板生成及楼梯布置

《混凝土结构设计规范》(GB 50010—2010)第 9.1.2 条规定:"现浇混凝土板的尺寸宜符合下列规定,板的跨厚比:钢筋混凝土单向板不大于 30,双向板不大于 40;无梁支承的有柱帽板不大于 35,无梁支承的无柱帽板不大于 30。预应力板可适当增加;当板的荷载、跨度较大时宜适当减小。"

提示:双向板的最小厚度 80mm,无梁楼板的最小厚度 150mm。

1. 楼板厚度估算

楼板有跨度 2.5m 和跨度 3.9m 两种。

(1) Ⓑ～Ⓒ轴间 2.5m 跨度,楼板厚度估算为 $h \geqslant \dfrac{1}{30} l_0 = \dfrac{1}{30} \times 2500\text{mm} \approx 83\text{mm}$,取 $h = 80\text{mm}$。

(2) ①～⑥轴间 3.9m 跨度,楼板厚度估算为 $h \geqslant \dfrac{1}{40} l_0 = \dfrac{1}{40} \times 3900\text{mm} \approx 98\text{mm}$,取 $h = 100\text{mm}$。

2. 楼板生成

(1) 单击"构件/本层信息"命令,从"本层信息"对话框中定义本标准层板厚为 100mm,其他板厚待自动生成后再交互修改。

(2) 单击"楼板/生成楼板"命令,自动生成楼板如图 3-73 所示。

3. 修改板厚

(1) 单击"楼板/修改板厚"命令,弹出如图 3-74 所示的对话框。

(2) 在对话框中输入板厚度 80,单击Ⓑ～Ⓒ轴板块和楼梯楼层位置平台板,即可把原来自动生成的 100mm 厚板改为 80mm 厚板。

(3) 在对话框中输入板厚 0,单击楼梯间,将楼梯间原来自动生成的 100mm 厚板修改为 0mm 厚板。修改后的板厚如图 3-75 所示。

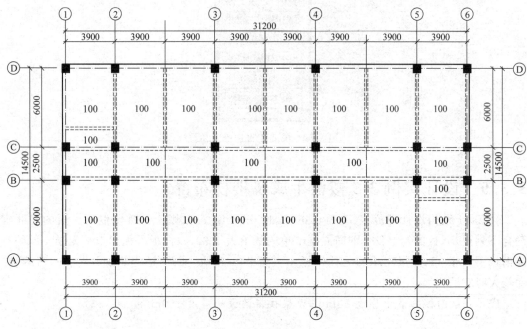

图 3-73 生成的楼板

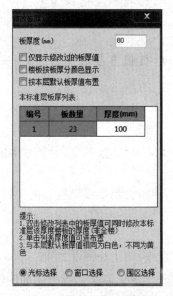

图 3-74 "修改板厚"对话框

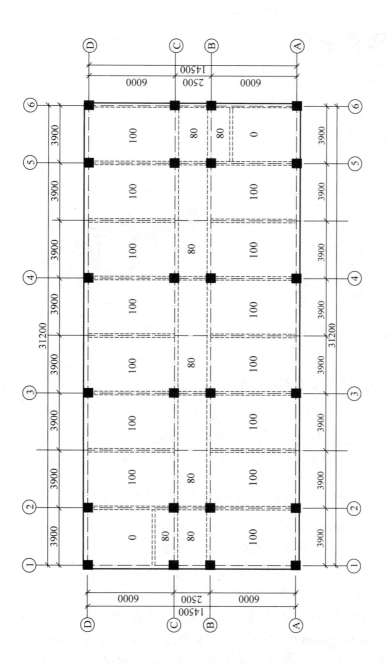

图 3-75 修改后的板厚

4. 卫生间降板

单击"楼板/错层"命令,弹出如图 3-76 所示对话框。在对话框中输入楼板错层值 30,单击卫生间板块,即可把原来板标高降低 30mm,如图 3-77 所示。

图 3-76   "楼板错层"对话框

卫生间降板30mm

图 3-77   楼板错层位置

5. 第一结构标准层参数化楼梯布置

(1) 对于楼梯板设计为滑动支撑于平台梁或板上,非地震区的建筑整体建模不考虑楼梯构件对结构刚度的影响,楼梯不必在整体模型中建模。

(2) 对于板式楼梯:梯板厚度不宜小于(1/30～1/25)斜板长度,配筋宜双层双向。

(3) 梯板厚度: $h \geqslant \left(\dfrac{1}{30} \sim \dfrac{1}{25}\right) l = \left(\dfrac{1}{30} \sim \dfrac{1}{25}\right) \times 3000/\cos\alpha \, \mathrm{mm} \approx 113 \sim 136\mathrm{mm}$,取 $h = 120\mathrm{mm}$。(楼梯板倾斜角的正切 $\tan\alpha = 160/300 = 0.533, \cos\alpha = 0.882$)。

(4) 单击"楼板/楼梯"命令,命令行提示:"选择楼梯间:请按鼠标左键选择房间,按鼠标右键或者 Esc 键退出",移动鼠标至办公楼左上角的房间(周边出现黄色的框)按鼠标左键,弹出楼梯类型选择对话框,如图 3-58 所示。

(5) 从弹出的楼梯类型对话框中选择平行双跑楼梯后,弹出"平行两跑楼梯—智能设计"对话框(图 3-78),修改楼梯参数后,单击"确定"按钮,楼面左上角楼梯布置完成;重复上述步骤,将起始节点号修改为 1,其他参数不变,单击"确定"按钮,右下角楼梯布置完成,完成的第一结构标准层的楼梯布置如图 3-79 所示。

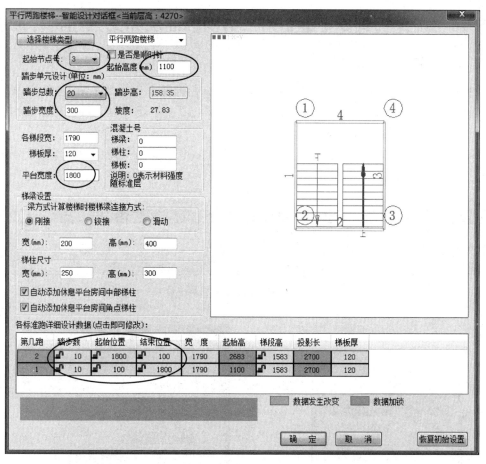

图 3-78　"平行两跑楼梯—智能设计"对话框

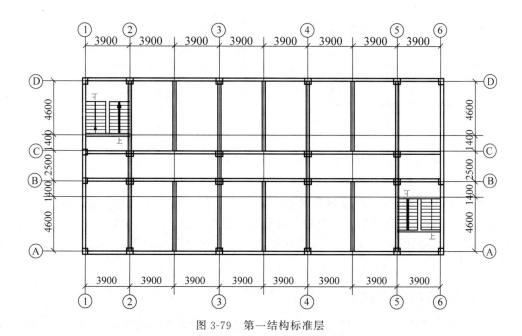

图 3-79　第一结构标准层

3.5.10　设计实例 3-6 建立第二结构标准层和第三结构标准层

1. 建立第二结构标准层

（1）第一标准层建好后，单击图 3-80 工具栏第一标准层右边的黑三角，选择"添加新标准层"，弹出"选择/添加标准层"对话框（图 3-81），勾选"全部复制"选项后，单击"确定"按钮，这时定义了第二结构标准层。

（2）选择"构件/本层信息"命令（图 3-82）将本标准层层高修改为 3200，单击"确定"按钮。

图 3-80　选择/添加标准层菜单位置

图 3-81　"选择/添加标准层"对话框

图 3-82　"本标准层信息"对话框

（3）单击"楼梯/删除楼梯"命令，弹出"构件删除"对话框，在对话框中单击"楼梯"，选择光标方式分别删除楼面左上角和右下角的楼梯。

（4）采用第一结构标准层楼梯布置方法，依照图 3-83，在"两跑楼梯—智能设计对话框"中"起始高度"输入 0；右下角平行跑楼梯起始节点号修改为 1，其他参数与平面左上角的楼梯相同，单击"确定"按钮，平面右下角楼梯布置完成，完成的第二结构标准层的楼梯布置，如图 3-84 所示。

2. 建立第三结构标准层

（1）单击工具栏第二标准层右边的黑三角，选择"添加新标准层"，在弹出添加标准层对

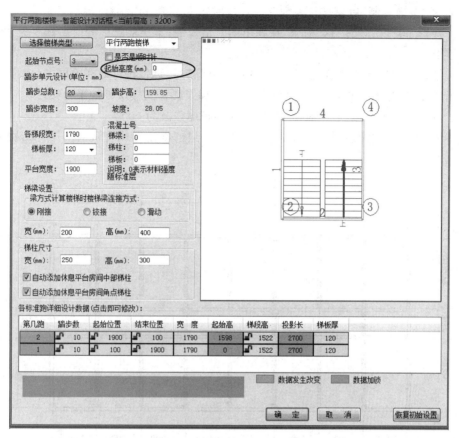

图 3-83　第二标准层左上角楼梯参数设定

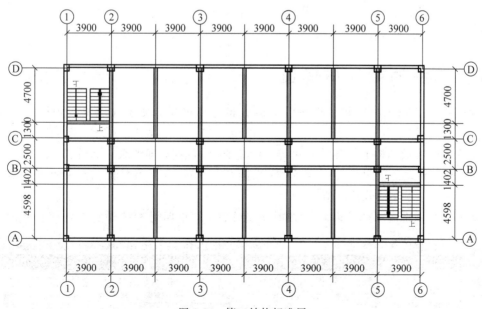

图 3-84　第二结构标准层

话框中选择"全部复制"后,单击"确定"按钮,这时定义了第三结构标准层。

(2)选择"构件/本层信息"命令,在弹出的对话框中,本层信息中的层高修改为3230,单击"确定"按钮。

(3)单击"楼梯/删除楼梯"命令,弹出"构件删除"对话框,在对话框中单击"楼梯"和"主梁",选择光标方式删除楼面左上角和右下角的楼梯及楼梯间楼层处的平台梁。

(4)单击"楼板/修改板厚"命令,将楼梯间的板厚修改为100。

(5)单击"楼板/楼板错层"命令,将卫生间板错层值修改为0,完成后的第三结构标准层的布置如图 3-85 所示。

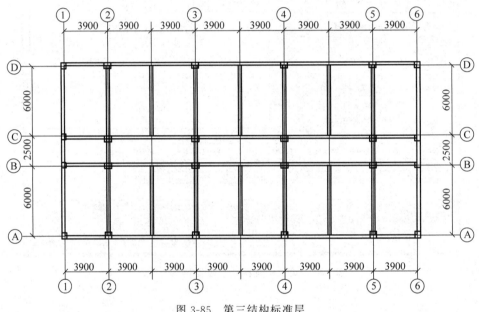

图 3-85　第三结构标准层

3.6　荷载的输入与导算

建模程序 PMCAD 只有结构布置与荷载布置都相同的楼层才能定义为同一结构标准层。

输入本标准层结构上的各类荷载,包括:①楼面恒荷载(即恒载)、活荷载(即活载)标准值;②非楼面传来的梁间荷载、次梁荷载、墙间荷载、节点荷载及柱间荷载标准值;③人防荷载标准值;④吊车荷载标准值。

单击屏幕顶部的"荷载"菜单,弹出其所属的各子菜单如图 3-86 所示。

图 3-86　荷载布置的各子菜单

3.6.1　楼面恒活设置

用于设置当前标准层的楼面恒荷载和活荷载的统一值及全楼相关荷载处理的方式。单击"恒活设置"菜单,弹出楼面荷载定义的对话框,如图 3-87 所示。

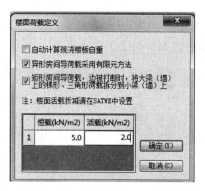

图 3-87　"楼面荷载定义"对话框

1. 自动计算现浇板自重

该控制项是全楼的,即非单独对当前标准层。选中该项后程序会根据楼层各房间板的厚度计算该房间的均布恒荷载标准值,并将其叠加到该房间的面恒荷载标准值中。若选中该项,则输入的楼面恒荷载值中不应再包含楼板自重;不勾选该项,则恒载中必须包含楼板自重。

2. 异形房间导荷载采用有限元方法

软件先按有限元方法进行导算,然后再将每个大边上得到的三角形、梯形线荷载拆分,按位置分配到各个小梁、墙段上,荷载类型为不对称梯形,各边总值有所变化,但单个房间总值不变。

提示:由于导荷工作是在退出建模程序的过程中进行,所以,查看上述结果应在退出建模程序后,再次进入建模程序才可以。

3. 矩形房间导荷载,边被打断时,将大梁(墙)上的梯形、三角形荷载拆分到小梁(墙)上

单击该选项,软件会按照矩形房间的塑性铰线方式进行导荷,然后再将每个大边上得到的三角形、梯形荷载拆分,按位置分配到各个小梁、墙段上,荷载类型为不对称梯形,各边总值不变。

4. 标准层楼面恒、活荷载统一值

用于设置当前标准层各板块的楼面恒荷载、活荷载统一标准值。只要板块中设定的荷载值与该对话框中设定的统一值一致,那么,当该统一值改变时,相关板块也会随之改变。

提示:如在结构计算时考虑地下人防荷载时,此处必须输入活荷载,否则 SATWE、

PMSAP软件不能进行人防地下室的计算。

3.6.2　各构件荷载输入

1. 荷载显示设置

单击"荷载/荷载显示设置"菜单,弹出"荷载显示设置"对话框,如图3-88所示。用于设置之后布置构件荷载时,荷载信息在屏幕上的表现形式。

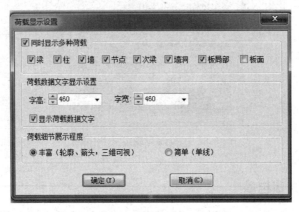

图3-88　"荷载显示设置"对话框

(1)同时显示多种荷载。为了方便看清常用荷载在层内的布局,软件默认同时显示多种荷载。板面荷载不勾选即默认不与梁墙等线荷载一起显示。

(2)显示荷载数据文字。勾选该选项,在布置荷载时会在图面上显示荷载数据。

(3)荷载细节展示程序。软件提供"丰富"和"简单"两种显示状态。

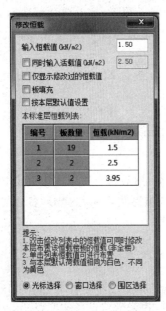

图3-89　"修改恒载"对话框

2. 楼面恒活

使用此功能之前,必须要用"楼板/生成楼板"菜单形成过一次房间和楼板信息。该功能用于根据已生成的房间信息进行板面恒荷载、活荷载的局部修改。操作对象有两种:楼面板和层间板。

(1)恒载。单击"荷载"菜单中的"板/恒载"命令(图3-86),则该标准层所有房间的恒荷载标准值将在图形上显示,同时弹出"修改恒载"对话框(图3-89)。在对话框中,设计者可以输入需要修改的恒荷载标准值,再在模型上选择需要修改的房间,即可实现对楼面恒荷载的修改。

(2)活载。楼面活荷载的布置、修改方式也与此操作相同。

对于已经布置了楼面荷载的房间,可以勾选"按本层默认值设置"选项,后续使用"恒活设置"命令,修改楼面恒荷载、活荷载默认值时,这些房间的荷载值可以自动更新。

提示："全房间开洞"导荷时该房间荷载将被扣除，而"板厚为 0"导荷时该房间荷载仍能导到梁、墙上，不被扣除，但画平面图时不会画出板钢筋。除此之外，各软件对"全房间开洞"和"板厚为 0"都当作没有楼板处理。

当模型里不布置楼梯时，楼梯间板厚修改为 0，恒荷载输入 $6.0 \sim 8.0 \text{kN/m}^2$，一般输入 7.0kN/m^2（应通过计算确定）。活荷载公共建筑和高层建筑取值一般不小于 3.5kN/m^2，多层住宅楼梯活荷载可取 2.0kN/m^2。

3. 局部及层间板荷载

单击"局部及层间板"命令，弹出"局部及层间板荷"子菜单，如图 3-90 所示。

（1）层间板荷载。当有层间楼板存在时，也可对层间楼板的板面荷载进行修改，操作方法与"楼面荷载"相同。

（2）板上局部荷载。包括楼板局部线荷载的增加、修改、删除、清理等功能。单击楼板恒载输入菜单中的"布置局部恒载"，单击"增加"按钮，弹出"板上荷载类型选择"对话框，如图 3-91 所示。可以选择的有板上线荷载、板上局部面荷载和板上点荷载 3 种类型。

图 3-90　"局部及层间板荷"子菜单　　　图 3-91　"板局部线荷载-恒载布置"对话框

正常退出 PMCAD 程序时，程序会自动进行房间荷载的导算，对有板上局部荷载的房间使用有限元方法导荷载到周边的梁、墙上。切换到 SATWE 模块时，可以使用"荷载简图"命令来校对导荷结果。在弹出的"荷载类型"对话框中，选择查看"梁荷""墙荷"选项，程序会显示当前标准层每个房间导出荷载的位置、形状、数值，供设计者进行校对。

4. 梁墙荷载

梁墙荷载用于输入非楼面传来的作用在梁墙上的恒荷载或活荷载标准值。由于梁间或墙间恒荷载和活荷载所有操作方式都相同，所以，以下仅以恒荷载为例介绍。

提示：输入了梁（墙）荷载后，如果再作修改节点信息（删除节点、清理网点、形成网点、绘节点等）的操作，由于和相关节点相连的杆件的荷载将作等效替换（合并或拆分），所以此时应核对一下相关的荷载信息。梁、承重墙、柱自重自动计算,不需输入,但框架填充墙需折算成梁间均布线荷载(恒荷载)输入。

单击"荷载"菜单下"梁墙/恒载"命令,弹出"梁墙:恒载布置"对话框,如图 3-92 所示。首先需要定义荷载信息,然后可将各类荷载布置到构件上。各参数的含义如下。

图 3-92 "梁墙:恒载布置"对话框

（1）增加。单击"增加"按钮后,显示平面图的单线条状态,并弹出"添加:梁荷载"对话框,如图 3-93 所示。

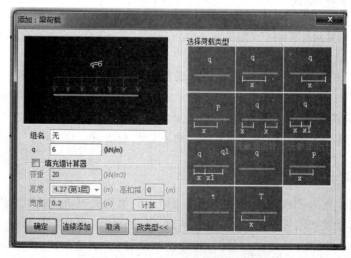

图 3-93 "添加:梁荷载"对话框

（2）布置选择。有"添加"和"替换"两种方式输入。选择"添加"时,构件上原有的荷载不动,在其基础上增加新的荷载;选择"替换"时,当前工况下的荷载被替换为新荷载。

（3）高亮类型。当勾选该选项时,本层布置当前选择的荷载类型的荷载将以高亮方式显示,可以方便地看清该类型荷载在当前层的布置情况。

荷载布置时构件的选择方式包括"光标""轴线""窗口""围区""线选"5 种。

一般情况下,在新建工程时,对话框中是空的,即没有梁荷载定义的内容,设计者需要通过单击"增加"按钮来添加梁荷载信息。为方便设计者输入填充墙的折算线荷载值,程序在"添加:梁荷载"信息对话框中增加了辅助计算功能。程序自动将楼层组装表中的各层高度统计出,增加到列表中供设计者选择,同时,提供了一个"高扣减"参数,主要用来考虑填充墙高度时,扣除层顶梁的高度值。设计者再输入填充墙重重及厚度值,单击"计算"按钮,软件会自动计算出线荷载,并将组名按上述各参数进行修改。在布置这类线荷载时,会将组名标识在图上,方便识别对比。

（4）修改。修正当前选择荷载类型的定义数值。

（5）删除。删除选定类型的荷载,工程中已布置的该类型荷载将被自动删除。在荷载定义删除时,支持多选,可用鼠标左键在列表中进行框选,或者按住 Shift 键,再进行单击,可以选择连续的多项荷载定义进行删除。

（6）清理。自动清理荷载表中在整楼中未使用的类型。

（7）去重。可以将荷载列表中荷载类型相同的荷载类型仅保留一个,快速去掉重复的荷载类型。

（8）合并。可以选择几个荷载类型合并为其中的一个荷载类型。

5. 柱间荷载

柱间荷载用于输入柱间的恒荷载和活荷载信息,二者的操作是相同的,下面仅以恒荷载为例介绍。

"柱间荷载"与"梁墙荷载"的操作相同,不同的只是操作对象,由网格线变为有柱的网格节点。柱间荷载的定义信息与梁墙不共用,故操作时互不影响。由于作用在柱上的荷载有 x 向和 y 向两种,所以,在布置时需要选择作用力的方向。

"柱:恒载布置"及"添加:柱荷载"对话框如图 3-94 所示。

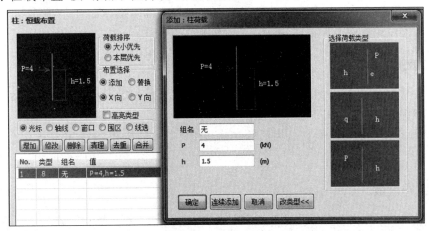

图 3-94　"柱:恒载布置"及"添加:柱荷载"对话框

6. 次梁荷载

次梁荷载操作与梁墙荷载相同。

7. 墙洞荷载

墙洞荷载用于布置作用于墙开洞上方段的荷载,操作与梁间荷载相同。墙洞荷载的类型只有均布荷载,如图 3-95 所示。其荷载定义与梁墙荷载不共用,故操作互不影响。

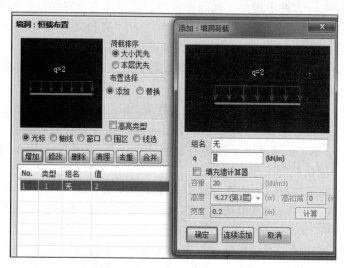

图 3-95 "墙洞:恒载布置"及"添加:墙洞荷载"对话框

8. 节点荷载

节点荷载用来直接输入加在平面节点上的荷载,荷载作用点即平面上的节点,各方向弯矩的正向以右手螺旋法确定。

节点荷载操作命令与梁间荷载相同。操作的对象由网格线变为网格节点,每类节点荷载需输入 6 个数值:竖向力 P(向下为正),x 向弯矩 M_x 和 y 向弯矩 M_y(正方向以右手螺旋法则为准),x 向水平力 P_x(向右为正),y 向水平力 P_y(向前为正),xy 平面扭矩 T_{xy}(逆时针为正),节点荷载的添加界面,如图 3-96 所示。

9. 荷载删除

根据工况的不同,荷载的删除分为"恒载删除"和"活载删除"。单击"恒载删除"命令,弹出"恒荷载删除"选项卡,如图 3-97 所示。

勾选"删除荷载的构件类型",用鼠标左键选择要删除的荷载(文字或线条),右击即可删除荷载。

10. 人防荷载

当工程需要考虑人防荷载作用时,可以用此命令设定。

(1)人防设置。用于为本标准层所有房间设置统一的人防等效荷载,"人防设置"对话

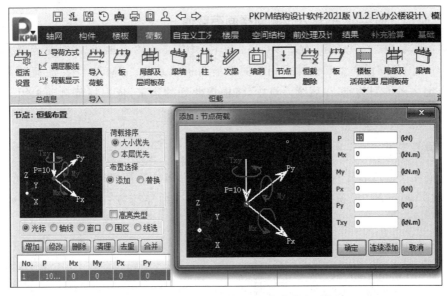

图 3-96　节点：恒载布置及节点荷载的添加

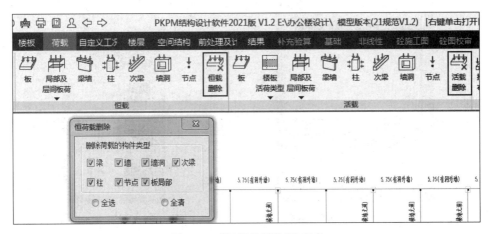

图 3-97　"恒荷载删除"选项卡

框如图 3-98 所示。当更改了"人防设计等级"时,顶板人防等效荷载自动给出该人防等级的等效荷载值。

（2）人防修改。使用该功能可以修改局部房间的人防荷载值。单击"人防修改"命令,弹出"修改人防"对话框,如图 3-99 所示。输入人防荷载值并选取所需的房间即可。

提示：人防荷载只能在 ±0.000 以下的楼层上输入,否则可能造成计算错误。当在 ±0.000 以上楼层输入了人防荷载时,程序退出时模型缺陷检查环节将会给出警告。

图 3-98　"人防设置"对话框

11. "楼板活荷类型"的输入及刷新楼面荷载值

根据《建筑结构荷载规范》(GB 50009—2012)中第 5.1.2 条要求,设计楼面梁、墙、柱及基础时,对不同的房屋类型和条件采用不同的活荷折减系数。PMCAD 在活荷布置菜单中增加了指定房屋类型功能,在后续计算中,将根据此处的指定,依据规范自动采用合理的活荷折减系数。

12. 导荷方式

本功能用于修改程序自动设定的楼面荷载传导方向。运行"导荷方式"命令后,程序弹出如图 3-100 所示的"导荷方式"对话框,选择其中一种导荷方式,即可在目标房间进行布置。

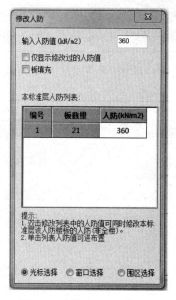

图 3-99　"修改人防"对话框

图 3-100　"导荷方式"对话框

(1) 对边传导。只将荷载向房间两对边传导,在矩形房间上铺预制板时,按板的布置方向自动取用这种荷载传导方式。使用这种方式时,需指定房间某边为受力边。

(2) 梯形三角形传导。对现浇混凝土楼板且房间为矩形的情况下采用这种方式。

(3) 周边布置。将房间内的总荷载沿房间周长等分成均布荷载布置,对于非矩形房间选用这种传导方式。使用这种方式时,可以指定房间的某些边为不受力边。

提示:对于全房间开洞的情况,自动将其面荷载值设置为 0。

3.6.3　设计实例 3-7 楼面恒荷载、活荷载设置及楼面荷载输入

当楼面恒荷载统计完毕以及楼面活荷载标准值确定之后,即可通过 PMCAD 的荷载布置菜单进行楼面荷载的交互输入。单击图形区右上角的标准层黑三角,把当前标准层设为第一标准层。

1. 楼面荷载定义

单击"荷载/恒活设置"命令,弹出"楼面荷载定义"对话框,如图 3-101 所示,勾选"自动计算现浇楼板自重",并输入 2.6.2 节统计的恒荷载标准值 $1.5kN/m^2$ 和活荷载标准值 $2.5kN/m^2$,单击"确定"按钮,定义的楼板荷载被自动布置到楼板上。

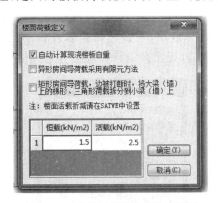

图 3-101　"楼面荷载定义"对话框

2. 修改楼板导荷方式

《混凝土结构设计规范》(GB 50010—2010)第 9.1.1 条规定:"混凝土按下列原则进行计算:①两对边支承的板应按单向板计算。②四边支承的板应按下列规定计算:当长边与短边长度之比不大于 2.0 时,应按双向板计算;当长边与短边长度之比大于 2.0,但小于 3.0 时,宜按双向板计算;当长边与短边长度之比不小于 3.0 时,宜按沿长边方向布置构造钢筋"。

由《混凝土结构设计规范》(GB 50010—2010)第 9.1.1 条可知,②～⑤轴中间的走道板为单向板。另外板式楼梯的传力方式为梯板荷载先传递到平台梁,然后再由平台梁传递到梯柱或楼面梁上,故梯段应采用对边导荷且以平台梁为受力边。

单击"荷载/导荷方式"菜单,在弹出的"导荷方式"选择框中,选择"对边传导"后,命令行提示:"光标方式:用光标选择目标(按 Tab 键转换方式,按 Esc 键返回)",用光标选择单向板房间(或楼梯间),命令行提示:"请指定受力边(点取此房间受力边上的一根梁)",此时单击受力边,则可完成荷载传导修改,如图 3-102 所示。

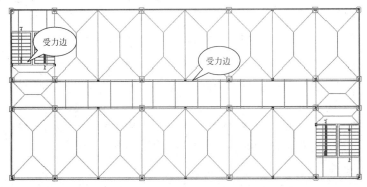

图 3-102　楼面荷载传导

3. 楼面荷载修改输入

单击"荷载"菜单下的"板/恒载"命令,弹出"修改恒载"对话框,如图 3-103 所示。依照 2.6.2 节统计卫生间恒荷载标准值为 2.5kN/m^2(**板自重自动计算**),在"输入恒载值"中输入 2.5 后,选择"光标选择"方式,单击卫生间所在的房间。继续修改楼梯间的荷载,在"输入恒载值"中输入 3.95 后,勾选"同时输入活载值"并输入 3.50 后,选择"光标选择"方式,单击楼梯间所在的房间(**楼梯斜板、平台梁、平台板自重软件自动计算**)。继续修改走廊板活荷载。修改后的楼面恒荷载标准值(程序自动计算楼板自重)、活荷载标准值如图 3-104 所示。

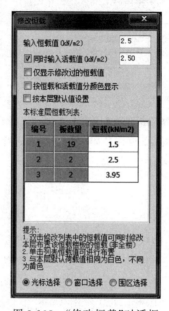

图 3-103 "修改恒载"对话框

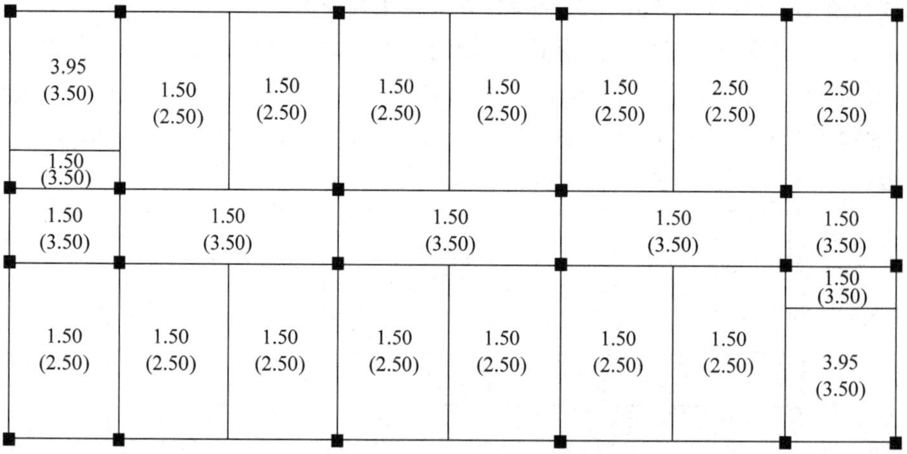

| 3.95
(3.50) | 1.50
(2.50) | 1.50
(2.50) | 1.50
(2.50) | 1.50
(2.50) | 1.50
(2.50) | 2.50
(2.50) | 2.50
(2.50) |

图 3-104 第一结构标准层楼面恒、活荷载标准值

3.6.4　设计实例3-8 楼面荷载层间复制

（1）当前的标准层从第一标准层切换到第二标准层。

（2）单击“荷载/层间复制”菜单，弹出如图3-105所示的选择框，勾选对话框中的“楼板”，勾选“拷贝前清除当前层的荷载（板荷载除外）”选项，单击“确定”按钮，复制第一结构标准层的楼面荷载到第二结构标准层。

（3）单击“荷载”菜单下的“板/恒载”命令，弹出“修改恒载”对话框，在弹出的对话框中输入楼梯间的恒荷载、活荷载均为零后，单击楼梯间，修改后的第二结构标准层荷载如图3-106所示。采用前面的方法得到第三结构标准层荷载，如图3-107所示。

"自定义工况"中定义的荷载按构件类型全部复制
拷贝前清除当前层的荷载(板荷载除外)
从哪个标准层拷贝到当前层
第1标准层
拷贝的荷载类型
确定(Y)
取消(C)
全选(A)
全消(D)
墙
恒载
活载
墙洞
恒载
活载
柱
x向恒载
y向恒载
x向活载
y向活载
梁
恒载
活载
节点
恒载
活载
次梁
恒载
活载
楼板
恒载
活载

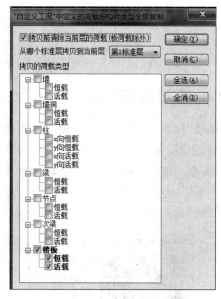

图3-105　楼层荷载层间复制

0.00
1.50
(3.50)
1.50
(2.50)
1.50
(2.50)
1.50
(2.50)
1.50
(2.50)
1.50
(2.50)
2.50
(2.50)
2.50
(2.50)
1.50
(3.50)
1.50
(3.50)
1.50
(3.50)
1.50
(3.50)
1.50
(3.50)
1.50
(3.50)
1.50
(2.50)
1.50
(2.50)
1.50
(2.50)
1.50
(2.50)
1.50
(2.50)
1.50
(2.50)
1.50
(2.50)
0.00

图3-106　第二结构标准层楼面恒、活荷载标准值

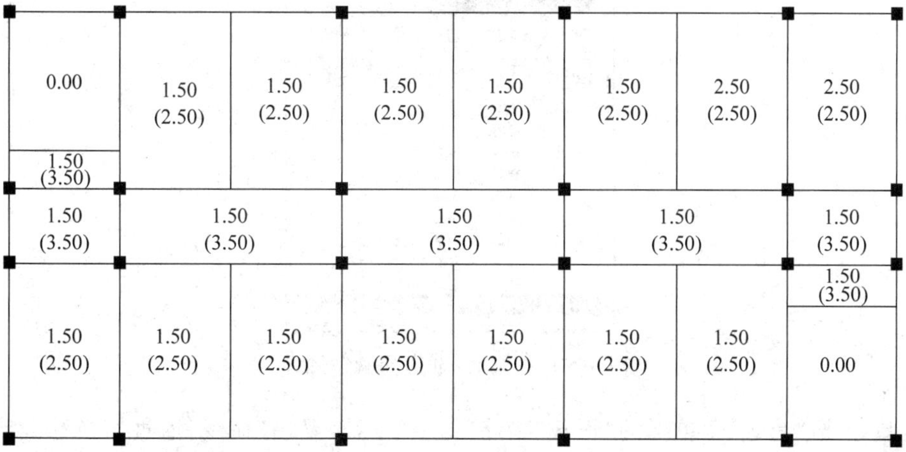

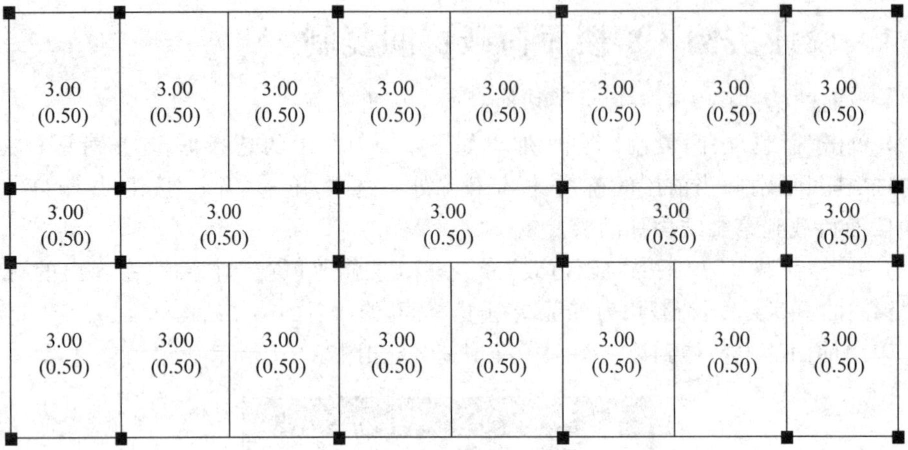

3.00	3.00	3.00	3.00	3.00	3.00	3.00	3.00
(0.50)	(0.50)	(0.50)	(0.50)	(0.50)	(0.50)	(0.50)	(0.50)
3.00		3.00		3.00		3.00	3.00
(0.50)		(0.50)		(0.50)		(0.50)	(0.50)
3.00	3.00	3.00	3.00	3.00	3.00	3.00	3.00
(0.50)	(0.50)	(0.50)	(0.50)	(0.50)	(0.50)	(0.50)	(0.50)

图 3-107　第三结构标准层屋面恒、活荷载标准值

3.6.5　设计实例 3-9 梁间荷载输入

单击"荷载"菜单下的"梁墙/恒载"命令。非承重墙作用在梁上的荷载为荷载类型 1，即均布荷载。根据 2.6.2 节计算的梁间荷载，定义 9 种不同大小的梁间均布线荷载，如图 3-108 所示。另外，梯板的恒荷载（面层）和活荷载也传到第五层的梯梁上，所以定义梯梁的线恒荷载（$3.95 \times 3.2/2\text{kN/m} = 6.32\text{kN/m}$）和梯梁的线活荷载（$3.5 \times 3.2/2\text{kN/m} = 5.6\text{kN/m}$）。只有一半的梯梁承受这样的线恒荷载和线活荷载，荷载类型为 2 和 3，如图 3-110 所示。

图 3-108　"梁墙：恒载布置"对话框

分别单击"荷载"菜单下的"恒载/梁墙"命令"活荷/梁墙"命令，通过切换标准层，将这 10 种荷载布置在 3 个结构标准层上。第 1～3 结构标准层梁间线荷载分别如图 3-109～图 3-111 所示。其中"1 * 6.76"中，第一个数字"1"表示梁上荷载类型为均布荷载，第二个数

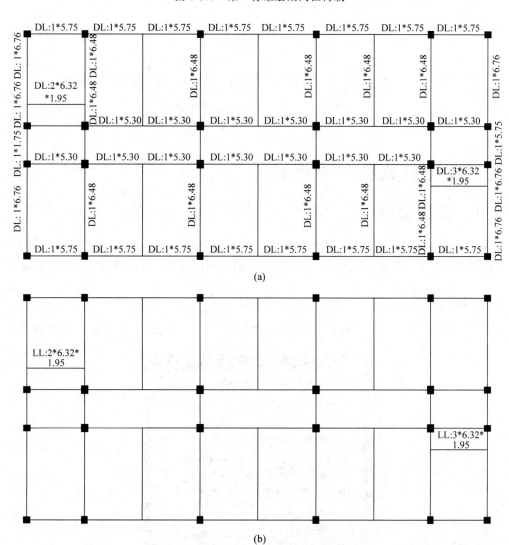

图 3-109 第一标准层梁间恒荷载

(a)

(b)

图 3-110 第二标准层梁间荷载

（a）梁间恒荷载；（b）梁间活荷载

字"6.76"表示均布荷载值,单位为"kN/m"。"2 * 6.32 * 1.95"中,第一个数字"2"表示梁上荷载类型为左均布荷载,第二个数字"6.32"表示左均布荷载值,第三个数字"1.95"表示左均布荷载作用长度,单位为"m"。

提示:对于右均布荷载的荷载类型为 3,对于满布三角形和梯形荷载的荷载类型为 6,对于集中竖向荷载的荷载类型为 4。

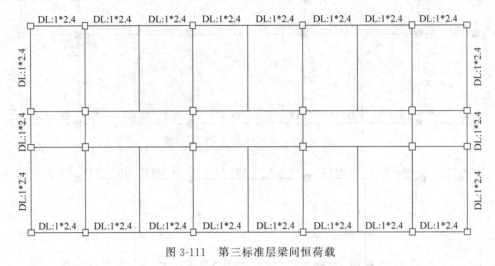

图 3-111   第三标准层梁间恒荷载

3.7   设计参数及楼层组装

3.7.1   设计参数

在"楼层组装——设计参数"对话框中,共有 5 项菜单供设计者设置,其中包括了结构分析计算必需的一些基本参数,分别是结构总信息、材料信息、地震信息、风荷载信息及钢筋信息。

1. 总信息

单击"楼层组装——设计参数"菜单,在"总信息"选项卡(图 3-112)中进行参数设置。

图 3-112   "总信息"选项卡

（1）结构体系。分为框架结构、框架-剪力墙结构、框筒结构、筒中筒结构、剪力墙结构、砌体结构、底框结构、配筋砌体、板柱剪力墙、异形柱框架、异形柱框剪、部分框支剪力墙结构、单层钢结构厂房、多层钢结构厂房、钢框架结构，共 15 种。

（2）结构主材。钢筋混凝土、钢和混凝土、钢结构、砌体，共 4 种。

（3）结构重要性系数。可选择 1.1、1.0、0.9。根据《混凝土结构设计规范》（GB 50010—2010）第 3.3.2 条确定，在持久荷载和短暂设计状况下，对安全等级为一级的结构构件不应小于 1.1，对安全等级为二级的结构构件不应小于 1.0，对安全等级为三级的结构构件不应小于 0.9；对地震设计状况下应取 1.0。房屋结构的安全等级见表 3-1。

表 3-1　房屋建筑结构的安全等级

安全等级	破坏后果	示　例
一级	很严重：对人的生命、经济、社会或环境影响很大	大型公共建筑等
二级	严重：对人的生命、经济、社会或环境影响较大	普通住宅和办公楼等
三级	不严重：对人的生命、经济、社会或环境影响较小	小型的或临时性储存建筑等

（4）地下室层数。采用 SATWE 计算时，对地震作用、风荷载、地下人防等因素有影响。结合地下室层数和层底标高判断楼层是否为地下室，例如此处设置为 4，则层底标高最低的 4 层判断为地下室。

（5）与基础相连构件的最大底标高（m）。该标高是程序自动生成连接基础支座信息的控制参数。当在"楼层组装"对话框中选中了"生成与基础相连的墙柱支座信息"，程序会自动根据此参数将各标准层上底标高低于此参数的构件所在的节点设置为支座。主要用于修建在山坡或水塘边的建筑物嵌固端不在同一标高的情况。

（6）梁、柱钢筋的砼保护层厚度（mm）。根据《混凝土结构设计规范》（GB 50010—2010）第 8.2.1 条确定，程序默认值为 20mm（混凝土强度等级不小于 C25）。

提示：保护层厚度应按照最外层钢筋（包括箍筋、构造筋、分布筋等）的外缘计算；使用年限为 50 年时，保护层厚度应符合《混凝土结构设计规范》（GB 50010—2010）第 8.2.1 条的规定；使用年限为 100 年时，保护层厚度不应小于《混凝土结构设计规范》（GB 50010—2010）第 8.2.1 条表 8.2.1 中数值的 1.4 倍。

（7）框架梁端负弯矩调幅系数。根据《高层建筑混凝土结构技术规程》（JGJ 3—2010）第 5.2.3 条确定，在竖向荷载作用下，可考虑框架梁端塑性变形内力重分布对梁端负弯矩乘以调幅系数进行调幅。负弯矩调幅系数取值范围是 0.7～1.0，一般工程取 0.85。

提示：PMCAD 只对框架梁竖向荷载作用下的梁端负弯矩进行调幅，水平荷载作用（风荷载和地震作用）下产生的梁端负弯矩不参加调幅。

（8）考虑结构使用年限的活荷载调整系数。根据《高层建筑混凝土结构技术规程》（JGJ 3—2010）第 5.6.1 条确定，设计使用年限为 50 年时取 1.0，设计使用年限为 100 年时取 1.1，默认值为 1.0。

2. 材料信息

相关"材料信息"设置如图 3-113 所示。

（1）混凝土重度①（kN/m³）。根据《建筑结构荷载规范》（GB 50009—2012）附录 A 确

---

① 在软件中使用的是"容重"。

图 3-113　"材料信息"选项卡

定。一般情况下,钢筋混凝土结构的重度为 $25kN/m^3$,要考虑构件表面装修层重时,混凝土重度可填入 $26\sim27kN/m^3$。

(2) 钢材重度(kN/m^3)。根据《建筑结构荷载规范》(GB 50009—2012)附录 A 确定。一般情况下,钢材重度为 $78kN/m^3$,若要考虑钢构件表面装修层重时,钢材的重度可填入 $82kN/m^3$。

(3) 轻骨料混凝土重度(kN/m^3)。根据《建筑结构荷载规范》(GB 50009—2012)附录 A 确定。

(4) 轻骨料混凝土密度等级。默认值取 1800。

(5) 钢构件钢材。分为 Q235、Q345、Q390、Q420、Q460、Q500、Q550、Q620、Q690、Q235GJ、Q345GJ、Q390GJ、Q420GJ、Q460GJ、LQ550 级。根据《钢结构设计规范》(GB 50017—2017)第 3.4.1 条及其他相关规范确定。

(6) 钢截面净毛面积比值。钢构件截面净面积与毛面积的比值。

(7) 主要墙体材料。混凝土、烧结砖、蒸压砖、混凝土砌块。

(8) 砌体重度(kN/m^3)。根据《建筑结构荷载规范》(GB 50009—2012)附录 A 确定。

(9) 墙水平、竖向分布筋级别。分为 HPB300、HRB400、HRB500、CRB550、CRB600、HTRB600 级。

(10) 墙水平分布筋间距(mm)。可取值 $100\sim400$。

(11) 墙竖向分布筋配筋率(%)。可取值 $0.15\sim1.20$。

(12) 梁、柱箍筋级别。分为 HPB300、HRB400、HRB500、CRB550、CRB600、HTRB600 级。

3. 地震信息

相关"地震信息"设置如图 3-114 所示。

(1) 设计地震分组。根据《建筑抗震设计规范》(GB 50011—2010) 附录 A 确定。

(2) 地震烈度。分为 6 $(0.05g)$、7 $(0.10g)$、7 $(0.15g)$、8 $(0.20g)$、8 $(0.30g)$、9 $(0.40g)$、0(不设防)。

(3) 场地类别。分为 I_0 一类、I_1 一类、Ⅱ 二类、Ⅲ 三类、Ⅳ 四类、Ⅴ 上海专用。根据《建筑抗震设计规范》(GB 50011—2010)第 4.1.6 条和第 5.1.4 条调整。

图 3-114 "地震信息"选项卡

（4）混凝土框架、钢框架、剪力墙抗震等级。分为 0 特一级、1 一级、2 二级、3 三级、4 四级、5 非抗震。根据《建筑抗震设计规范》（GB 50011—2010）表 6.1.2 确定。

（5）抗震构造措施的抗震等级。抗震构造措施指"强柱弱梁、强剪弱弯、强节点强锚固"等构造措施，是根据抗震概念设计原则，一般不需计算而对结构和非结构各部分必须采取的各种细部要求。由于不同建筑场地地震对建筑结构的震害不同，所以新规范允许对抗震措施进行调整。

在抗震等级的确定过程中应注意，抗震措施的抗震等级与抗震构造措施的抗震等级有时不完全一致。使用时应注意区分，当二者不一致时，应按抗震措施的抗震等级进行构造设计计算，按抗震构造措施的抗震等级进行构造设计。根据《建筑抗震设计规范》（GB 50011—2010）第 3.3.2 条、第 3.3.3 条、第 6.1.3 条第 4 款，以及《高层建筑混凝土结构技术规程》（JGJ 3—2010）进行调整。具体可参考表 3-2 所示的设防标准并查阅《建筑抗震设计规范》（GB 50011—2010）表 6.1.2 确定。

表 3-2　确定结构抗震措施时的设防标准

抗震设防类别	本地区抗震设防烈度		确定抗震措施时的设防标准				
			Ⅰ 类场地		Ⅱ 类场地	Ⅲ、Ⅳ 类场地	
			抗震措施	抗震构造措施	抗震措施	抗震措施	抗震构造措施
甲类建筑乙类建筑	6	0.05g	7	6	7	7	7
	7	0.10g	8	7	8	8	8
		0.15g	8	7	8	8	8+
	8	0.20g	9	8	9	9	9
		0.30g	9	8	9	9	9+
	9	0.40g	9+	9	9+	9+	9+
丙类建筑	6	0.05g	6	6	6	6	6
	7	0.10g	7	6	7	7	7
		0.15g	7	6	7	7	7
	8	0.20g	8	7	8	8	8
		0.30g	8	7	8	8	9
	9	0.40g	9	8	9	9	9

续表

抗震设防类别	本地区抗震设防烈度		确定抗震措施时的设防标准				
			Ⅰ类场地		Ⅱ类场地	Ⅲ、Ⅳ类场地	
			抗震措施	抗震构造措施	抗震措施	抗震措施	抗震构造措施
丁类建筑	6	0.05g	6	6	6	6	6
	7	0.10g	6	6	6	6	6
		0.15g	6	6	6	6	7
	8	0.20g	7	7	7	7	7
		0.30g	7	7	7	7	8
	9	0.40g	8	8	8	8	8

提示：抗震措施指除地震作用计算和抗力计算以外的抗震设计内容,包括:一般规定及计算要点中的地震作用效应(内力及变形)调整的规定,设计要求中的规定,包含抗震构造措施。抗震构造措施:根据抗震概念设计原则,一般不需计算而对结构和非结构各部分必须采取的各种细部要求,主要包括:轴压比、锚固长度、构件截面尺寸要求,最小配筋率,箍筋及加密区要求,剪力墙边缘构件配筋要求,特一级结构配筋要求等。

根据建筑物的使用功能的重要性和地震灾害后果的严重性,《建筑工程抗震设防分类标准》(GB 50223—2008)将建筑物划分为特殊设防类、重点设防类、标准设防类和适度设防类4类。

① **特殊设防类**。指使用上有特殊设施,涉及国家公共安全的重大建筑工程和地震时可能发生严重次生灾害的特别重大灾害后果,需要进行特殊设防的建筑。简称为**甲类建筑**。例如三级医院中承担特别重要医疗任务的门诊、医技、住院用房;国家和区域的电力调度中心等。

② **重点设防类**。指地震时使用功能不能中断或需尽快恢复的生命线相关建筑,以及地震时可能导致大量人员伤亡等重大灾害后果,需要提高设防标准的建筑。简称为**乙类建筑**。例如幼儿园、小学、中学的教学用房以及学生宿舍和食堂;大型展览馆、会展中心、人流密集的大型的多层商场等。

③ **标准设防类**。指大量的除特殊类、重点设防类、适度设防类以外按标准要求进行设防的建筑。简称为**丙类建筑**。例如居住建筑、宿舍和公寓等。

④ **适度设防类**。指使用上人员稀少且震害不致产生次生灾害,允许在一定条件下适度降低要求的建筑。简称为**丁类建筑**。例如一般的储存物品的价值低、人员活动少、无次生灾害的单层仓库等。

《建筑工程抗震设防分类标准》(GB 50223—2008)规定,上述4类建筑的抗震设计,应符合下列要求。

① **甲类建筑**:应按高于本地区抗震设防烈度提高一度的要求加强其抗震措施;但抗震烈度为9度时应按比9度更高的要求采取抗震措施。同时,应按批准的地震安全性评价的结果且高于本地区抗震设防烈度的要求确定其地震作用。

② **乙类建筑**:应按高于本地区抗震设防烈度一度的要求加强其抗震措施;但抗震设防烈度为9度时应按比9度更高的要求采取抗震措施;地基基础的抗震措施应符合相关规定。同时,应按本地区抗震设防烈度确定其地震作用。

③ **丙类建筑**：应按本地区抗震设防烈度确定其抗震措施和地震作用,达到在遭遇高于当地地震设防烈度的预估罕遇地震影响时不致倒塌或发生危及生命安全的严重破坏的抗震设防目标。

④ **丁类建筑**：允许比本地区抗震设防烈度的要求适度降低其抗震措施,但抗震设防烈度为 6 度时不应降低。一般情况下,仍按本地区抗震设防烈度确定其地震作用。

(6) 计算振型个数。根据《建筑抗震设计规范》(GB 50011—2010)第 5.2.2 条说明确定,振型数应至少取 3 个,所以振型数最好为 3 的倍数。当考虑扭转耦联计算时,振型数不应小于 9。对于多塔结构振型数应大于 12。但也要特别注意一点：此处指定的振型数不能超过结构固有振型的总数(即 3 乘以楼层数)。

(7) 周期折减系数(0.5~1.0)。由于在 PMCAD 建模时,未将填充墙建入整体模型,但实际结构中因为填充墙的存在,会提高结构的刚度,从而降低结构的振动周期,为了充分考虑框架结构和框架-剪力墙结构的填充墙刚度对计算周期的影响,因此需要对周期进行折减。对于框架结构,若填充墙较多,周期折减系数可取 0.6~0.7,填充墙较少时可取 0.7~0.8,对于框架-剪力墙结构可取 0.8~0.9,纯剪力墙结构的周期可取 0.9~1.0 或不折减。

4. 风荷载信息

相关"风荷载信息"设置如图 3-115 所示。

图 3-115　"风荷载信息"选项卡

(1) 修正后的基本风压(kN/m^2)。只考虑了《建筑结构荷载规范》(GB 50009—2012)第 7.1.1-1 条的基本风压,地形条件的修正系数 η 没考虑。

(2) 地面粗糙度类别。可以分为 A、B、C、D 四类,分类标准根据《建筑结构荷载规范》(GB 50009—2012)第 7.2.1 条确定。

(3) 沿高度体型分段数。现代多、高层结构立面变化比较大,不同的区段内的体型系数可能不一样,限定体型系数最多可分三段取值。

(4) 各段最高层层号。根据实际情况填写。若体型系数只分一段或两段时,则仅需填写前一段或两段的信息,其余信息可不填。

（5）各段体型系数。根据《建筑结构荷载规范》（GB 50009—2012）第 7.3.1 条确定。设计者可以单击"辅助计算"按钮，弹出"确定风荷载体型系数"对话框，根据对话框中的提示确定具体的风荷载系数。

5. 钢筋信息

相关"钢筋信息"设置如图 3-116 所示。

钢筋强度设计值。根据《混凝土结构设计规范》（GB 50010—2010）第 4.2.3 条确定，如果设计者自行调整了此选项卡中的钢筋强度设计值，后续计算模块将采用修改过的钢筋强度设计值进行计算。

以上 PMCAD 模块"设计参数"对话框中的各类设计参数，当设计者执行"保存"命令时，会自动存储到 *.JWS 文件中，对后续各种结构计算模块均起控制作用。

图 3-116　"钢筋信息"选项卡

3.7.2　楼层组装

1. 普通楼层组装

主要为每个输入完成的标准层指定层高、选择"自动计算底标高（m）"，以便自动计算各自然层的底标高（如采用广义楼层组装方式不选择该项），并将其布置到整体建筑的某一位置，从而搭建出完整的建筑结构模型。

提示：屋顶楼梯间、电梯间等通常应参与建模和组装。采用 SATWE 等软件进行有限元整体分析时，地下室与上部结构共同建模和组装。

2. 广义楼层组装

对比较复杂的建筑，比如不对称的多塔结构、连体结构，或者楼层概念不是很明确的体育场馆、工业厂房等建筑形式，用前述普通楼层组装则不能满足要求。这时可采用广义层概

念进行楼层组装,在楼层组装时,为每一个楼层增加一个"层底标高"参数,该标高是相对
±0.000 的标高值。这样模型中每个楼层在空间上的位置由本层层底标高确定,不再需要
依赖楼层组装的顺序去判断楼层的高低,而改为通过楼层的绝对位置进行模型的整体组装。

广义层概念有两种应用方式:

(1) 使用层底标高控制楼层的组装

该方式较适用于多塔、连体结构的建模。每个塔上的楼层可以建立独立的一系列标准
层,在楼层组装时输入每层的高度和层底标高即可。

(2) 通过修改构件标高使不同层间发生关联关系

柱、墙、梁布置时都可以设置构件的标高信息,结合节点抬高功能,可以很自由地控制
构件的倾斜、上延和下延。如果在构件布置后修改,可通过"单参修改"工具或构件右键属性
进行控制。

对于柱、墙上延或下延与其他层构件相交,斜梁与下层柱相交这些情况,可以直接识别
出两层构件之间的关联关系,从而获得相关楼层之间的关系,不再限于本层构件只能和紧邻
的上、下层相交。对于一些特殊情况,使用该功能可以使建模过程更为自然和直观。

3.7.3　楼层组装设计实例

1) 设计实例 3-11 广义楼层组装

某工程为双塔大底盘结构,大底盘两层,层高 4m,1 号塔 10 层,层高都是 3m,2 号塔 6
层,层高都是 3m。采用广义楼层方式的建模方法:建立 3 个标准层,第 1 标准层为大底盘,
包括 1、2 自然层,第 2 标准层为 1 号塔,包括 3~12 自然层,第 3 标准层为 2 号塔,包括 13~
18 自然层,各标准层平面图如图 3-117 所示。

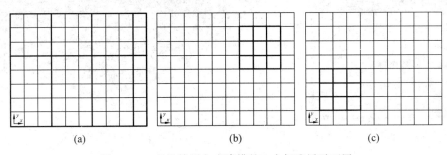

图 3-117　广义楼层方式建模的 3 个标准层平面图
(a) 第 1 标准层;(b) 第 2 标准层;(c) 第 3 标准层

采用广义楼层方式进行楼层组装的楼层表如图 3-118 所示。应特别注意的是第 13 自
然层(图中阴影线所示),其层底标高不是 12 层的顶标高 38m,而是大底盘的顶标高 8m。

单击"确定"按钮退出广义楼层的楼层表,单击"楼层"→"组装/动态模型",弹出"动态组
装方案"对话框,如图 3-119 所示。选择"自动组装",单击"确定"按钮,则在屏幕绘图区域动
态显示组装过程,最后动态组装好的整楼结构模型如图 3-120 所示。

提示:在使用广义层方式建模时:

(1) 08/10 版中对于广义楼层之间的连接关系,只识别上下关系。对于本来楼层在同一平
面上相接,设计者却把它当作不同的标准层输入时,不能将这两层判断为相接在一起的楼层。

图 3-118　广义楼层的楼层表

图 3-119　"动态组装方案"对话框

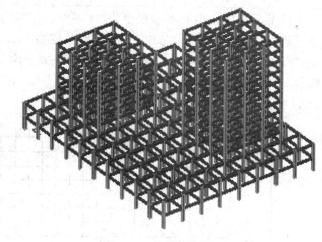

图 3-120　整楼结构模型图

（2）广义层下的楼层组装顺序，仍应遵循自下而上的原则，跳跃只限于在每塔组装完成后到组装另一塔之间，或塔和连体组装之间，以方便后续各模块分析时的各种参数的统计和计算结果的查阅。

（3）当斜坡梁下端需要与下层梁或墙相连时，其下层梁或墙的连接处必须有节点，如果没有相应的连接节点，需要人工在下层梁或墙中间增加节点，以保证其与上层梁的连接。

（4）当两横向斜坡梁下端与下层的纵向梁或墙垂直相连，并且需要形成斜的房间，即斜板房间时，应在上层斜坡梁的下端部同时输入可能与下层梁重叠的封口梁，封口梁的截面应与下层纵向梁相同。如果下层纵向是墙，则封口梁可按 100mm×100mm 的虚梁输入。主要原因是需要用封口梁形成斜房间，从而将斜房间的荷载向周边传递。

2) 设计实例 3-11 普通楼层组装

利用前面几节我们已经建立的 3 个结构标准层,现组装成一幢 6 层的建筑结构,其中 2～5 层由第 1 结构标准层形成,第 6 层由第 2 结构标准层形成,屋面层由第 3 结构标准层形成,每层的结构层高见第 2 章表 2-13,将各结构标准层按指定的层高、层底标高搭建为结构整体模型,完成结构建模工作。

楼层组装的具体操作过程如下。

(1) 单击"楼层"→"组装/楼层组装"菜单(图 3-121),弹出"楼层组装"对话框(图 3-122),在"复制层数"栏中选择"1";"标准层"中选择"第 1 标准层";"层高"栏中输入"4270";"层名"可以不输入,若为了在后续生成的计算书等结果文件中标识出某个楼层,需加楼层的层名,比如地下室各层,广义楼层组装方式时的实际楼层号等;勾选"自动计算底标高"并在其下输入底标高"－1.100"(基础顶面的结构标高),则新增加的楼层会根据其上一层(新增加的楼层:指在本对话框中右侧"组装结果"列表中用鼠标选中的那一层的下一层,在实际工程结构中为用鼠标选中层的上一层)的底标高加本层层高自动计算得到新增加楼层的底标高数值(也可在使用过程中选取不同的楼层作为新加楼层的基准层,如广义楼层组装);单击"增加"按钮,则在右侧"组装结果"选项组中列表显示组装好的第 2 自然层组装信息。

图 3-121　"楼层组装"菜单位置

(2) 继续组装第 3～5 层,在"复制层数"栏中选择"3";"标准层"栏中选择"第 1 标准层";"层高"栏中输入"3200";勾选"自动计算底标高";单击"增加"按钮,则在右侧"组装结果"选项组中列表显示组装好的第 2～5 自然层的组装信息。

(3) 继续组装第 6 自然层,在"复制层数"栏中选择"1";"标准层"栏中选择"第 2 标准层";"层高"栏中输入"3200";勾选"自动计算底标高";单击"增加"按钮,则在右侧"组装结果"选项组中列表显示组装好的第 2～6 自然层的组装信息。

(4) 继续组装屋面层,在"复制层数"栏中选择"1";"标准层"栏中选择"第 3 标准层";"层高"栏中输入"3230";勾选"自动计算底标高";单击"增加"按钮。

(5) 勾选"生成与基础相连的墙柱支座信息"(退出对话框时会自动进行相应处理);单击"确定"按钮,退出楼层组装对话框。

(6) 组装完成后,单击"楼层"→"组装/动态模型",弹出"动态组装方案"对话框(图 3-119)。选择"自动组装",单击"确定"按钮,则在屏幕绘图区域动态显示组装过程,最后动态组装好的整楼结构模型如图 3-123 所示。为方便观察模型全貌,可同时按住 Ctrl 键和鼠标中键平移,切换模型的方位视角。

(7) 模型的保存退出。

模型的保存:随时保存文件可防止因意外中断而丢失已输入的数据。

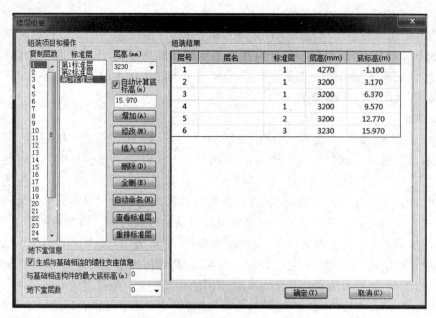

图 3-122　"楼层组装"对话框

退出建模程序：单击"计算分析"→"转到前处理"命令后，或直接在下拉列表中选择分析模块的名称，软件会给出"存盘退出"和"不存盘退出"的选项，如果选择"不存盘退出"，则不保存已做的操作并直接退出交互建模程序。如果选择"存盘退出"，则保存已做的操作，同时对模型整理归并，生成后分析设计模块所需要的数据文件，并接着弹出"请选择"对话框，如图 3-124 所示。

图 3-123　整楼模型图

图 3-124　"请选择"对话框

如果建模工作没有完成，只是临时存盘退出，则这几个选项可不必执行，因为其执行需要耗费一定时间，可以只单击"仅存模型"按钮退出建模程序。

如建模已经完成，准备进行设计计算，则应执行这几个功能选项。各选项含义如下：

生成梁托柱、墙托柱的节点：如模型有梁托上层柱或斜柱，墙托上层柱或斜柱的情况，则应执行这个选项，当托梁或托墙的相应位置上没有设置节点时，自动增加节点，以保证结构设计计算的正确进行。

清除无用的网格、节点：模型平面上的某些网格节点可能是由某些辅助线生成，或由其他层复制而来，这些网点可能不关联任何构件，也可能会把整根的梁或墙打断成几截，打碎的梁会增加后面的计算负担，不能保持完整梁墙的设计概念，有时还会带来设计误差，因此应选择此项把它们自动清理掉。执行此项后再进入模型时，原有各层无用的网格、节点都将被自动清理删除。此项程序默认不打勾。

检查模型数据：勾选此项后会对整楼模型可能存在的不合理之处进行检查和提示，设计者可以选择返回建模核对提示内容、修改模型，也可以直接退出程序。

生成遗漏的楼板：如果某些层没有执行"生成楼板"命令，或某层修改了梁墙的布置，对新生成的房间没有再用"生成楼板"去生成，则应在此选择执行此项，将各层及各层各房间遗漏的楼板自动生成。遗漏楼板的厚度取自各层信息中定义的楼板厚度。

楼面荷载导算：楼面上恒荷载、活荷载的导算。完成楼板自重计算，并对各层各房间作从楼板到房间周围梁墙的导算，如有次梁则先做次梁导算，生成作用于梁墙的恒荷载和活荷载。

竖向导荷：完成从上到下各楼层恒荷载和活荷载的导荷，生成作用在底层基础上的荷载。

另外，确定退出此对话框时，无论是否勾选任何选项，都会进行模型各层网点、杆件的几何关系分析，分析结果保存在工程文件 layadjdata.pm 中，为后续的结构设计做必要的数据准备。同时对整体模型进行检查，找出模型中可能存在的缺陷，进行提示。

取消退出此对话框时，只进行存盘操作，而不执行任何数据处理和模型几何关系分析，适用于建模未完成时临时退出等情况。

（8）平面荷载校核。模型建好后，可在"SATWE 分析设计"模块，"平面荷载校核"菜单中检查交互输入和自动导算的荷载是否准确。

荷载类型和种类很多，按荷载作用位置分为主梁、次梁、墙、柱、节点和房间楼板荷载；按荷载工况分为恒荷载、活荷载及其他各种工况；按获得荷载的方法分为交互输入、楼板导算和自重；按荷载作用面分布密度分为分布荷载（如均布荷载、三角形荷载、梯形分布荷载）和集中荷载。

荷载检查有多种方法：文本方式和图形方式；按楼层检查和全楼检查；按横向检查和竖向检查；按荷载类型和种类检查。

3.7.4　支座设置、工程拼装

1. 支座设置

设置支座功能主要用于为 JCCAD 基础设计准备网点、构件以及荷载等信息。支座设置有自动设置和手工设置两种方式。

1）自动设置

进行楼层组装时，若选取了楼层组装对话框左下角的"生成与基础相连的墙柱支座信息"（图 3-122），并单击"确定"按钮退出对话框，则自动将所有标准层上同时符合以下两个条件的节点设置为支座。

（1）在该标准层组装时对应的最低楼层上，该节点上相连的柱或墙底标高（绝对标高）低于"与基础相连构件的最大底标高"（该参数位于设计参数对话框总信息内，相应地，去掉了原先同一位置的"与基础相连最大楼层号"参数）。

（2）在整楼模型中，该节点上所连的柱墙下方均无其他构件。

2）手工设置

对于自动设置不正确的情况，可以利用"楼层"→"支座/布置"和"楼层"→"支座/删除支座"命令，进行加工修改。

提示：清理网点功能对于同一片墙被无用节点打断的情况，即使此节点被设置为支座，也同样会被清理，从而使墙体合为一片；对于一个标准层布置了多个自然楼层的情况，支座信息仅对层底标高最低的楼层有效。

2. 工程拼装

使用工程拼装功能，可以将已经输入完成的一个或几个工程拼装到一起，这种方式对于简化模型输入操作、大型工程的多人协同建模都很有意义。

工程拼装功能可以实现模型数据的完整拼装，包括结构布置、楼板布置、各类荷载、材料强度以及在 SATWE、PMSAP 中定义的特殊构件在内的完整模型数据。

工程拼装目前支持 3 种方式，如图 3-125 所示，选择拼装方式后，根据提示指定拼装工程插入本工程的位置即可完成拼装。

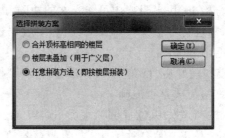

图 3-125 "选择拼装方案"对话框

1）合并顶标高相同的楼层

按"楼层顶标高相同时，该两层拼接为一层"的原则进行拼装，拼装出的楼层将形成一个新的标准层。这样两个被拼装的结构，不一定限于必须从第一层开始往上拼装的对应顺序，可以对空中开始的楼层拼装。多塔结构拼装时，可对多塔的对应层合并，这种拼装方式要求各塔层高相同。

2）楼层表叠加（用于广义层）

楼层表叠加的拼装方式得益于广义楼层的引入。这种拼装方式可以将工程 B 中的楼层布置原封不动地拼装到工程 A 中，包括工程 B 的标准层信息和各楼层的层底标高参数。实质上就是将工程 B 的各标准层模型追加到工程 A 中，并将楼层组装表也添加到工程 A 的楼层表末尾。

3）任意拼装方法（即按楼层拼装）

将任意两个工程拼装在一起，而不受标高、层高的限制，整个拼装过程不需要再对工程做任何人工调整。

3.单层拼装(即按楼层拼装)

可调入其他工程或本工程的任意一个标准层,将其全部或部分拼装到当前标准层上。操作和工程拼装相似。

3.7.5　荷载校核

"荷载校核"主要用于校核设计者交互输入和自动导算的荷载是否正确,而不能对荷载进行修改,若输入荷载有错误,则应返回 PMCAD 进行修改。"荷载校核"菜单位置如图 3-126 所示。

图 3-126　"荷载校核"菜单位置

单击"前处理及计算"→"荷载校核",弹出"荷载校核"对话框,如图 3-127 所示。

图 3-127　"荷载校核"对话框

1.选择楼层

默认的楼层是第一自然层,可通过单击屏幕右上角"上层"或"下层"按钮和选择切换到其他自然层,切换后会提示所选层属于的自然层。

2.平面荷载

荷载工况有两个选项"恒载"和"活载",单击后打"√"表示选中,再次单击变为空白,表示取消。

若选中两个复选框,则同时输出各房间、各梁的恒荷载、活荷载标准值,如只选中"恒载"或"活载"复选框,则仅输出恒荷载或活荷载。

"构件类型"中可勾选"主梁荷载""楼梯荷载""板面荷载","荷载来源"中可勾选"交互输入"和"楼板自重"。可以显示不同自然层楼面恒荷载标准值、活荷载标准值、梁间荷载标准值,如图 3-128 所示。

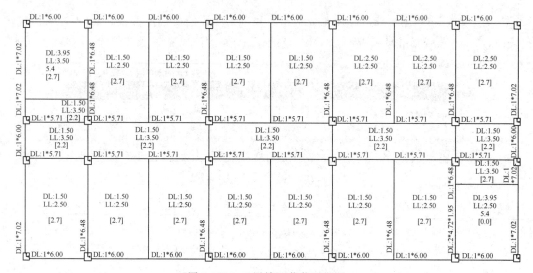

图 3-128　二层楼面荷载平面图

3. 竖向导荷

该选项可计算出作用于任一层柱或墙上的由其上各层转来的恒荷载、活荷载,可以根据荷载规范的要求考虑活荷载折减,可输出某层的总面积及单位面积荷载,输出某层以上的总荷载,"结果表达方式"有 3 种方法可供选择:荷载图、输出 TXT、输出 Word。

输出柱墙荷载图时,按每根柱或墙上分别标注由其上各层传来的恒荷载、活荷载,对于墙显示的是墙段上的合力;荷载总值是将荷载图中所有数值相加的结果。

4. 板信息

板信息可供选择的选项为:"楼面荷载""层间板荷载""房间属性""楼层板厚""层间板厚",分别单击选项后可以查看楼板信息。

思考题及习题

一、思考题

1. PMCAD 建模时楼梯间如何建模? 电梯洞口如何处理? 卫生间楼板如何处理?

2. PMCAD 对于坡屋顶如何建模?

3. "风荷载信息"选项卡中,修正后的基本风压是设计值还是标准值?

4. "地震信息"选项卡中周期折减系数的概念是什么?

5. "地震信息"选项卡中混凝土框架、钢框架、剪力墙抗震等级是如何划分的?

6. 为什么设梁端弯矩调幅系数?

7. 简述考虑楼梯对主题结构影响设计时,PKPM 参数化楼梯解决方案的主要操作要点。

8. 结构建模的楼层数与建筑结构施工图的楼层数有何不同?

9. PKPM 结构软件提供了哪几种建模方式?

10. PKCAD 提供了哪些网点定位方式和夹点捕捉方式? 如何切换?

11. PMCAD 如何定义任意截面柱、任意形状板洞?

12. PMCAD 允许对单个构件设置材料强度吗? 计算软件修改材料强度后可以保存到 PMCAD 模型中吗?

13. 人防荷载吊车荷载如何输入?

14. PMCAD 楼层组装有何注意事项?

15. 广义楼层组装与一般楼层组装有什么区别? 楼层底标高如何确定?

16. "设置支座"有何作用,主要应用于何种模型?

17. 次梁作为主梁输入和作为次梁输入有何区别? 次梁与边跨主梁相交是否需要设置铰?

18. 带水平梁的坡屋顶如何建模计算?

19. 为什么框架梁上伸出的"悬臂梁"配筋很小,而封口梁超筋? 如何解决?

20. 楼梯、阳台、雨篷、挑檐、老虎窗、空调板等建模时需要输入吗?

21. 高层建筑屋顶层的水箱、电梯间需要建模和计算吗?

22. 楼板上的节点荷载或线荷载如何输入计算?

23. PMCAD 建模时活荷载折减有何作用? 其与 SATWE 中活荷载折减系数有何区别和联系?

24. 钢结构软件 STS 是否可以和混凝土结构软件 PMCAD 进行建模的数据交换?

25. 数据检查时显示"两节点间距小于 150mm"的提示如何解决?

26. 如何正确选择计算软件 SATWE、TAT、PMSAP、PK、QITI,各软件的功能、特点及适用范围分别是什么?

27. PMCAD 结构建模时,楼梯间、电梯间如何处理?

二、习题

一框架结构建筑,共 6 层。分 3 个结构标准层。第一结构标准层如图 3-129 所示,为建筑 2 层楼面;第二结构标准层,为建筑 3~6 层楼面;第三结构标准层为建筑屋面。

第一结构标准层,平面布置如图 3-129 所示,图中梁居中布置,截面尺寸见图 3-129;柱布置如图 3-129 所示,矩形柱子截面 450mm×500mm,外周柱子同边梁外平。楼板厚 100mm,混凝土强度等级 C30。在图示①~②轴与ⓒ~ⓓ轴之间设有楼梯间。图中未标注的梁截面为 250mm×450mm。

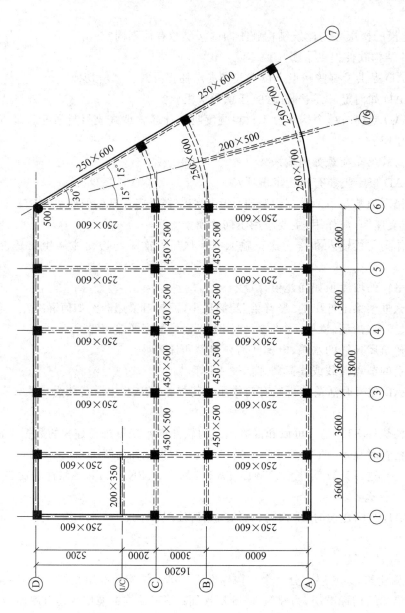

图 3-129　第一结构标准层平面布置图

第二结构标准层,在第一标准层的平面布置中,去除⑥轴右侧圆弧部分,其余同第一结构标准层。

第三结构标准层,在第二结构标准层的平面布置中,去除①～②轴与ⓒ～ⓓ轴之间的楼梯梁,楼板不开洞。其余同第二结构标准层。

楼面恒荷载标准值为 $4.2kN/m^2$,楼面活荷载标准值为 $2kN/m^2$,楼梯间活荷载标准值为 $3.5kN/m^2$,恒荷载标准值为 $7.2kN/m^2$。

屋面恒荷载标准值为 $5.2kN/m^2$,屋面活荷载标准值为 $0.5kN/m^2$。

每层楼周边梁均有恒载标准值为 12kN/m 的线荷载,屋面周边梁均有恒荷载为 5kN/m 的线荷载。

第 1 层层高 4500mm(从建筑二层楼面到基础顶面的高度);

第 2 层～第 6 层层高分别都为 3600mm。

地震烈度 7 度(0.10g)第一组,场地类别为Ⅱ类,周期折减系数 0.85,振型数为 3,梁端负弯矩调幅系数为 0.85,框架抗震等级为三级;考虑风荷载,基本风压 $0.45kN/m^2$,地面粗糙度类别为 B 类,体系系数为 1.3。

要求:

(1) 进行 PMCAD 交互式数据输入,建立结构的整体模型。

(2) 绘制二层结构布置及楼板配筋图并转换成 CAD 图。

第4章

SATWE 多高层建筑结构空间有限元分析与设计软件

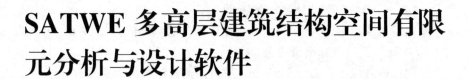 本章要点、学习目标及思政要求

本章要点

(1) SATWE 软件的特点和基本功能。

(2) SATWE 软件各参数的定义方法。

(3) SATWE 软件计算结果的分析判断。

学习目标

(1) 掌握 SATWE 软件各参数的含义、取值原则与方法。

(2) 熟悉 SATWE 计算结果的主要图形文件和文本文件。

(3) 能结合各种建筑结构设计规范要求,对 SATWE 软件计算结果进行分析。

思政要求

科学素养,创新意识,实事求是,理解按规范设计和工程创新之间的关系;追求"精益求精"。

  SATWE(Space Analysis of Tall-Buildings with Wall-Element)是应现代多、高层建筑发展要求专门为多、高层建筑设计而研制的空间结构有限元分析软件,分为多层(SATWE-8)和高层(SATWE)两个版本。SATWE-8 只能用于 8 层及 8 层以下的多层建筑结构;SATWE 适用于各种复杂体型的高层钢筋混凝土框架、框架-剪力墙、剪力墙、筒体结构等,以及钢-混凝土混合结构和高层钢结构,除具备 SATWE-8 的基本分析设计功能外,还能进行结构的弹性动力时程分析和框支-剪力墙的有限元分析等。本章仅介绍 SATWE 软件。

4.1 SATWE 软件的特点和基本功能

4.1.1 SATWE 的特点

1. 模型化误差小、分析精度高

对剪力墙和楼板的合理简化及有限元模拟,是多、高层结构分析的关键。SATWE 以壳元理论为基础,构造了一种通用墙元来模拟剪力墙。这种墙元对剪力墙的洞口(仅限于矩形洞)的尺寸和位置无限制,具有较好的适用性,墙元不仅具有平面内刚度,也具有平面外刚度,可以较好地模拟工程中剪力墙的真实受力状态。对于楼板,SATWE 给出了 4 种简化假定,即假定楼板整体平面内无限刚、分块无限刚、分块无限刚带弹性连接板带和弹性楼板。上述假定灵活、实用,在应用中可根据工程的实际情况采用其中的一种或几种假定。

2. 计算速度快、解题能力强

SATWE 具有自动搜索计算机内存功能,可把计算机的内存资源充分利用起来,最大限度地发挥计算机硬件资源的作用,在一定程度上解决了在计算机上运行的结构有限元分析软件的计算速度和解题能力问题。

3. 前后处理功能强

SATWE 前接 PMCAD 程序,完成结构建模。SATWE 前处理模块读取 PMCAD 生成的结构的几何及荷载数据,补充输入 SATWE 的特有信息,诸如特殊构件(弹性楼板、转换梁、框支柱等)、温度荷载、吊车荷载、支座位移、特殊风荷载、多塔以及局部修改原有材料强度、抗震等级或其他相关参数,完成墙元和弹性楼板单元自动划分等。

SATWE 以 PK、JLQ、JCCAD、BOX 等为后续程序。由 SATWE 完成内力分析和配筋计算后,可接板梁柱墙施工图模块,绘制板施工图,梁、柱施工图,剪力墙施工图,并可为基础设计 JCCAD 和箱形基础 BOX 提供传给基础的刚度及柱、墙底组合内力作为各类基础的设计荷载。同时自身具有强大的图形后处理功能。

4.1.2 SATWE 的基本功能

(1) 可自动读取经 PMCAD 的建模数据、荷载数据,并自动转换成 SATWE 所需的几何数据和荷载数据格式。

(2) SATWE 程序中的空间杆单元除了可以模拟常规的柱、梁外,通过特殊构件定义,还可有效地模拟铰接梁、支撑等。特殊构件记录在 PMCAD 建立的模型中,这样可以随着 PMCAD 建模变化而变化,实现 SATWE 与 PMCAD 的互动。

(3) 随着工程应用的不断拓展,SATWE 可以计算的梁、柱及支撑的截面类型和形状类型越来越多。梁、柱及支撑的截面类型在 PM 建模中定义。混凝土结构中矩形截面和圆形截面是最常用的截面类型。对于钢结构来说,工字形截面、箱形截面和型钢截面是最常用的截面类型。除此之外,PKPM 的截面类型还有以下几类:常用异形柱混凝土截面(L 形、T 形、十字形及 Z 形截面);型钢混凝土组合截面;柱的组合截面;柱的格构柱截面;自定义任意多边形异形截面;自定义任意多边形、钢结构及型钢的组合截面。对于自定义任意多边形异形截面和自定义任意多边形、钢结构、型钢的组合截面,需要设计者用人机交互的操作方式定义,其他类型的定义都是用参数输入,程序提供针对不同类型截面的参数输入对话框,输入非常简便。

(4)剪力墙的洞口仅考虑矩形洞,无须为结构模型简化而加计算洞;墙的材料可以是混凝土、砌块或轻骨料混凝土。

(5)考虑了多塔、错层、转换层及楼板局部开大洞口等结构的特点,可以高效、准确地分析这些特殊结构。

(6)SATWE 也适用于多层结构、工业厂房以及体育场馆等各种复杂结构,并实现了在三维结构分析中考虑活荷载不利布置功能、底框结构计算和吊车荷载计算。

(7)自动考虑了梁、柱的偏心、刚域影响。

(8)具有剪力墙墙元和弹性楼板单元自动划分功能。

(9)具有较完善的数据检查和图形检查功能,较强的容错能力。

(10)具有模拟施工加载过程的功能,并可以考虑梁上的活荷载不利布置作用。

(11)可任意指定水平力作用方向,程序自动按转角进行坐标变换及风荷载导算;还可根据设计者需要进行特殊风荷载计算。

(12)在单向地震作用时,可考虑偶然偏心的影响;可进行双向水平地震作用下的扭转地震作用效应计算;可计算多方向输入的地震作用效应;可按振型分解反应谱方法计算竖向地震作用;对于复杂体型的高层结构,可采用振型分解反应谱法进行耦联抗震分析和动力弹性时程分析。

(13)对于高层结构,程序可以考虑 $P\text{-}\Delta$ 效应。

(14)对于底层框架抗震墙结构,可接力 QITI 整体模型计算底框部分的空间分析和配筋设计;对于配筋砌体结构和复杂砌体结构,可进行空间有限元分析和抗震验算(用于 QITI 模块)。

(15)可进行吊车荷载的空间分析和配筋设计。

(16)可考虑上部结构与地下室的联合工作,上部结构与地下室可同时进行分析与设计。

(17)具有地下室人防设计功能,在进行上部结构分析与设计的同时即可完成地下室的人防设计。

(18)SATWE 计算完以后,可接力施工图设计软件绘制梁、柱、剪力墙施工图;接力钢结构设计软件 STS 绘钢结构施工图。

(19)可为 PKPM 系列程序中基础设计软件 JCCAD、BOX 提供底层柱、墙内力作为其组合设计荷载的依据,从而使各类基础设计中,数据准备的工作大大简化。

4.1.3　SATWE 的启动

SATWE 启动主界面主要分 3 个功能区,如图 4-1 所示。在中间区域直接选择最近使用的工程目录;在左侧区域可以在模块选择中选择一个入口(选中入口变为绿色);在右上角下拉框中可以选择当前入口中的 SATWE 分析设计模块。

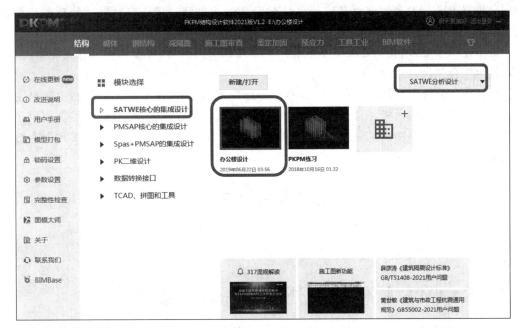

图 4-1　PKPM 集成系统启动主界面

以进入 SATWE 核心的集成设计为例,需在屏幕左侧模块选择第一行"SATWE 核心的集成设计",中间区域选择工程目录,右上下拉框选择"SATWE 分析设计",此时无论双击左侧绿色的"SATWE 核心的集成设计"还是双击中间区域工程,均可进入 SATWE 分析设计界面,如图 4-2 所示。

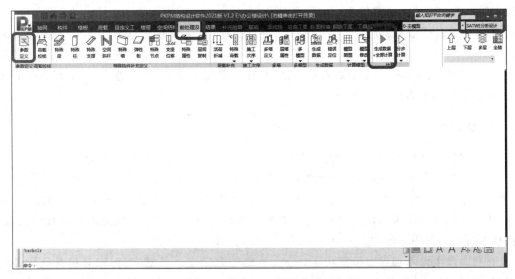

图 4-2　SATWE 软件主界面

SATWE 前处理及计算的 Ribbon 菜单如图 4-2 中上部菜单所示。其中,"设计模型前处理"→"参数定义"中的参数信息是 SATWE 计算分析所必需的信息,新建工程必须执行此项菜单；也可跳过"分析模型及计算"→"生成数据"项,直接执行"生成数据+全部计算",该项菜单将 PMCAD 模型数据和前处理补充定义的信息转换成适合有限元分析的数据格式。新建工程必须执行该项菜单。

除上述两项之外,其余各项菜单不是每项工程必须执行的,可以根据工程实际情况,有针对性地选择执行。

SATWE 分析设计界面的右下角为常用图标区域,如图 4-3 所示。该区域主要是为设计者提供一些常用的功能,简化设计者的操作流程。如"设计模型前处理"标签页提供了二维和三维显示的切换功能、字体增大和缩小功能、移动字体、特殊字体控制开关和保存数据的功能。

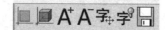

图 4-3　SATWE 分析设计的常用图标

4.2　SATWE 软件的前处理——数据准备

对于一个新建工程,在 PMCAD 模型中已经包含了部分参数,这些参数可以为 PKPM 系列的多个软件模块所共用,但对于结构分析而言还不完备。SATWE 在 PMCAD 参数的基础上,提供了一套更为丰富的参数,以适应结构分析和设计的需要。

正确设置软件参数非常重要,直接关系到软件计算结果是否准确可用。因此必须以相关设计规范为依据,才能完成参数的设置。

打开**"参数定义"**菜单后,弹出参数页切换菜单,共 19 项,包括总信息、多模型及包络、风荷载信息、地震信息、隔震信息、活荷载信息、二阶效应、刚度调整、内力调整、基本信息、钢构件设计、钢筋信息、混凝土、工况信息、组合信息、地下室信息、性能设计、高级参数和云计算。

对于 PMCAD 和 SATWE 共有的参数,程序是自动联动的,任一处修改,则两处同时改变。下面对设计参数进行详细的介绍。

1. 总信息

"总信息"包含的是结构分析所必需的最基本的 31 个参数,如图 4-4 所示。

在页面左下角的**"参数导入""参数导出"**功能,可以将除自定义参数以外的参数保存在一个文件里,方便设计者统一设计参数时使用。**"恢复默认"**参数功能,可将参数恢复为 SATWE 初始参数设置,对于部分自定义数据还可以自行选择是否为恢复默认参数状态,以避免误操作,如图 4-5 所示。

在页面左上角增加参数搜索功能。在文本框中直接输入关键字,程序对包含此项关键字的参数高亮显示,如图 4-6 所示,单击右侧[X]按钮可退出搜索状态。

"总信息"各参数的含义及取值原则如下。

1) 水平力与整体坐标夹角

《建筑抗震设计规范》(GB 50011—2010)第 5.1.1-1 条和《高层建筑混凝土结构技术规

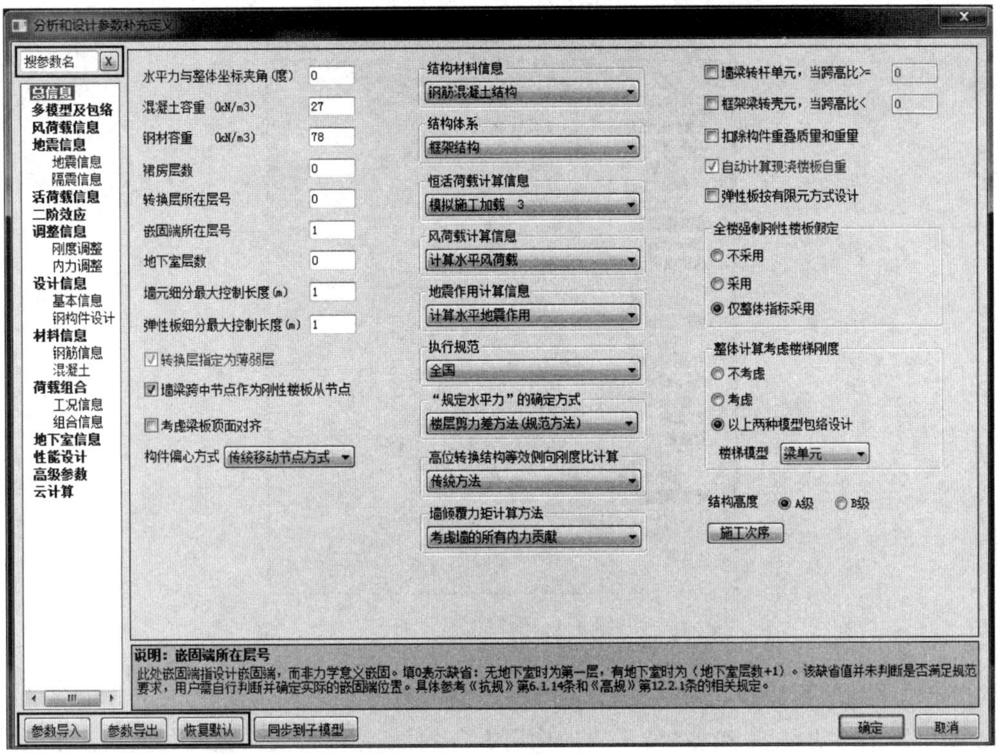

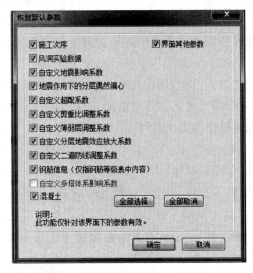

图 4-4　总信息界面

图 4-5　"恢复默认参数"对话框

程》(JGJ 3—2010)第 4.3.2-1 条规定:一般情况下,应至少在建筑结构的两个主轴方向分别计算水平地震作用,各方向的水平地震作用应由该方向抗侧力构件承担。

《建筑抗震设计规范》(GB 50011—2010)第 5.1.1-2 条规定:有斜交抗侧力构件的结构,当相交角度大于 15°时,应分别计算各抗侧力结构的水平地震作用。

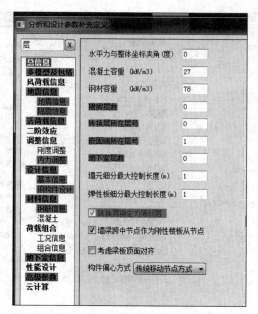

图 4-6　参数搜索界面

　　指定水平地震作用和风荷载方向 x_n 与整体坐标系 x 轴之间的夹角 Arf,逆时针为正,改变 Arf 后,程序并不直接改变水平力的作用方向,而是将结构反向旋转相同的角度,以间接改变水平力的作用方向,即填入"30"时,SATWE 中将结构平面顺时针旋转 30°,此时水平力的作用方向仍然沿整体坐标系的 x 轴和 y 轴方向,即 0°和 90°方向。改变结构平面布置转角后,必须重新执行"**生成数据**"菜单,以自动生成新的模型几何数据和风荷载信息。

　　此参数将同时影响地震作用和风荷载的方向。因此**建议需改变风荷载作用方向时才采用该参数**。此时如果结构新的主轴方向与整体坐标系方向不一致,可将主轴方向角度作为**"斜交抗侧力附加地震方向"**填入,以考虑沿结构主轴方向的地震作用。

　　如不改变风荷载方向,只需考虑其他角度的地震作用时,则无须改变"**水平力与整体坐标夹角(度)**",只增加附加地震作用方向即可。

　　2) 混凝土、钢材重度(单位 kN/m³)

　　混凝土重度和钢材重度用于计算梁、柱、承重墙自重,一般情况下混凝土重度为 25kN/m³,钢材重度为 78kN/m³。如要考虑梁、柱、承重墙上的抹灰、装修层等荷载时,对于框架、框架-剪力墙及框架-核心筒混凝土结构可取 26kN/m³,剪力墙混凝土结构可取 27kN/m³。若考虑钢构件中加劲肋等加强板件、连接节点及高强螺栓等附加重量,以及防火、防腐涂层或外包轻质防火板的影响,钢材的重度通常要乘以 1.04~1.18 的放大系数,即取 81~92kN/m³。该参数在 PMCAD 和 SATWE 中同时存在,其数值是联动的。楼(屋)面板板面的建筑装修荷载和板底吊顶或吊挂荷载可以在结构整体计算时通过楼面均布恒荷载标准值输入。

　　《建筑结构荷载规范》(GB 50009—2012)附录 A 给出了常用材料和构件的自重表。

　　3) 裙房层数

　　《建筑抗震设计规范》(GB 50011—2010)第 6.1.3.2 条规定:"主楼结构在裙房顶板对应的相邻上下各一层应适当加强抗震构造措施"。SATWE 在确定剪力墙底部加强部位高度时,总是将裙房以上一层作为加强区高度判定的一个条件。程序不能自动识别裙房层数,需要**人工指定**。裙房层数应从结构最底层起算(包括地下室)。例如:地下室 2 层,地上裙房 2 层时,裙房层数应填入 4。裙房层数仅用作底部加强区高度的判断,规范针对裙房的其他相关规定,程序并未考虑,实际工程中设计人员可参考《高层建筑混凝土结构技术规程》(JGJ 3—2010)第 10.6.3-3 条,将裙房顶部上、下各一层框架柱箍筋全高加密,适当提高纵筋配筋率,进行构造加强。

对于体型收进的高层建筑结构、底盘高度超过房屋高度 20% 的多塔楼结构尚应符合《高层建筑混凝土结构技术规程》(JGJ 3—2010)第 10.6.5 条要求;目前程序不能实现自动将体型收进部位上、下各两层塔楼周边竖向构件抗震等级提高一级的功能,需要设计人员在**"特殊构件定义"**中自行指定。

4) 转换层所在层号

《高层建筑混凝土结构技术规程》(JGJ 3—2010)第 10.2 节明确规定了两种带转换层结构:底部带托墙转换层的剪力墙结构(即部分框支剪力墙结构),以及带托柱转换层的筒体结构。这两种带转换层结构的设计有相同之处,也有各自的特殊性。这两种带转换层结构的设计要求,一部分是两种结构同时适用的,另一部分是仅针对部分框支剪力墙结构的设计规定。

为适应不同类型转换层结构的设计需要,程序通过**"转换层所在层号"**和**"结构体系"**两项参数来区分不同类型的带转换层结构。

(1) 只要设计者填写了**"转换层所在层号"**,程序即判断该结构为带转换层结构,自动执行《高层建筑混凝土结构技术规程》(JGJ 3—2010)第 10.2 节专门针对部分框支剪力墙结构的设计规定,包括:根据第 10.2.6 条对高位转换时框支柱和剪力墙底部加强部位抗震等级自动提高一级;根据第 10.2.16-7 条输出框支框架的地震倾覆力矩;根据第 10.2.17 条对框支柱的地震内力进行调整;根据第 10.2.18 条对剪力墙底部加强部位的组合内力进行放大;根据第 10.2.19 条控制剪力墙底部加强部位分布钢筋的最小配筋率等。

(2) 如果设计者填写了**"转换层所在层号"**但选择了其他结构类型,程序将不执行上述仅针对部分框支剪力墙结构的设计规定。

对于水平转换构件和转换柱的设计要求,与**"转换层所在层号"**及**"结构体系"**两项参数均无关,只取决于在**"特殊构件补充定义"**中对构件属性的指定。只要指定了相关属性,程序将自动执行相应的调整,如根据第 10.2.4 条对水平转换构件的地震内力进行放大,根据第 10.2.7 条和第 10.2.10 条执行转换梁、柱的设计要求等。

对于仅有个别结构构件进行转换的结构,如剪力墙结构或框架-剪力墙结构中存在的个别墙或柱在底部进行转换的结构,可参照水平转换构件和转换柱的设计要求进行构件设计,此时只需对这部分构件指定其特殊构件属性即可,不再需要填写**"转换层所在层号"**,程序将仅执行对于转换构件的设计规定。

程序不能自动识别转换层,需要人工指定。**"转换层所在层号"**应从结构最底层起算(包括地下室)。例如:地下室 2 层,转换层位于地上 2 层时,转换层所在层号应填入 4。而程序在做高位转换层判断时,则是地下室顶板起算转换层层号的,即以(转换层所在层号－地下室层数)进行判断,大于或等于 3 层时为高位转换。

5）嵌固端所在层号

嵌固端位置的确定应参照《建筑抗震设计规范》（GB 50011—2010）第 6.1.14 条和《高层建筑混凝土结构技术规程》（JGJ 3—2010）第 12.2.1 条的相关规定，其中应特别注意楼层侧向刚度比的要求。如地下室顶板不能满足作为嵌固端的要求，则嵌固端位置要相应下移至满足规范要求的楼层。程序缺省的"嵌固端所在层号"总是地上一层，并未判断是否满足规范要求，设计者应特别注意自行判断并确定实际的嵌固端位置。

此处嵌固端不同于结构的力学嵌固端，不影响结构的力学分析模型，而是**与计算调整相关的一项参数**。对于无地下室的结构，嵌固端一定位于首层底部，此时嵌固端所在层号为 1，即结构首层；对于带地下室的结构，当地下室顶板具有足够的刚度和承载力，并满足规范的相应要求时，可以作为上部结构的嵌固端，此时嵌固端所在楼层为地上一层（即地下室层数＋1），这也是程序缺省的"嵌固端所在层号"。如果修改了地下室层数，应注意确认嵌固端所在层号是否需相应修改。

对于此处指定的嵌固端，程序主要执行如下调整：

（1）确定剪力墙底部加强部位时，将起算层号取为（嵌固端所在层号－1），即缺省将加强部位延伸到嵌固端下一层，比《建筑抗震设计规范》（GB 50011—2010）第 6.1.10-3 条的要求保守一些。

（2）嵌固端下一层的柱纵向钢筋，除应满足计算配筋外，还应不小于上层对应位置柱的同侧纵筋的 1.1 倍；梁端弯矩设计值应放大 1.3 倍。参见《建筑抗震设计规范》（GB 50011—2010）第 6.1.14 条和《高层建筑混凝土结构技术规程》（JGJ 3—2010）第 12.2.1 条。

（3）当嵌固层为模型底层时，即嵌固端所在层号为 1 时，进行薄弱层判断时的刚度比限值取 1.5。参见《高层建筑混凝土结构技术规程》（JGJ 3—2010）第 3.5.2-2 条。

（4）涉及底层的内力调整，除底层外，程序将同时针对嵌固层进行调整，参见《建筑抗震设计规范》（GB 50011—2010）第 6.2.3 条、第 6.2.10-3 条等。

6）地下室层数

地下室层数是指与上部结构同时进行内力分析的地下室部分的层数。地下室层数影响风荷载和地震作用计算、内力调整、底部加强区的判断等众多内容，是一项重要参数，当上部结构与地下室共同分析时，通过该参数，程序在上部结构风荷载计算时自动扣除地下室部分的高度。

提示：程序根据此信息来决定内力调整的部位，对一、二、三和四级抗震结构，其内力调整系数是要乘在计算地下室以上首层柱底或剪力墙底截面处；程序根据此信息决定底部加强区范围，剪力墙底部加强区范围应扣除地下室部分；当地下室层数不同时，应按主楼地下室层数输入。当地下室不与上部结构进行整体分析时（此时，一般地下室顶板为嵌固端，按规范要求，此时地下室一层结构的楼层侧向刚度与相邻上层的侧向刚度比大于2），则虽然有地下室，也输入 0。

7）墙元、弹性板细分最大控制长度（m）

这是墙元细分时需要的一个重要参数。对于尺寸较大的剪力墙，在作墙元细分形成一系列小壳元时，为确保分析精度，要求小壳元的边长不得大于给定限值 D_{max}。

工程规模较小时，建议在 0.5～1.0 之间填写；剪力墙数量较多，不能正常计算时，可适当增大细分尺寸，在 1.0～2.0 之间取值，但前提是一定要保证网格质量。设计者可在

SATWE 的"**计算模型**"→"**模型简图**"→"**空间简图**"中查看网格划分的结果。

当楼板采用弹性板或弹性膜时,弹性板细分最大控制长度起作用。通常墙元和弹性板可取相同的控制长度。当模型规模较大时可适当降低弹性板控制长度,在 $1.0 \sim 2.0$ 之间取值,以提高计算效率。

8)转换层指定为薄弱层

SATWE 中转换层缺省不作为薄弱层,**需要人工指定**。如需将转换层指定为薄弱层,可勾选此项,则程序自动将转换层号添加到薄弱层号中。勾选此项与在"**调整信息**"页"**指定薄弱层号**"中直接填写转换层层号的效果是一样的。

9)墙梁跨中节点作为刚性楼板从节点

勾选此项时,剪力墙洞口上方墙梁的上部跨中节点将作为刚性楼板的从节点;不勾选时,这部分节点将作为弹性节点参与计算。是否勾选此项,其本质是确定连梁跨中节点与楼板之间的变形协调,将直接影响结构整体的分析和设计结果,尤其是墙梁的内力及设计结果。

设计时,**一般选择勾选"墙梁跨中节点作为刚性楼板从节点"**。

10)考虑梁板顶面对齐

SATWE 旧版采用梁、板中面与柱顶平齐的力学模型,新版增加了"**梁板顶面对齐**"的勾选项,考虑梁板顶面对齐时,程序自动将梁和板向下偏移至上表面与柱顶齐平,理论上此时的模型最为准确合理。但使用时应注意:①设置全楼弹性膜或弹性板 6;②将梁的刚度放大系数至 1.0;③采用这种方式时应注意定义**全楼弹性板**,且楼板应采用有限元整体结果进行配筋设计,不宜使用简化方法设计。因此设计者在使用该选项时应慎重。

11)构件偏心方式

在 PMCAD 中建立的模型,很多情形下梁、柱、承重墙等存在偏心。SATWE 考虑构件偏心时默认采用"传统移动节点方式",即通过移动节点,使承重墙、柱偏心值为零,有时会造成墙扭曲、倾斜等现象。"刚域变换方式"是通过刚域变换的方式考虑构件偏心,构件位置不会发生改变。新的偏心方式对于部分模型在局部可能会产生较大的内力差异,因此建议慎重采用。

12)结构材料信息

程序提供钢筋混凝土结构、钢与混凝土混合结构、钢结构、砌体结构共 4 个选项供设计者选择。该选项会影响程序选择不同的规范进行分析和设计。例如:对于框架-剪力墙结构,当"**结构材料信息**"为"**钢结构**"时,程序按照钢框架-支撑体系的要求执行 $0.25V_0$ 调整;当"**结构材料信息**"为"**混凝土结构**"时,则执行混凝土结构的 $0.2V_0$ 调整。因此应正确填写该信息。

13)结构体系

程序共提供 24 个选项,分别为框架结构、框剪结构、框筒结构、筒中筒结构、剪力墙结构、板柱剪力墙结构、异型柱框架结构、异型柱框剪结构、配筋砌块砌体结构、砌体结构、底框结构、部分框支剪力墙结构、单层钢结构厂房、多层钢结构厂房、钢框架结构、巨型框架-核心筒(仅限广东地区)、装配整体式框架结构、装配整体式剪力墙结构、装配整体式部分框支剪力墙结构、装配整体式预制框架-现浇剪力墙结构、钢框架-支撑结构、钢框架-延性墙板结构、装配整体式多层剪力墙结构、装配整体式预制框架-现浇核心筒结构。

结构体系的选择影响到众多规范条文的执行,设计者应正确选择。

14) 恒活荷载计算信息

这是竖向荷载计算控制参数,包括如下选项:不计算恒活荷载、一次性加载、模拟施工加载1、模拟施工加载2、模拟施工加载3。对于实际工程,总是需要考虑恒活荷载的,因此不允许选择"不计算恒活荷载"项。另外,程序中LDLT求解器是不支持"模拟施工加载3"的。

一次性加载:主要用于多层结构、钢结构和有上传荷载(例如吊柱)的结构或大型体育场馆,程序采用整体刚度模型,按一次加载方式计算竖向力。其计算结果的特点是:结构各点的变形完全协调,并且由此产生的弯矩在各点都能保持内力平衡状态。但由于竖向荷载是一次性施加到结构上的,造成结构的竖向位移往往偏大。因此多层结构最好采用这种加载方法。

模拟施工加载1:按模拟施工加载方式计算竖向力(程序采用整体刚度、分层加载,来模拟施工中逐层加载、逐层找平的加载方式),可以避免一次性加载带来的竖向变形过大的计算误差。**所以对一般的高层建筑来说,应首先选择模拟施工加载1**。

模拟施工加载2:按模拟施工加载方式计算竖向力,同时分析过程中将竖向构件(柱)的刚度放大10倍,以削弱竖向荷载按刚度的重分配,使柱、墙上分得的轴力比较均匀,接近手算结果,传给基础的荷载更为合理,仅用于**框架-剪力墙结构或框筒结构的基础计算,不得用于上部结构的设计**。

模拟施工加载3:是对模拟施工加载1的改进,采用分层刚度、分层加载模型。在分层加载时,不采用整体刚度,只采用本层及本层以下层的刚度,去掉了没有用的刚度,使计算结果更接近施工的实际情况。**适用于多高层无吊车结构**。

提示:采用"模拟施工加载3"时,必须正确指定"施工次序",否则会直接影响计算结果的准确性。当勾选"自定义构件施工次序"时,程序会强制将"恒活荷载计算信息"修改为"模拟施工加载3"。

15) 风荷载计算信息

SATWE提供两类风荷载:一类是程序依据《建筑结构荷载规范》(GB 50009—2012)风荷载的计算公式(8.1.1-1)在"前处理及设计模型"→"生成数据"时自动计算的水平风荷载,作用在整体坐标系的x向和y向,可在"分析模型及计算"→"风荷载"菜单中查看,习惯称为"水平风荷载";另一类是在"前处理及设计模型"→"特殊风荷载"菜单中自定义的特殊风荷载。"特殊风荷载"又可分为两类:通过点取"自动生成"菜单自动生成的特殊风荷载和设计者自定义的特殊风荷载,习惯统称为"特殊风荷载"。自动生成特殊风荷载的原理与水平风荷载类似。

一般来说,大部分工程采用SATWE缺省的"水平风荷载"即可,如需考虑更细致的风荷载,则可通过"特殊风荷载"实现。

(1) SATWE通过"风荷载计算信息"参数判断参与内力组合和配筋时的风荷载种类。

① 不计算风荷载:任何风荷载均不计算。

② 计算水平风荷载:仅水平风荷载参与内力分析和组合,无论是否存在特殊风荷载数据。这是用得最多的风荷载计算方式。

③ 计算特殊风荷载:仅特殊风荷载参与内力计算和组合。

④ 计算水平和特殊风荷载：水平风荷载和特殊风荷载同时参与内力分析和组合。这个选项只用于极特殊的情况，一般工程不建议采用。

（2）特殊风荷载参与组合时，按照是否定义了 4 组特殊风荷载，程序将采用不同的缺省组合方式。

① 特殊风荷载组数等于 4 时：每一组特殊风均按照水平风荷载的方式进行组合；如果同时选择了"计算水平和特殊风荷载"，则水平风荷载和特殊风荷载将分别与恒荷载、活荷载、地震作用等组合，水平风荷载和特殊风荷载不同时组合。

② 特殊风荷载组数不等于 4 时：每组特殊风荷载仅与恒荷载、活荷载进行组合，采用风荷载的分项系数。

特殊风荷载的定义和组合原则在过去进行过较多的调整，设计者应注意以目前最新的原则为依据，正确使用软件。

16）地震作用计算信息

程序提供了以下 4 个选项供设计者选择：

（1）不计算地震作用：《建筑抗震设计规范》（GB 50011—2010）第 3.1.2 条规定，抗震设防烈度为 6 度时，除按本规范有具体规定外，对乙、丙、丁类建筑可不进行地震作用计算。此时可选择"不计算地震作用"。

《建筑抗震设计规范》（GB 50011—2010）第 5.1.6 条规定，6 度时的建筑（不规则建筑及建造于Ⅳ类场地上较高的高层建筑除外），以及生土房屋和木结构房屋等，应符合有关的抗震构造措施要求，但应允许不进行截面抗震验算（因此这类结构在选择"不计算地震作用"的同时，仍然要在"**地震信息**"页中指定抗震等级，以满足抗震构造措施的要求。此时，"地震信息"页除抗震等级相关参数外其余项会变灰）。6 度时不规则建筑、建造于Ⅳ类场地上较高的高层建筑，7 度和 7 度以上的建筑结构（生土建筑和木结构房屋等除外），应进行多遇地震作用下的截面抗震验算。

（2）计算水平地震作用：计算 x、y 两个方向的地震作用。

（3）计算水平和规范简化方法竖向地震：按《建筑抗震设计规范》（GB 50011—2010）第 5.3.1 条规定的简化方法计算竖向地震。

（4）计算水平和反应谱方法竖向地震：按竖向振型分解反应谱方法计算竖向地震。

《高层建筑混凝土结构技术规程》（JGJ 3—2010）第 4.3.14 条规定：跨度大于 24m 的楼盖结构、跨度大于 12m 的转换结构和连体结构，悬挑长度大于 5m 的悬挑结构，结构竖向地震作用效应标准值宜采用时程分析方法或振型分解反应谱方法进行计算。因此，新版程序提供了按竖向振型分解反应谱方法计算竖向地震作用的选项。

采用振型分解反应谱法计算竖向地震作用时，程序输出每个振型的竖向地震作用，以及楼层的地震反应力和竖向作用力，并输出竖向地震作用系数和有效质量系数，与水平地震作用均类似。

（5）计算水平和等效静力法竖向地震：按《建筑抗震设计规范》（GB 50011—2010）第 5.3.2 条和第 5.3.3 条及《高层建筑混凝土结构技术规程》（JGJ 3—2010）第 4.3.15 条的要求，增加了"等效静力法"计算竖向地震效应系数。使得高烈度区的大跨度、长悬臂等结构的竖向地震效应计算更合理。

17）执行规范

该选项可以选择执行的规范,如果采用的是 2021 规范 V1.2 版的程序,软件会自动默认"通用规范（2021 版）",程序将按照通用规范内容执行。如果要选择按照 2010 版规范,可以通过切换"执行规范"实现。

18）结构所在地区

软件分为全国、上海、广东,分别采用中国国家规范、上海地区规程和广东地区规程。

19）"规定水平力"的确定方式

《建筑抗震设计规范》（GB 50011—2010）第 3.4.3 条和《高层建筑混凝土结构技术规程》（JGJ 3—2010）第 3.4.5 条规定:在规定水平力下楼层的最大弹性水平位移或层间位移,大于该楼层两端弹性水平位移或层间位移平均值的 1.2 倍。

《建筑抗震设计规范》（GB 50011—2010）第 6.1.3 条和《高层建筑混凝土结构技术规程》（JGJ 3—2010）第 8.1.3 条规定:设置少量抗震墙的框架结构,在规定的水平力作用下,底部框架所承担的地震倾覆力矩大于结构总地震倾覆力矩的 50% 时,以上抗规和高规条文均明确要求位移比和倾覆力矩的计算要在规定水平力作用下进行计算。新版 SATWE 根据规范要求会输出规定水平力的数值及规定水平力作用下的**位移比和倾覆力矩**结果。

规定水平力的确定方式依据《建筑抗震设计规范》（GB 50011—2010）第 3.4.3-2 条和《高层建筑混凝土结构技术规程》（JGJ 3—2010）第 3.4.5 条的规定,采用楼层地震剪力差的绝对值作为楼层的规定水平力,即选项"楼层剪力差方法（规范方法）",**一般情况下建议选择**。"节点地震作用 CQC 组合方法"是程序提供的另一种方法,主要用于不规则结构,即楼层概念不清晰,剪力差无法计算的情况。

提示:"规定水平力"主要用于计算位移比和倾覆力矩,结构楼层位移和层间位移控制值验算时,仍要采用 CQC 的效应组合。

20）高位转换结构等效侧向刚度比计算

高位转换结构等效侧向刚度比计算"采用高规附录 E.0.3 方法"时,程序自动按照高规附录 E.0.3 的要求,分别建立转换层上、下部结构的有限元分析模型,并在层顶施加单位力,计算上、下部结构的顶点位移,进而获得上、下部结构的刚度和刚度比。

当选择"传统方法"时,则采用的串联层刚度模型计算。

提示:当采用《高规》附录 E.0.3 方法计算时,需选择"全楼强制采用刚性楼板假定"或"整体指标计算采用强刚,其他指标采用非强刚"。

无论采用何种方法,设计者均应保证当前计算模型只有一个塔楼。当塔数大于 1 时,计算结果是无意义的。

21）墙倾覆力矩计算方法

由于建筑户型创新,近年来出现了一种单向少墙结构。这类结构通常在一个方向剪力墙密集,而在正交方向剪力墙稀少,甚至没有剪力墙。

软件在参数"总信息"页中提供了墙倾覆力矩计算方法的 3 个选项,分别为"考虑墙的所有内力贡献""只考虑腹板和有效翼缘,其余部分计算框架"和"只考虑面内贡献,面外贡献计入框架"。当需要界定结构是否为单向少墙结构体系时,建议选择"**只考虑面内贡献,面外贡献计入框架**"。当设计者无须进行是否是单向少墙结构的判断时,可以选择"**只考虑腹板和有效翼缘,其余部分计算框架**"。

22）墙梁转框架梁的控制跨高比

当墙梁的跨高比过大时，如果仍用壳元来计算墙梁的内力，计算结果的精度较差。SATWE 新增了墙梁自动转成框架梁的功能，设计者可通过指定"**墙梁转框架梁的跨高比**"，程序会自动将墙梁的跨高比大于该值的墙梁转换成框架梁，并按照框架梁计算刚度、内力并进行设计，使结果更加准确合理。当指定"**墙梁转框架梁的跨高比**"为 0 时，程序对所有的墙梁不做转换处理。

23）框架连梁按壳元计算控制跨高比

软件采用了新的方式，根据跨高比将框架连梁转换为墙梁（壳），同时增加了转换壳元的特殊构件定义，将框架方式定义的转换梁转为壳的形式。

设计者可通过指定该参数将跨高比小于该限值的矩形截面框架连梁用壳元计算其刚度，若该限值取值为 0，则对所有框架连梁都不做转换。

24）扣除构件重叠质量和重量

SATWE 旧的版本中梁、柱、墙的自重均独立计算，不考虑重叠区域的扣除，多算的重量和质量作为安全储备。从设计安全性角度而言，适当的安全储备是有益的，建议**设计者仅在确有经济性需要并对设计结果的可靠度确有把握时才谨慎选用该选项**。

新版 SATWE 则根据《建筑结构荷载规范》（GB 50009—2012）中公式（8.4.3）直接计算。程序相应在"**风荷载信息**"页增加了"**风荷载作用下的阻尼比**"参数，其初值由"**结构材料信息**"控制。

25）弹性板按有限元方式设计

梁板共同工作的计算模型，可使梁上荷载由板和梁共同承担，从而减少梁的受力和配筋，特别是针对楼板较厚的板，应将其设置为弹性板 3 或者弹性板 6 计算。既节约了材料，又实现强柱弱梁改善了结构抗震性能。

从实际工程的测试结果来看，与采用手册算法相比，楼板采用有限元方法计算得到的配筋量有较大程度的降低（此功能仅对非刚性楼板：弹性板 3 和弹性板 6 有效）。

在 SATWE 的前处理中，设计者只需要做以下 3 个步骤，程序就能自动进行楼板有限元分析和设计。

第 1 步：正常建模，退出时仍按原方式导荷。程序支持各种楼面荷载种类，点荷载、线荷载及面荷载。

第 2 步：在参数对话框中修改各层楼板的主筋强度。

第 3 步：在特殊构件中指定需进行配筋设计的楼板为弹性板 3 或弹性板 6。

26）全楼强制刚性楼板假定

"**全楼强制刚性楼板假定**"和"**刚性楼板假定**"是两个相关但不等同的概念，应注意区分。

"**刚性楼板假定**"是指楼板平面内无限刚，平面外刚度为零的假定。SATWE 自动搜索**全楼楼板**，对于符合条件的楼板，自动判断为刚性楼板，并采用刚性楼板假定，无须设计者干预。某些工程中采用刚性楼板假定可能误差较大，为提高分析精度，可在"**前处理及设计模型**"→"**特殊构件补充定义**"→"**弹性板**"菜单将这部分楼板定义为适合的弹性板。这样同一楼层内可能既有多个刚性板，又有弹性板，还可能存在独立的弹性节点。对于刚性楼板，程序将自动执行刚性楼板假定，弹性板或独立节点则采用相应的计算原则。

而"**全楼强制刚性楼板假定**"则不区分刚性板、弹性板或独立的弹性节点，只要位于该层楼面标高处的所有节点,在计算时都将强制从属同一刚性板。**"全楼强制刚性楼板假定"**可能改变结构的真实模型,因此其适用范围是有限的,一般仅在计算位移比、周期比、刚度比等指标时选择。在进行结构**内力分析**和**配筋计算**时,仍要遵循结构的**真实模型**,才能获得正确的分析和设计结果。

SATWE 在进行强制刚性楼板假定时,位于楼面标高处的所有节点强制从属于同一刚性板,不在楼面标高处的楼板,则不进行强制。对于多塔结构,各塔分别执行**"全楼强制刚性楼板假定"**,塔与塔之间互不关联。

27)仅整体指标计算采用全楼强制刚性楼板假定

设计过程中,对于楼层**位移比**、**周期比**、**刚度比**等整体指标通常需要采用**强制刚性楼板**假定进行计算,而**内力**、**配筋**等结果则必须采用**非强制刚性楼板**假定的模型结果,因此,设计者往往需要对这两种模型分别进行计算,为提高设计效率,减少设计者操作,新增了**"仅整体指标采用"**参数。勾选此项,程序自动对强制刚性楼板假定和非强制刚性楼板假定两种模型分别进行计算,并对计算结果进行整合,设计者可以在文本结果中同时查看到两种计算模型的位移比、周期比及刚度比这三项整体指标,其余设计结果则全部取自非强制刚性楼板假定模型。通常情况下,无须设计者再对结果进行整理,即可实现与过去手动进行两次计算相同的效果。

28)整体计算考虑楼梯刚度

在结构建模中创建的楼梯,设计者可在 SATWE 中选择是否在整体计算时考虑楼梯的作用。若在整体计算中考虑楼梯,程序会自动将梯梁、梯柱、梯板加入模型中。

软件提供了两种楼梯计算的模型:**壳单元和梁单元**,默认采用壳单元。两者的区别在于对梯段的处理,壳单元模型用膜单元计算梯段的刚度,而梁单元模型用梁单元计算梯段的刚度,两者对于平台板都用膜单元来模拟。程序可自动对楼梯单元进行网格细分。

此外,针对楼梯计算,SATWE 设置了自动进行多模型包络设计。如果设计者选择同时计算不带楼梯模型和带楼梯模型,则程序自动生成两个模型,并进行包络设计。

提示:当采用楼梯参与计算时,暂不支持按构件指定施工次序的施工模拟计算。

29)结构高度

目前,该参数只针对执行广东《高层建筑混凝土结构技术规程》(DBJ 15—92—2013)的项目起作用,A 级和 B 级用于结构扭转不规则程度的判断和输出。

30)施工次序

若设计者勾选了"联动调整",当设计者修改某一层的施工次序时,其以上的自然层的施工次序也会调整相应的变化量。

"+1""−1"按钮可以方便设计者同时修改几个楼层的施工次序。为了保证逻辑清晰,当设计者勾选"联动调整"时,这两个按钮是被禁用的。

当模拟施工加载 1 能正常计算,而模拟施工加载 3 不能正常计算时,应注意检查模拟施工次序的定义是否正确。

提示:当需要考虑楼梯参与计算时,不能选择自定义施工次序计算;当需要进行基于构件次序定义的施工模拟计算时,不能选择带楼梯计算。

2．多模型及包络

"多模型及包络"对话框如图 4-7 所示。

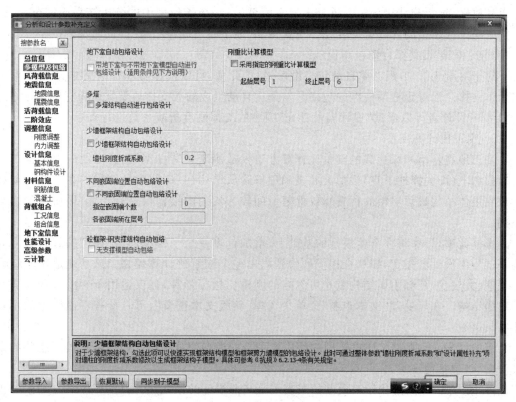

图 4-7　"多模型及包络"对话框

1）地下室自动包络设计

对于带地下室模型，勾选"带地下室与不带地下室模型自动进行包络设计"项，可以快速实现整体模型与不带地下室的上部结构的包络设计。当模型考虑温度荷载或特殊风荷载，或存在跨越地下室上、下部位的斜杆时，该功能暂不适用。自动形成不带地下室的上部结构模型时，设计者在"层塔属性"中修改的地下室楼层高度不起作用。

2）多塔

多塔结构自动进行包络设计参数主要用来控制多塔结构是否进行自动包络设计。勾选该参数，程序允许进行多塔包络设计；不勾选该参数，即使定义了多塔子模型，程序仍然不会进行多塔包络设计。

3）少墙框架结构自动包络设计

勾选"少墙框架结构自动包络设计"项，程序自动完成原始模型与框架结构模型的包络设计。

"墙柱刚度折减系数"参数仅对少墙框架结构包络设计有效。框架结构子模型通过该参数对墙柱的刚度进行折减得到。另外，可在"**设计属性补充**"项对墙柱的刚度折减系数进行单构件修改。

4）不同嵌固端位置自动包络设计

对带多层地下室的结构，勾选"不同嵌固端位置自动包络设计"项后，可根据嵌固端个数和层号，快速实现一个模型设置多个不同嵌固部位的包络设计。嵌固端所在层号在程序中是设计属性，不影响结构分析。拆分多个子模型后，每个子模型中的分析结果应完全一致，区别是与设计相关的内容有所变化。不支持和"地下室自动包络设计"同时考虑。

5）砼框架-钢支撑自动包络设计

对于混凝土框架-钢支撑自动包络设计，勾选此项，可以快速实现有钢支撑-混凝土框架和无钢支撑—混凝土框架模型的包络。勾选后自动生成的无支撑模型默认为将钢支撑刚度设置为0，设计者可以通过"设计属性补充"项中的支撑刚度折减系数进行查看。

6）刚重比计算模型

基于地震作用和风荷载的刚重比计算方法仅适用于悬臂柱型结构，因此应在上部单塔结构模型上（即去掉地下室）去掉大底盘和顶部附属结构（只保留附属结构的自重作为荷载附加到主体结构最顶层楼面位置），仅保留中间较为均匀的结构段进行计算，即所谓的掐头去尾。

选择此项，程序将在全楼模型的基础上，增加计算一个子模型，该子模型的起始层号和终止层号由设计者指定，即从全楼模型中剥离出一个刚重比计算模型。该功能适用于结构地下室、大底盘、顶部附属结构重量可忽略的刚重比指标计算，且仅适用于弯曲型和弯剪型的单塔结构。在后处理**"文本查看"**菜单中选择**"新版文本查看"**，可直接查看该模型的刚重比结果。

起始层号：即刚重比计算模型的最底层是当前模型的第几层。该层号从楼层组装的最底层起算（包括地下室）。

终止层号：即刚重比计算模型的最高层是当前模型的第几层。目前程序未自动附加被去掉的顶部结构的自重，因此仅当顶部附属结构的自重相对主体结构可以忽略时才可采用，否则应手工建立模型进行单独计算。

3. 风荷载信息

"风荷载信息"对话框如图 4-8 所示。

SATWE 依据《建筑结构荷载规范》（GB 50009—2012）的公式（8.1.1-1）计算风荷载。计算相关的参数在此处填写，包括水平风荷载和特殊风荷载相关的参数。若在"总信息"中选择了不计算风荷载，可不必考虑风荷载参数的取值。相关参数的含义及取值原则如下：

1）地面粗糙度类别

根据《建筑结构荷载规范》（GB 50009—2012）第 8.2.1 条建筑分 A、B、C、D 4 类，用于计算风压高度变化系数，其中 D 类（有密集建筑群且高层建筑市区）应慎用，程序按设计人员输入的地面粗糙度确定风压高度变化系数。

2）修正后的基本风压（kN/m^2）

修正后的基本风压用于计算《建筑结构荷载规范》（GB 50009—2012）公式（8.1.1-1）的风压值 w_0，一般按照荷载规范给出的 50 年一遇的风压采用，但不得小于 $0.3kN/m^2$。对于高层建筑、高耸建筑以及对风荷载比较敏感的其他结构，基本风压的取值应适当提高（将基本风压放大 1.1～1.2 倍）。程序以设计者填入的修正后的风压值进行风荷载计算，不再另

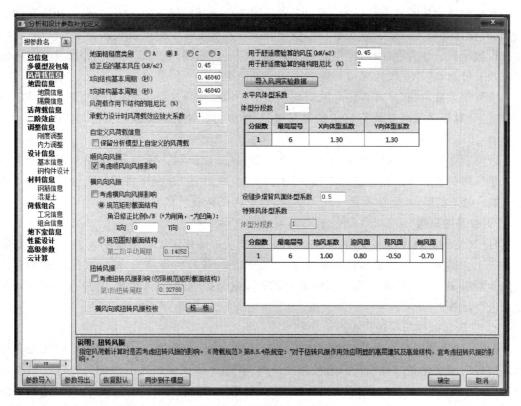

图 4-8　"风荷载信息"对话框

行修正。

3）x、y 向结构基本周期(秒)

"结构基本周期"用于脉动风荷载的共振分量因子 R 的计算,见《建筑结构荷载规范》(GB 50009—2012)公式(8.4.4-1)。SATWE 可以分别指定 x 向和 y 向的基本周期,用于 x 向和 y 向风荷载的计算。对于比较规则的结构,可以采用近似方法计算基本周期:框架结构 $T=(0.08\sim 0.10)n$;框架-剪力墙结构、框筒结构 $T=(0.06\sim 0.08)n$;剪力墙结构、筒中筒结构 $T=(0.05\sim 0.06)n$(其中 n 为结构层数)。程序按简化方式对基本周期赋初值,设计者也可以在 SATWE 计算完成后,得到准确的结构自振周期,再回到此处将新的周期值填入,然后重新计算,以得到更为准确的风荷载。

4）风荷载作用下结构的阻尼比(%)

与"结构基本周期"相同,该参数也用于脉动风荷载的共振分量因子 R 的计算。

新建工程首次采用 SATWE 软件计算时,会根据"结构材料信息"自动对"风荷载作用下的阻尼比"赋初值:混凝土结构及砌体结构为 5.0%,有填充墙钢结构为 2.0%,无填充墙钢结构为 1.0%。

5）承载力设计时风荷载效应放大系数

《高层建筑混凝土结构技术规程》(JGJ 3—2010)第 4.2.2 条规定:"对风荷载比较敏感的高层建筑,承载力设计时应按基本风压的 1.1 倍采用"。对于正常使用极限状态设计,一般仍可采用基本风压值或由设计人员根据实际情况确定。即部分高层建筑在风荷载承载力设计和正常使用极限状态设计时,可能需要采用两个不同的风压值。为此,SATWE 新增了"承载力设计时风荷载效应放大系数",设计者只需按照正常使用极限状态确定风压值,程序在进行风荷载承载力设计时,将自动对风荷载效应进行放大,相当于对承载力设计时的风压值进行了提高,这样一次计算就可同时得到全部结果。

填写该系数后,程序将直接对风荷载作用下的构件内力进行放大,不改变结构位移。**一般情况下,对于房屋高度大于 60m 的高层建筑,承载力设计时风荷载计算可勾选此项。**

6) 自定义风荷载信息

设计者在执行"生成数据"后可在"计算模型|模型修改"的"风荷载"菜单中对自动计算的水平风荷载进行修改。勾选此参数,再次执行"生成数据"时程序将保留上次的风荷载数据;如不勾选此参数,则会重新生成风荷载,自定义风荷载数据不被保留。

7) 顺风向风振

《建筑结构荷载规范》(GB 50009—2012)第 8.5.1 条规定:对于高度大于 30m 且高宽比大于 1.5 的房屋,以及基本自振周期 $T_1 > 0.25$ s 的各种高耸结构,应考虑风压脉动对结构产生顺风向风振的影响。当计算中需考虑顺风向风振时,应勾选该项,程序自动按照规范要求进行计算。

8) 横风向风振与扭转风振

根据《建筑结构荷载规范》(GB 50009—2012)第 8.5.1 条规定:"对于横风向风振作用效应明显的高层建筑以及细长圆形截面构筑物,宜考虑横风向风振的影响"。《建筑结构荷载规范》(GB 50009—2012)第 8.5.4 条规定:"对于扭转风振作用效应明显的高层建筑及高耸结构,宜考虑扭转风振的影响"。

考虑风振的方式可以通过风洞试验或者按照规范附录 H.1、H.2 和 H.3 确定。当采用风洞试验数据时,软件提供文件接口 WINDHOLE. PM,设计者可根据格式进行填写。当采用软件所提供的规范附录方法时,除了需要正确填写周期等相关参数外,必须根据规范条文确保其适用范围,否则计算结果可能无效。

9) 用于舒适度验算的风压(kN/m²)、结构阻尼比(%)

《高层建筑混凝土结构技术规程》(JGJ 3—2010)第 3.7.6 条规定:"房屋高度不小于 150m 的高层混凝土建筑结构应满足风振舒适度要求"。SATWE 根据《高层民用建筑钢结构技术规程》(JGJ 99—2015)第 5.5.1 款第 4 条,对风振舒适度进行验算,验算结果在 WMASS. OUT 文件中输出。验算风振舒适度时,需要用到"风压"和"阻尼比",其取值与风荷载计算时采用的"基本风压"和"阻尼比"可能不同,因此单独列出,仅用于舒适度验算。按照《高层建筑混凝土结构技术规程》(JGJ 3—2010)要求,验算风振舒适度时结构阻尼比宜取 1～2,程序缺省取 2,"风压"则缺省与风荷载计算的"基本风压"取值相同,设计者均可修改。

10) 导入风洞实验数据

如果想对各层各塔的风荷载做更精细的指定,可使用此功能。

11) 水平风体型系数及体型分段数

关于"水平风荷载"和"特殊风荷载"的相关规定可参见"总信息"中"风荷载计算信息"相关内容。"总信息"中"风荷载计算信息"下拉框中,选择"计算水平风荷载"或者"计算水平和特殊风荷载"时,可在此处指定水平风荷载计算时所需的体型系数。

当结构立面变化较大时,不同区段内的体型系数可能不一样,程序限定体型系数最多可分三段取值。程序允许设计者对 x、y 方向分别指定体型系数。由于程序计算风荷载时自动扣除地下室高度，因此分段时只需考虑上部结构，不必将地下室单独分段。

计算水平风荷载时，程序不区分迎风面和背风面，直接按照最大外轮廓计算风荷载的总值，**此处应填入迎风面体型系数与背风面体型系数绝对值之和。**

对于一些常见体型，风荷载体型系数取值如下。

（1）圆形和椭圆形平面：$\mu_s = 0.8$。

（2）正多边形及三角形平面：$\mu_s = 0.8 + \dfrac{1.2}{\sqrt{n}}$（其中 n 为正多边形边数）。

（3）矩形、鼓形、十字形平面：$\mu_s = 1.3$。

（4）下列建筑的风荷载体型系数：$\mu_s = 1.4$。

① V 形、Y 形、弧形、双十字形、井字形平面。

② L 形和槽形平面。

③ 高宽比 $H/B_{max} > 4$、长宽比 $H/B_{max} \leqslant 1.5$ 的矩形、鼓形平面。

12）设缝多塔背风面体型系数

在计算带变形缝的结构时，如果设计人员将该结构以变形缝为界定义成多塔后，程序在计算各塔的风荷载时，对设缝处仍将作为迎风面，这样会造成计算的风荷载偏大。

为扣除设缝处遮挡面的风荷载，可以指定各塔的遮挡面，此时程序在计算风荷载时，将采用此处输入的"设缝多塔背风面体型系数"对遮挡面的风荷载进行扣减。如果设计人员将此参数填为 0，则相当于不考虑挡风面的影响。遮挡面的指定在"前处理及计算模型"→"多塔定义|遮挡定义"中完成。

13）特殊风体型系数

"总信息"的"风荷载计算信息"下拉框中，选择"计算特殊风荷载"或者"计算水平和特殊风荷载"时，"特殊风体型系数"变亮，允许修改；否则为灰，不可修改。

在"特殊风荷载定义"菜单中选择"自动生成"选项，自动生成全楼特殊风荷载时，需要用到此处定义的信息。"特殊风荷载"的计算公式与"水平风荷载"的相同，区别在于程序自动区分迎风面、背风面和侧风面，分别计算其风荷载，是更为精细的计算方式。应在此处分别填写各区段迎风面、背风面和侧风面的体型系数。

"挡风系数"表示有效受风面积占全部外轮廓的比例。当楼层外侧轮廓并非全部为受风面，存在部分镂空的情况时，应填入该参数。这样程序在计算风荷载时将按有效受风面积生成风荷载。

4. 地震信息

"地震信息"对话框如图 4-9 所示。当抗震设防烈度为 6 度时，某些房屋虽然可不进行地震作用计算，但仍应采取抗震构造措施。因此，若在"总信息"参数中选择了不计算地震作用，各项抗震等级仍应按实际情况填写，其他参数全部变灰，不用填写。

1）建筑抗震设防类别

建筑抗震设防类别分为甲、乙、丙、丁 4 类，仅作为标识，不起作用。

2）地震信息

（1）设防地震分组。根据建筑物所建造的区域，按《建筑抗震设计规范》（GB 50011—

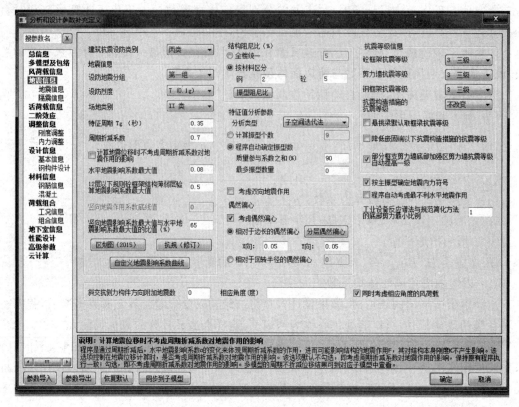

图4-9　"地震信息"对话框

2010)第3.2.4条附录A指定设计地震分组。

(2)设防烈度。这里指地震设防烈度。软件提供以下几种选择：6度(0.05g)、7度(0.10g)、7度(0.15g)、8度(0.20g)、8度(0.30g)、9度(0.40g)。根据建筑物所建造的区域,按《建筑抗震设计规范》(GB 50011—2010)附录A取值。

(3)场地类别。场地类别共有5个选项：I_0类、I_1类、Ⅱ类、Ⅲ类、Ⅳ类。程序根据不同的场地类别,计算特征周期。

(4)特征周期T_g(秒)。程序通过《建筑抗震设计规范》(GB 50011—2010)第3.2.3条或第5.1.4条表5.1.4-2确定特征周期值,由"结构所在地区""场地类别"和"设计地震分组"三个参数确定"特征周期"的缺省值,设计者也可根据具体需要来指定。对于Ⅱ类场地,设计地震分组为一组、二组、三组特征周期,分别取0.35s、0.40s、0.45s。

提示：当上述几项相关参数如"场地类别""设防烈度"等改变时,设计者修改的特征周期或地震影响系数值将不保留,自动恢复为抗震规范值,因此应在计算前确认此处参数的正确性。

(5)周期折减系数。周期折减充分考虑了框架结构和框架-剪力墙结构的填充墙刚度对计算周期的影响。由于建模时,不将填充墙建入模型,而填充墙的存在使结构实际刚度大于计算刚度,实际周期小于计算周期,据此周期计算的地震剪力将偏小,会使结构偏于不安全,程序通过此参数将地震作用放大。该系数不改变结构的自振特性,只改变地震影响系数α。对于框架结构,若填充墙较多,周期折减系数可取0.6~0.7,填充墙较少时可取0.7~

0.8；对于框架-剪力墙结构，周期折剪系数可取 0.7～0.8；纯剪力墙结构的周期可不折减；钢结构可取 0.9。

（6）计算地震位移时不考虑周期折减系数对地震作用的影响。程序是通过周期折减后水平地震影响系数 α 的变化来体现周期折减系数的作用，进而可能影响结构的地震作用 F，其对结构本身刚度 K 不产生影响。该选项默认不勾选，即考虑周期折减系数对地震作用的影响，保持原有程序执行一致；勾选该选项，即不考虑周期折减系数对地震作用的影响。多模型的周期不折减位移结果到对应子模型中查看。

（7）水平地震影响系数最大值。此选项用于地震作用的计算，无论多遇地震或中、大震弹性或不屈服计算时均应在此处填写"地震影响系数最大值"。可以通过《建筑抗震设计规范》(GB 50011—2010)第 5.1.4 条表 5.1.4-1 确定。抗震设防 7 度时，多遇及罕遇地震影响系数最大值分别取 0.08(0.12)和 0.50(0.72)（提示：括号中的数值用于设计基本地震加速度为 0.15g 的地区）。

（8）12 层以下规则混凝土框架结构薄弱层验算地震影响系数最大值。此值为罕遇地震影响系数最大值，仅用于 12 层以下规则混凝土框架结构的薄弱层验算。

（9）竖向地震作用系数底线值。根据《高层建筑混凝土结构技术规程》(JGJ 3—2010)第 4.3.15 条规定：大跨度结构、悬挑结构、转换结构、连体结构的连接体的竖向地震作用标准值不宜小于结构或构件承受的重力荷载代表值与表 4.3.15 所规定的竖向地震作用系数的乘积。

程序设置"竖向地震作用系数底线值"这项参数以确定竖向地震作用的最小值。当振型分解反应谱方法计算的竖向地震作用小于该值时，程序将自动取该参数确定的竖向地震作用底线值。

提示：当用该底线值调控时，相应的有效质量系数应达到 90％以上。

（10）竖向地震影响系数最大值与水平地震影响系数最大值的比值(％)。通过该参数，设计者可指定竖向地震影响系数最大值占水平地震影响系数最大值的比值，来调整竖向地震作用的大小。

（11）区划图(2015)。中国《地震动参数区划图》(GB 18306—2015)于 2016 年 6 月 1 日实施，设计者在使用 SATWE 程序进行地震计算时，反应谱方法本身和反应谱曲线的形式并没有改变，只是特征周期 T_g 和水平地震影响系数最大值 $\alpha_{\max}$ 的取值不同，采用新区划图计算的这两项参数将与以往或《建筑抗震设计规范》(GB 50011—2010)不同，但这两项参数均由设计者输入，因此对程序本身功能并没有影响。设计者在使用新区划图时，应根据所查得的二类场地峰值加速度和特征周期，采用区划图规定的动力放大系数等参数及相应方法计算当前场地类别下的 T_g 和 $\alpha_{\max}$，并换算相应的设防烈度，填入程序即可。

为了减少设计人员查表和计算的工作量，新增了根据新的区划图进行检索和地震参数计算的工具，可将地震计算所需的 T_g 和 $\alpha_{\max}$ 等参数自动计算并填入程序界面，如图 4-10 所示。

"区划图"工具包含检索和计算两项功能，左侧为检索工具，右侧为计算工具。

① 检索工具。左侧检索工具通过指定地名，可自动根据区划图查找出相应的 II 类场地基本地震动峰值加速度和基本地震动加速度反应谱特征周期。程序提供两种检索方式：一种是通过下拉框逐级选择省份、市、县(区)和乡镇(街道)，完成选择后，搜索结果自动输出在

图 4-10 "中国地震动参数区划图"界面

下方窗口。另一种是通过关键字进行搜索，设计者可以输入"浙江省杭州市上城区望江街道"，单击"搜索"，会弹出"搜索结果"对话框，如图 4-11 所示。

图 4-11 "搜索结果"对话框

设计者可从搜索结果中选择相应的地区，单击"确定"按钮，程序自动根据选中的地区进行查找，并返回Ⅱ类场地基本地震动峰值加速度和基本地震动加速度反应谱特征周期。

检索完成后，程序自动采用右侧的计算工具进行相关参数的计算，计算结果实时更新在右侧界面上。

② 计算工具。界面右侧为地震参数辅助计算工具,类似于一个计算器,其基本输入参数包括:

"Ⅱ类场地基本地震动峰值加速度(**g**)"和"Ⅱ类场地基本地震动加速度反应谱特征周期(**s**)":默认为当前检索的结果,并与检索结果联动。如果设计者已经确定这两项数值,也可不进行检索,直接选择相应的选项即可。

"**场地类别**":自动读取"地震信息"指定的场地类别,也可在此修改。

"**动力放大系数 β**":默认为 2.50。

"**多遇地震动/罕遇地震动峰值加速度与基本地震动峰值加速度的比例系数**":分别默认为 0.3333 和 1.9000。

"**罕遇地震特征周期增加值**":默认为 0.05。

软件根据以上输入参数信息,自动计算多遇地震、基本地震和罕遇地震下的设计地震加速度、特征周期和水平地震影响系数最大值。

程序同时根据《建筑抗震设计规范》(GB 50011—2010)表 3.2.2 和表 5.1.4-2 返回当前对应于《建筑抗震设计规范》(GB 50011—2010)的设防烈度和设计地震分组。

设计者可以在检索的同时实时得到参数计算结果,也可单独使用右侧的计算工具,通过调整相应的计算参数,实现不同的计算需求,从而不局限于区划图的限定范围。

设计者可以将计算出的 T_g 和 α_{max} 等参数手动填入"地震信息",更方便的做法是直接单击"确定"按钮,程序会自动将界面上带 * 号的参数返回,不需要手工填写。

提示:返回到地震参数界面后,如果重新修改设防烈度、场地类别等参数,程序会根据《建筑抗震设计规范》(GB 50011—2010)联动修改 T_g 和 α_{max},此时应重新利用上述工具进行计算并将新的结果返回。

在进行 SATWE 计算前,务必确认界面上相关参数都已正确填写。

(12) 抗规(修订)。《建筑抗震设计规范》(GB 50011—2010)进行了局部修订,其中对我国主要城镇设防烈度、设计基本地震加速度和设计地震分组进行了局部修改,与区划图类似,不影响程序的计算功能,只是需要设计者按照修订后的规定指定正确的参数。

软件新增了针对《建筑抗震设计规范》(GB 50011—2010)修订后的地震参数的检索和计算工具,如图 4-12 所示。

如果设计者采用新区划图和《建筑抗震设计规范》(GB 50011—2010)修订版之外的规定,直接在程序中填入正确的 T_g 和 α_{max} 等参数即可。

(13) 自定义地震影响系数曲线。按照规范要求,对于一些高层建筑应采用弹性时程分析法进行补充验算。为了方便设计者直接将地震波反应谱应用于反应谱分析,SATWE 地震信息"用户自定义地震影响曲线"中添加了地震波谱和规范谱的包络设计功能,如图 4-13 所示。

在"用户自定义地震影响系数曲线"中,如果想应用地震波反应谱,需要先进行地震波选波。选波后,除了可以采用规范谱进行分析外,还可以选择地震波平均谱、地震波包络谱、规范谱与平均谱的包络、规范谱与包络谱的包络其中之一作为地震反应谱进行分析。最终应用的反应谱曲线以绿色标识,可以清楚地比较与规范反应谱的区别。

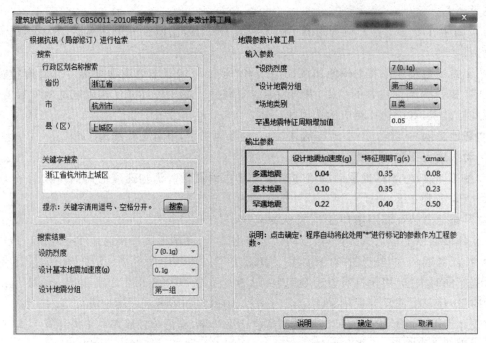

图 4-12　"建筑抗震设计规范(GB 50011—2010 局部修订)检索及参数计算工具"对话框

2）结构阻尼比(%)

（1）全楼统一。选择该选项按传统方式指定全楼统一的阻尼比。

（2）按材料区分。设计者如果采用新的阻尼比计算方法,只需要选择"按材料区分",并对不同材料指定阻尼比(程序默认钢材为2,混凝土为5,混合结构为4),程序即可自动计算各振型阻尼比,并相应计算地震作用。程序在 WZQ. OUT 文件以及计算书中均输出了各振型的阻尼比。

（3）振型阻尼比。新建消能减震结构或采用减震装置进行加固时,通常进行时程分析以确定附加阻尼比。通过此菜单可以定义某些振型的阻尼比,对于不指定的振型,软件采用地震信息参数中的统一阻尼比。

3）特征值分析参数

（1）分析类型。默认采用"子空间迭代法",可满足工程上大多数常规结构的计算要求。"多重里兹向量法"可以采用相对精确特征值算法,以较少的振型数即可满足有效质量系数要求,使得大型结构的动态响应问题的计算效率得以大幅提高。对于大规模的多塔结构、大跨结构,特别是竖向地震作用计算,建议采用多重里兹向量法。

采用多重里兹向量法求解较小规模结构的动态响应时,当选取的振型数接近动力自由度数时,高阶振型可能失真,针对这种情况,在特征值求解器里进行了保护,截取有效质量系数 100.2%以内的低阶振型(**各振型总的有效质量与总质量之比即为有效质量系数**),舍弃高阶振型,此时,得到的振型数将少于设计者输入的振型数。

（2）计算振型个数。在计算地震作用时,振型个数的选取应遵循《建筑抗震设计规范》(GB 50011—2010)第 5.2.2 条说明的规定：振型个数一般可以取振型参与质量达到总质量的 90%所需的振型数。

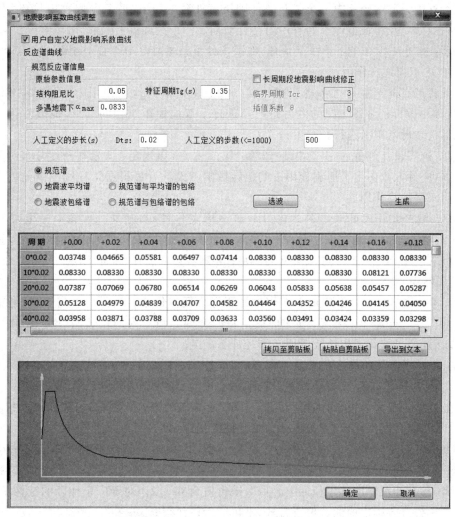

图 4-13 "地震影响导致曲线调整"对话框

《高层建筑混凝土结构技术规程》(JGJ 3—2010)第 5.1.13-1 条规定,抗震设计时,B 级高度的高层建筑结构、混合结构和本规程第 10 章规定的复杂高层建筑结构,尚应符合下列规定:宜考虑平扭耦联计算结构的扭转效应,振型数不应小于 15,对多塔结构的振型数不应小于塔楼数的 9 倍,且计算振型数应使各振型参与质量之和不小于总质量的 90%。

当仅计算水平地震作用或者用规范方法计算竖向地震作用时,振型数应至少取 3。为了使每阶振型都尽可能地得到 2 个平动振型和 1 个扭转振型,振型数最好为 3 的倍数,但不能超过结构的固有振型总数(每块刚性楼板取 3 个自由度,每个弹性节点取 2 个自由度)。

选择振型分解反应谱法计算竖向地震作用时,为了满足竖向振动的有效质量系数,一般应适当增加振型数,并查看 SATWE 计算结果文件 WZQ. OUT 给出的有效质量系数是否达到 90%。

(3)程序自动确定振型数。仅当选择子空间迭代法进行特征值分析时可使用此功能。采用移频方法,根据设计者输入的有效质量系数之和在子空间迭代中自动确定振型数。

"最多振型数量"与"质量参与系数之和"一同作为特征值计算是否结束的限制条件,即特征值计算中只要达到其中一个限制条件则结束计算。如果"最多振型数量"填写为 0,则根据结构规模以及特征值计算的可用内存自动确定一个振型数上限值。

提示：程序还隐含了一个限制条件,即最多振型数不超过动力自由度数。

4) 考虑双向地震作用

设计者可在此选择是否考虑双向地震作用。考虑双向地震作用时,程序在 WNL *.OUT 文件中输出的地震工况的内力是已经进行了双向地震组合的结果,地震作用下的所有调整都将在此基础上进行。

《建筑抗震设计规范》(GB 50011—2010)第 5.1.1-3 条规定：质量和刚度分布明显不对称的结构,应计入双向水平地震作用下的扭转影响。设计者可根据工程实际情况决定是否考虑双向水平地震作用。

提示：程序允许同时考虑偶然偏心和双向地震作用,此时仅对无偏心地震作用效应(EX、EY)进行双向地震作用计算,而左偏心地震作用效应(EXM、EYM)和右偏心地震作用效应(EXP、EYP)并不考虑双向地震作用；考虑双向地震作用,并不改变内力组合数。

5) 偶然偏心

(1) 考虑偶然偏心。指定地震作用时是否考虑偶然偏心。当设计者勾选了"考虑偶然偏心"后,程序会增加 4 个工况,即 x 向的正负两个偏心和 y 向的正负两个偏心,缺省值为 0.05,偶然偏心可按每层边长或者回转半径计算。

(2) 相对于边长的偶然偏心。可参考《高层建筑混凝土结构技术规程》(JGJ 3—2010)第 4.3.3 条的条文说明："当楼层平面有局部突出时,可按等效尺寸计算偶然偏心"。程序总是采取各楼层最大外边长计算偶然偏心,用户如需按此条规定考虑,可在此修改相对偶然偏心值。通过"分层偶然偏心"可进行分层分塔的指定。

(3) 相对于回转半径的偶然偏心。针对《高层民用建筑钢结构技术规程》(JGJ 99—2015)第 5.3.7 条(公式(5.3.7-2))增加相对于平面回转半径的偶然偏心考虑方式,程序允许设计者修改"相对于回转半径的偏心值",缺省值为 0.172。对于广东地区的结构工程,程序总是采用设计者指定的偶然偏心方式,不再进行任何判断。

6) 抗震等级信息

(1) 混凝土框架、剪力墙、钢框架抗震等级。程序提供 0、1、2、3、4、5 六种值。其中 0、1、2、3、4 分别代表抗震等级为特一级、一级、二级、三级和四级,5 代表不考虑抗震构造要求。此处指定的抗震等级是全楼适用的。通过指定抗震等级,SATWE 自动对全楼所有构件的抗震等级赋初值。依据《建筑抗震设计规范》(GB 50011—2010)、《高层建筑混凝土结构技术规程》(JGJ 3—2010)等相关条文,某些部位或构件的抗震等级可能需要在此基础上进行单独调整,SATWE 将自动对这部分构件的抗震等级进行调整。对于少数未能涵盖的特殊情况,设计者可通过"**前处理及计算模型**"的"**特殊构件补充定义**"进行单构件的补充指定,以满足工程需求。

其中钢框架的抗震等级是新增的选项,设计者应依据《建筑抗震设计规范》(GB 50011—2010)第 8.1.3 条的规定来确定。

对于混凝土框架和钢框架,按照材料进行区分：纯钢截面的构件取钢框架的抗震等级；混凝土或钢与混凝土混合截面的构件,取混凝土框架的抗震等级。

上述抗震等级是按照《建筑抗震设计规范》(GB 50011—2010)表 6.1.2 和表 8.1.3,《高层建筑混凝土结构技术规程》(JGJ 3—2010)表 3.9.3 和表 3.9.4 查得。

提示：①表中查得的抗震等级是丙类建筑的抗震等级。但对于乙类建筑，当设防烈度为 6～8 度时,抗震措施应符合本地区抗震设防烈度提高 1 度的要求。②教育建筑中,幼儿园、小学、中学的教学用房以及学生宿舍和食堂,抗震设防类别应不低于重点设防类(简称乙类)。③商业建筑中,人流密集的大型的多层商场抗震设防类别应划为重点设防类。当商业建筑与其他建筑合建时应分别判断,并按区段确定其抗震设防类别。④二、三级医院的门诊、医技、住院用房,抗震设防类应划为重点设防类。

(2) 抗震构造措施的抗震等级。在某些情况下,结构的抗震构造措施等级可能与抗震等级不同。设计者应根据工程的设防类别查找相应的规范,以确定抗震构造措施等级。当抗震构造措施的抗震等级与抗震措施的抗震等级不一致时,在配筋文件中会输出此项信息。另外,在"前处理及计算模型"的各类特殊构件中可以分别指定单根构件的抗震等级和抗震构造措施等级。

提示：①《建筑抗震设计规范》(GB 50011—2010)第 3.3.2 条：建筑场地为 I 类时,对甲、乙类的建筑应允许仍按本地区抗震设防烈度的要求采取抗震构造措施;对丙类的建筑应允许按本地区抗震设防烈度降低 1 度的要求采取抗震构造措施,但抗震设防烈度为 6 度时仍按本地区抗震设防烈度的要求采取抗震构造措施。②《建筑抗震设计规范》(GB 50011—2010)第 3.3.3 条：建筑场地为 III、IV 类时,对设计基本地震加速度 0.15g 和 0.30g 的地区,宜分别按 8 度(0.20g)和 9 度(0.40g)时各抗震设防类别的要求采取抗震构造措施。③《建筑抗震设计规范》(GB 50011—2010)第 6.1.3-4 条：当甲、乙类建筑按规定提高 1 度确定其抗震等级而房屋高度超过《建筑抗震设计规范》(GB 50011—2010)表 6.1.2 相应规定的上界时,应采取比 1 级更有效的抗震构造措施。④确定乙类和丙类建筑的抗震措施和抗震构造措施的实际烈度见表 4-1。

表 4-1　确定乙类和丙类建筑的抗震措施和抗震构造措施的实际烈度

类别	设防烈度	6(0.05g)		7(0.1g)		7(0.15g)		8(0.20g)		8(0.30g)		9(0.40g)	
	场地类别	I	II—IV	I	II—IV	III—IV		I	II—IV	III—IV		I	II—IV
乙类	抗震措施	7	7	8	8	8		9	9	9		9+	9+
	抗震构造措施	6	6	7	8	8+		8	9	9+		9	9+
丙类	抗震措施	6	6	7	7	7		8	8	8		9	9
	抗震构造措施	6	6	6	7	8		7	8	8		8	9

(3) 悬挑梁默认取框梁抗震等级。当不勾选此参数时,程序默认按次梁选取悬挑梁抗震等级,如果勾选该参数,悬挑梁的抗震等级默认同主框架梁。程序默认**不勾选该参数**。

(4) 降低嵌固端以下抗震构造措施的抗震等级。根据《建筑抗震设计规范》(GB 50011—2010)第 6.1.3-3 条的规定："当地下室顶板作为上部结构的嵌固部位时,地下一层的抗震等级应与上部结构相同,地下一层以下抗震构造措施的抗震等级可逐层降低一级,但不应低于四级"。当勾选该选项之后,程序将自动按照规范规定执行,设计者无须在"设计模型补充定义"中单独指定相应楼层构件的抗震构造措施的抗震等级。

(5) 部分框支剪力墙底部加强区剪力墙抗震等级自动提高一级。根据《高层建筑混凝土结构技术规程》(JGJ 3—2010)表 3.9.3 和表 3.9.4,部分框支剪力墙结构底部加强区和非底部加强区的剪力墙抗震等级可能不同。

对于部分框支剪力墙结构,如果设计者在"地震信息"的"剪力墙抗震等级"中填入部分框支剪力墙结构中一般部位剪力墙的抗震等级,并在此勾选了"部分框支剪力墙结构底部加强区剪力墙抗震等级自动提高一级",程序将自动对底部加强区的剪力墙抗震等级提高一级。

7) 按主振型确定地震内力符号

按照《建筑抗震设计规范》(GB 50011—2010)公式(5.2.3-5)确定地震作用效应时,公式本身并不含符号,因此地震作用效应的符号需要单独指定。SATWE 的传统规则为:在确定某一内力分量时,取各振型下该分量绝对值最大的符号作为 CQC 计算以后的内力符号;而当选用该参数时,程序根据主振型下地震效应的符号确定考虑扭转耦联后的效应符号,其优点是确保地震效应符号的一致性,但由于牵扯到主振型的选取,因此在多塔结构中的应用有待进一步研究。

8) 程序自动考虑最不利水平地震作用

当设计者勾选"自动考虑最不利水平地震作用"后,程序将自动完成最不利水平地震作用方向的地震效应计算,一次完成计算,无须手动回填。

9) 工业设备反应谱法与规范简化方法的底部剪力最小比例

该参数用来确定反应谱方法计算工业设备地震作用的最小值。当反应谱方法计算得到的工业设备底部剪力与规范简化方法计算的底部剪力的比值小于此值时,程序自动将设备的底部剪力放大至规范简化方法底部剪力的比例倍数。

10) 斜交抗侧力构件方向附加地震数、相应角度(度)

《建筑抗震设计规范》(GB 50011—2010)第 5.1.1 条规定:"有斜交抗侧力构件的结构,当相交角度大于 15°时,应分别计算各抗侧力构件方向的水平地震作用"。

设计者可在此处指定附加地震方向。附加地震个数可在 0~5 之间取值,在"相应角度(度)"输入框输入各角度值。该角度是与整体坐标系 x 轴正方向的夹角,单位为(°),逆时针方向为正,各角度之间以逗号或空格隔开。

当设计者在"总信息"对话框修改了"水平力与整体坐标夹角"时,应按新的结构布置角度确定附加地震的方向。如:假定结构主轴方向与整体坐标系 x、y 方向一致时,水平力夹角填入 30°时,结构平面布置逆时针旋转 30°,此时主轴 x 方向在整体坐标系下为 −30°,作为"斜交抗侧力构件附加地震力方向"输入时,应填入"−30°"。

每个角度代表一组地震,如填入附加地震数 1,角度 30°时,SATWE 将新增 $EX1$ 和 $EY1$ 两个方向的地震,分别沿 30°和 120°两个方向。当不需要考虑附加地震时,将附加地震方向数填 0 即可。

11) 同时考虑相应角度风荷载

程序仅考虑多角度地震,不计算相应角度风荷载,各角度方向地震总是与 0°和 90°风荷载进行组合。勾选该选项时,则"斜交抗侧力构件方向附加地震数"参数同时控制风和地震的角度,且地震和风同向组合。

该功能主要用于两种用途,一种是改进过去对于多角度地震与风的组合方式,可使地震与风总是保持同向组合,另一种更常用的用途是满足对于复杂工程的风荷载计算需要,可根据结构体型进行多角度计算,或根据风洞试验结果一次输入多角度风荷载。

　　程序自动计算时，计算方法和流程与普通水平风荷载类似。输入风洞试验数据时，需首先指定附加角度的数量和相应角度，然后在"导入风洞实验数据"菜单切换到相应角度页进行输入，程序提供整体坐标系和局部坐标系两种输入方式。

　　承载力设计时风荷载效应放大系数对多方向风也起作用。当设计者勾选横风向风振和扭转风振时，仅 x 向风和 y 向风计算横风向风振和扭转风振，附加方向不计算。此外，当勾选"自动确定最不利地震方向"时，目前程序暂不支持"同时考虑相应角度的风荷载"，此时只能与 0°和 90°风荷载进行组合。

5. 隔震信息

　　"隔震信息"对话框如图 4-14 所示。

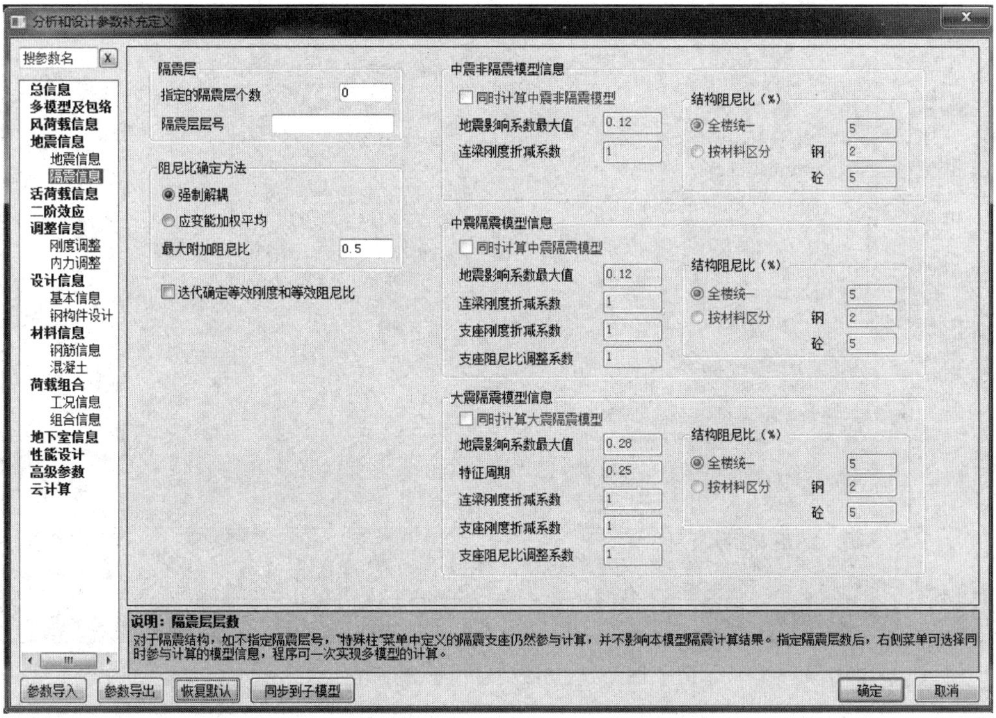

图 4-14　"隔震信息"对话框

　　1）指定的隔震层个数及相应的各隔震层层号

　　对于隔震结构，如不指定隔震层号，"特殊柱"菜单中定义的隔震支座仍然参与计算，并不影响隔震计算结果，因此该参数主要起到标识作用。指定隔震层个数后，右侧菜单可选择同时参与计算的模型信息，程序可一次实现多模型的计算。

　　2）阻尼比确定方法

　　当采用反应谱法时，程序提供了两种方法确定振型阻尼比，即强制解耦法和应变能加权平均法。采用强制解耦法时，高阶振型的阻尼比可能偏大，因此程序提供了"最大附加阻尼比"参数，使设计者可以控制附加的最大阻尼比。

　　3）迭代确定等效刚度和等效阻尼比

　　勾选此项，程序自动通过迭代计算确定每个隔震支座的等效刚度和等效阻尼，需要设计者输入每个隔震支座的水平初始刚度、屈服力和屈服后刚度。

4）中震非隔震模型信息、中震隔震模型信息、大震隔震模型信息

按照隔震结构设计相关规范、规程的规定，隔震结构的不同部位，在设计中往往需要取用不同的地震作用水准进行设计、验算。

6. 活荷载信息

"活荷载信息"对话框如图 4-15 所示。各参数的含义如下。

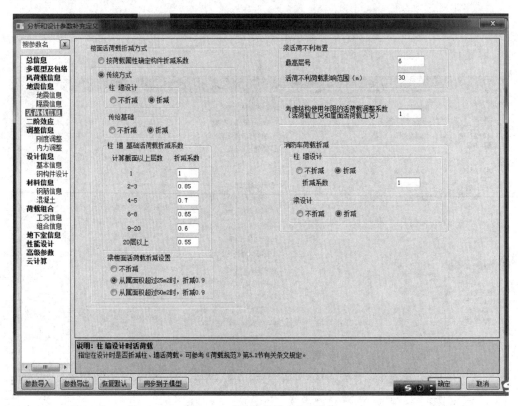

图 4-15 "活荷载信息"对话框

1）楼面活荷载折减方式

（1）按荷载属性确定构件折减系数。对"底层商场＋上部住宅"等情况，可根据《建筑结构荷载规范》(GB 50009—2012)第 5.1.2 条规定，自动判断从属面积、单/双向板等属性，结合各房间不同的活荷载属性（如住宅或商场等），综合确定梁、柱和墙活荷载折减系数默认值。使用该方式时，需根据实际情况，在结构建模的"荷载"→"活载/楼板活荷类型"中定义房间属性，对于未定义属性的房间，默认按住宅处理。

对于梁、墙梁，软件会对其周围的房间进行遍历，每个房间根据《建筑结构荷载规范》(GB 50009—2012)第 5.1.2-1 条得到一个折减系数，最后取大值。

（2）传统方式。程序对梁和柱、墙、基础设计提供了更精细的楼面活荷载折减方式，按照楼层进行活荷载折减。

《建筑结构荷载规范》(GB 50009—2012)第 5.1.2 条规定：梁、墙、柱及基础设计时，可

对楼面活荷载进行折减。

为了避免活荷载在 PMCAD 和 SATWE 中出现重复折减的情况,建议设计者使用 SATWE 进行结构计算时,不要在 PMCAD 中进行活荷载折减,而是统一在 SATWE 中进行梁、柱、承重墙和基础设计时的活荷载折减。

提示:此处指定的传给基础的活荷载是否折减仅用于 SATWE 设计结果的文本及图形输出,在接力 JCCAD 时,SATWE 传递的内力为没有折减的标准内力,由设计者在 JCCAD 中另行指定折减信息。

2) 梁活荷不利布置

(1) 最高层号。若将此参数填 0,表示不考虑梁活荷载不利布置作用;若填入大于零的数 N,则表示从 $1\sim N$ 各层考虑梁活荷载的不利布置,而 $N+1$ 层以上则不考虑活荷载不利布置,若 N 等于结构的层数,则表示对全楼所有层都考虑活荷载的不利布置。

(2) 活荷不利荷载影响范围(m)。荷载不利影响范围是指如果两个房间之间水平距离超过这个值,则认为这两个房间任意房间的活荷载对另外一个房间的周边构件不产生变形和内力。

3) 考虑结构使用年限的活荷载调整系数

《高层建筑混凝土结构技术规程》(JGJ 3—2010)第 5.6.1 条规定:持久设计状况和短暂设计状况下,当荷载与荷载效应按线性关系考虑时,荷载基本组合的效应设计值应按式(4-1)确定:

$$S_d = \gamma_G S_{Gk} + \gamma_L \psi_Q \gamma_Q S_{Qk} + \psi_w \gamma_w S_{wk} \tag{4-1}$$

其中,γ_L 为考虑设计使用年限的可变荷载(楼面活荷载)调整系数,设计使用年限为 5 年时取 0.9,设计使用年限为 50 年时取 1.0,设计使用年限为 100 年时取 1.1。

在荷载效应组合时活荷载组合系数将乘上考虑使用年限的活荷载调整系数。

4) 消防车荷载折减

对于消防车工况,SATWE 可与楼面活荷载类似,考虑梁和柱墙的内力折减。其中,柱、墙内力折减系数可在"活荷信息"对话框指定全楼的折减系数,梁的折减系数由程序根据荷载规范自动确定默认值。设计者可在"活荷折减"菜单中,对梁、柱、墙指定单构件的折减系数,操作方法和流程与活荷内力折减系数类似。

7. 二阶效应

"二阶效应"对话框如图 4-16 所示。

1) 钢构件设计方法

(1) 一阶、二阶弹性设计方法。《高层民用建筑钢结构技术规程》(JGJ 99—2015)第 7.3.2 条第 1 款条文指出:结构内力分析可采用一阶线弹性分析或二阶线弹性分析。当二阶效应系数大于 0.1 时,宜采用二阶线弹性分析。二阶效应系数不应大于 0.2。

《高层民用建筑钢结构技术规程》(JGJ 99—2015)对框架柱的稳定性计算进行了修改,对于框架结构程序输入了二阶效应系数,用以判断是否需要采用二阶弹性方法,设计者需自行判断。

当采用二阶弹性设计方法时,须同时勾选"考虑结构整体缺陷"和"柱长度系数置 1.0"选项,且二阶效应计算方法应该选择"直接几何刚度法"或"内力放大法"。

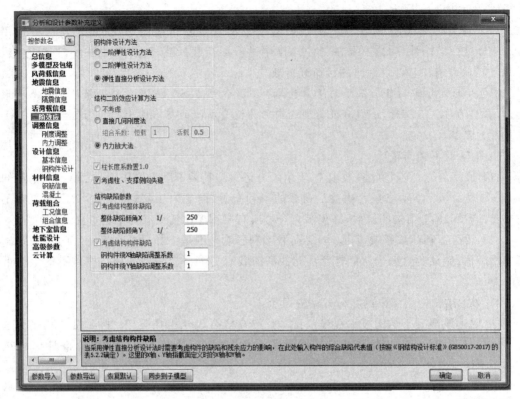

图 4-16　"二阶效应"对话框

（2）弹性直接分析方法。当采用直接分析方法不按弹塑性分析时，可以勾选项。此时软件考虑大 $P\text{-}\Delta$ 效应、小 $P\text{-}\delta$ 效应、整体缺陷、局部缺陷等因素来确定构件设计的内力，构件设计验算不再考虑计算长度系数、轴压稳定系数，按照《钢结构设计标准》（GB 50017—2017）第 5.5.7 条进行验算。

2）结构二阶效应计算方法

（1）不考虑。不考虑结构二阶效应计算。

（2）直接几何刚度法。即旧版软件考虑 $P\text{-}\Delta$ 效应。

（3）内力放大法。这是新增方法，可参考《高层民用建筑钢结构技术规程》（JGJ 99—2015）第 7.3.2-2 条及第 5.4.3 条，程序对框架和非框架结构分别采用相应公式计算内力放大系数。

当选中"一阶弹性设计方法"时，允许选择"不考虑"和"直接几何刚度法"，当选中"二阶弹性设计方法"时，允许选择"直接几何刚度法"和"内力放大法"。

3）柱长度系数置 1.0

采用一阶弹性设计方法时，应考虑柱长度系数，设计者在进行研究或对比时也可勾选此项将长度系数置 1.0，但不能随意将此结果作为设计依据。当采用二阶弹性设计方法时，程序强制勾选此项，将柱长度系数置 1.0，可参考《高层民用建筑钢结构技术规程》（JGJ 99—2015）第 7.3.2-2 条。

4）考虑柱、支撑侧向失稳

采用弹性直接分析方法时，当构件有足够侧向支撑以防止侧向失稳时可以不勾选此项，当构件可能产生侧向失稳时,需要勾选此项,此时仅做稳定应力计算。

5) 结构缺陷参数

(1) 考虑结构整体缺陷。采用二阶弹性设计方法时,应考虑结构缺陷,可参考《高层民用建筑钢结构技术规程》(JGJ 99—2015) 第 7.3.2 条公式(7.3.2-2)。程序开放整体缺陷倾角参数,默认为 1/250,设计者可进行修改。局部缺陷暂不考虑。

(2) 考虑结构构件缺陷。当采用弹性直接分析方法设计时需考虑构件的缺陷和残余应力的影响,在此处输入构件的综合缺陷代表值,可按照《钢结构设计标准》(GB 50017—2017)的表 5.2.2 确定。这里的 x 轴、y 轴指截面定义的 x 轴、y 轴。

8. 刚度调整

"刚度调整"对话框,如图 4-17 所示。

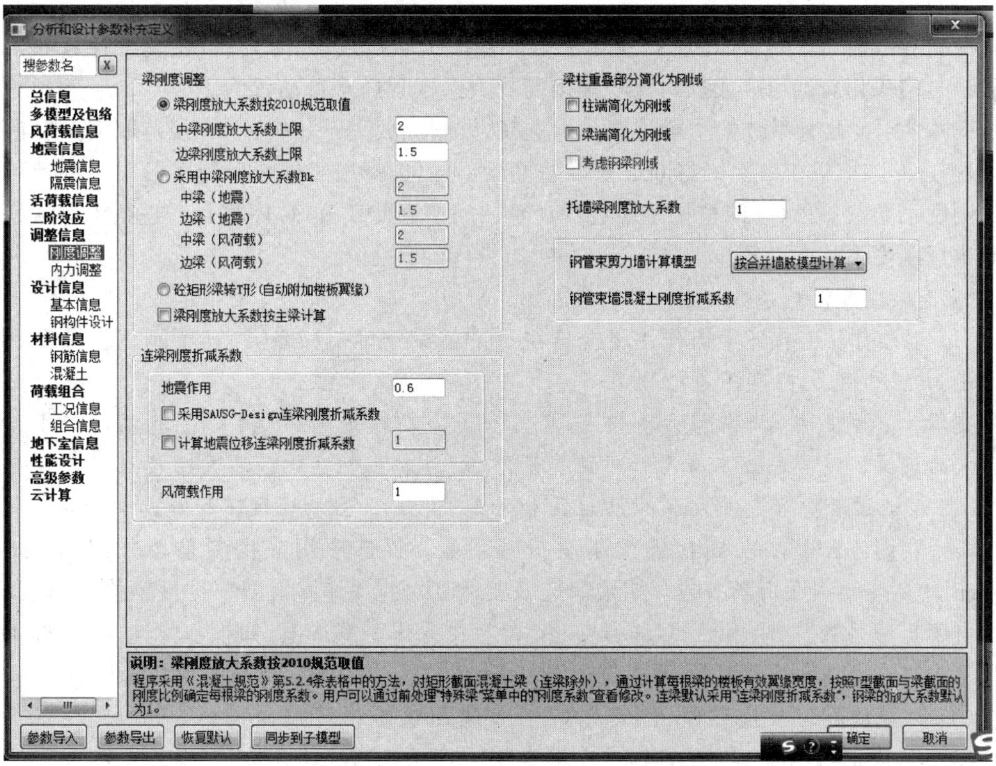

图 4-17　"刚度调整"对话框

其参数的含义及取值原则如下。

1) 梁刚度调整

(1) 梁刚度放大系数按 2010 规范取值。考虑楼板作为翼缘对梁刚度的贡献时,对于每根梁,由于截面尺寸和楼板厚度等差异,其刚度放大系数可能各不相同。SATWE 提供了按2010 规范取值的选项,勾选此项后,程序将根据《混凝土结构设计规范》(GB 50010—2010)第 5.2.4 条的表格,自动计算每根梁的楼板有效翼缘宽度,按照 T 形截面与梁截面的刚度比例,确定每根梁的刚度系数。如果不勾选,则对全楼指定唯一的刚度系数。

刚度系数计算结果可在"前处理及设计模型"→"特殊梁"中查看,也可以在此基础上修改。另外,程序在计算 T 形截面尺寸时还考虑了板和梁混凝土强度等级不同时的换算。

(2)采用中梁刚度放大系数 B_k。对于现浇楼盖和装配整体式楼盖,宜考虑楼板作为翼缘对梁刚度和承载力的影响。SATWE 可采用"中梁刚度放大系数"对梁刚度进行放大,近似考虑楼板对梁刚度的贡献。

刚度放大系数 B_k 一般可在 1.0～2.0 范围内取值,程序缺省值为 1.0,即不放大。

对于中梁(两侧与楼板相连)和边梁(仅一侧与楼板相连),楼板的刚度贡献不同。程序取中梁的刚度放大系数为 B_k,边梁的刚度放大系数为 $(1.0+B_k)/2$,其他情况不放大。

梁刚度放大系数还可在"前处理及设计模型"→"特殊梁"中进行单构件修改。

(3)砼矩形梁转 T 形(自动附加楼板翼缘)。《混凝土结构设计规范》(GB 50010—2010)第 5.2.4 条规定:"对现浇楼盖和装配整体式楼盖,宜考虑楼板作为翼缘对梁刚度和承载力的影响"。程序新增此项参数,以提供承载力设计时考虑楼板作为梁翼缘的功能。当勾选此项参数时,程序自动将所有混凝土矩形截面梁转换成 T 形截面,在刚度计算和承载力设计时均采用新的 T 形截面,此时梁刚度放大系数程序将自动置为 1。

(4)梁刚度放大系数按主梁计算。当选择"梁刚度放大系数按 2010 规范取值"或"砼矩形梁转 T 形"时,对于被次梁打断成多段的主梁,可以选择按照打断后的多段梁分别计算每段的刚度系数,也可以按照整根主梁进行计算。当勾选此项时,程序将自动进行主梁搜索并据此进行刚度系数的计算。

2)连梁刚度折减系数

(1)地震作用。指定地震作用下全楼统一的连梁刚度折减系数,连梁刚度折减系数取值范围为 0.5～1.0,一般工程取 0.7。

提示:通常将梁端部与剪力墙相连,且与剪力墙轴线夹角不大于 25°,跨高比小于 5 的梁定义为连梁。连梁刚度折减是针对抗震设计的,通常 6、7 度地区连梁刚度折减系数可取 0.7,8、9 度地区可取 0.5,非抗震设防地区和风荷载控制为主的地区不折减或少折减。

(2)采用 SAUSG-Design 连梁刚度折减系数。该选项用来控制是否采用 SAUSG-Design 计算连梁刚度折减系数。如果勾选该项,程序会在"计算模型"→"模型修改|设计属性""刚度折减系数"中采用 SAUSG-Design 计算结果作为默认值,如果不勾选,则仍选用调整信息中"连梁刚度折减系数-地震作用"的输入值作为连梁刚度折减系数的默认值。

(3)计算地震位移连梁刚度折减系数。《建筑抗震设计规范》(GB 50011—2010)第 6.2.13-2 条规定"计算地震内力时,抗震墙连梁刚度可折减;计算位移时,连梁刚度可不折减。"勾选该选项,地震内力和位移可以一次计算完成。

单击"**生成数据＋全部计算**"选项,程序自动采用不考虑连梁刚度折减的模型进行地震位移计算,其余计算结果采用考虑连梁刚度折减的模型。计算完成后,可通过"文本查看"菜单查看结果。

(4)风荷载作用

当风荷载作用水准提高到 100 年一遇或更高,在承载力设计时,应允许一定程度地考虑连梁刚度的弹塑性退化,即允许连梁刚度折减,以便整个结构的设计内力分布更贴近实际,连梁本身也更容易设计。

SATWE 增加了风荷载作用下的连梁刚度折减系数参数。设计者可以通过该参数指定风荷载作用下全楼统一的连梁刚度折减系数,该参数对开洞剪力墙上方的墙梁及具有连梁属性的框架梁有效,不与梁刚度放大系数连乘。风荷载作用下内力计算采用折减后的连梁刚度(一般取值不小于 0.8),位移计算不考虑连梁刚度折减。

3) 梁柱重叠部分简化为刚域

软件对梁端刚域和柱端刚域独立控制。若不作为刚域,即将梁柱重叠部分作为梁长度的一部分进行计算;若作为刚域,则是将梁柱重叠部分作为柱宽度进行计算。勾选此项后,可能改变梁端弯矩、剪力。

提示:当考虑了梁端负弯矩调幅后,则不宜再考虑节点刚域;当考虑了节点刚域后,则在梁平法施工图中不宜再考虑支座宽度对裂缝的影响。

4) 托墙梁刚度放大系数

实际工程中常常会出现“转换大梁上面托剪力墙”的情况,当设计者使用梁单元模拟转换大梁,用壳元模式的墙单元模拟剪力墙时,墙与梁之间的实际协调工作关系在计算模型中就不能得到充分体现,存在近似性。

实际的协调关系是剪力墙的下边缘与转换大梁的上表面变形协调,而计算模型则是剪力墙的下边缘与转换大梁的中性轴变形协调,这样造成转换大梁的上表面在荷载作用下与剪力墙脱开,失去本应存在的变形协调性,与实际情况相比,计算模型的刚度偏柔了,这就是软件提供托墙梁刚度放大系数的原因。

根据经验,托墙梁刚度放大系数一般取 100 左右。当考虑托墙梁刚度放大时,转换层附近构件的超筋情况可以缓解,但为了使设计保持一定的宽裕度,也可以少放大。总之,由于调整系数较大,为避免出现异常,托墙梁刚度放大由设计人员酌情输入。

提示:这里所说的“托墙梁”是指转换梁与剪力墙直接相接、共同工作的部分。如转换梁上托开洞剪力墙,洞口下的梁段,软件不作为托墙梁,不放大刚度。

5) 钢管束剪力墙计算模型

软件既支持采用拆分墙肢模型计算,也支持采用合并墙肢模型计算,还支持两种模型包络设计,主模型采用合并模型,平面外稳定、正则化宽厚比、长细比和混凝土承担系数取各分肢较大值。

6) 钢管束墙混凝土刚度折减系数

当结构中存在钢管束剪力墙时,可通过该参数对钢管束内部填充的混凝土刚度进行折减。该参数仅用于特定版本。

9. 内力调整

“内力调整”对话框如图 4-18 所示,各参数的含义如下。

1) 剪重比调整

(1) 不调整。勾选该项后,不进行剪重比调整。

(2) 调整。《建筑抗震设计规范》(GB 50011—2010)第 5.2.5 条规定:“抗震验算时,结构任一楼层的水平地震的剪重比不应小于表 5.2.5 给出的最小地震剪力系数 λ”。

① **扭转效应明显**。该参数用来标记结构的扭转效应是否明显。勾选此项时,楼层最小地震剪力系数取《建筑抗震设计规范》(GB 50011—2010)表 5.2.5 第一行的数值,无论结构基本周期是否小于 3.5s。

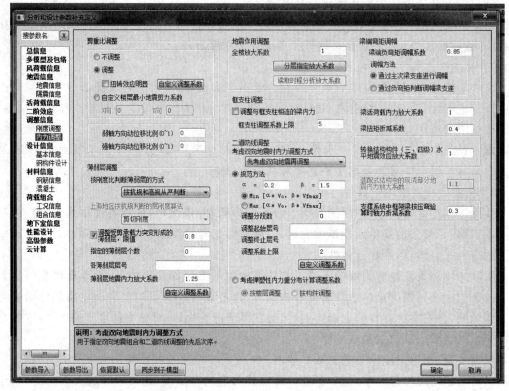

图4-18 "内力调整"对话框

② **自定义调整系数**。设计者单击"自定义调整系数"按钮,分层分塔指定剪重比调整系数。

(3) 自定义楼层最小地震剪力系数。当选择此项并填入恰当的 x、y 向最小地震剪力系数时,软件不再按《建筑抗震设计规范》(GB 50011—2010)表 5.2.5 确定楼层最小地震剪力系数,而是执行设计者自定义值。

(4) 弱/强轴方向位移比例。《建筑抗震设计规范》(GB 50011—2010)第 5.2.5 条条文说明中明确了三种调整方式:加速度段、速度段和位移段。当动位移比例为 0 时,软件采取加速度段方式进行调整;动位移比例为 1 时,采用位移段方式进行调整;动位移比例为 0.5 时,采用速度段方式进行调整。

提示:软件所说的弱轴是对应结构长周期方向,强轴对应短周期方向。

2) 薄弱层调整

(1) 按刚度比判断薄弱层的方式。软件提供"按抗规和高规从严判断""仅按抗规判断""仅按高规判断"和"不自动判断"4 个选项供设计者选择。软件默认值仍为从严判断。

(2) 上海地区按抗规判断的层刚度算法。按照上海市《建筑抗震设计规程》(DGJ 08—9—2013)建议,一般情况下采用等效剪切刚度计算侧向刚度,对于带支撑的结构可采用剪弯刚度,因此软件提供了这一选项。在选择上海地区且薄弱层判断方式考虑《建筑抗震设计规范》(GB 50011—2010)以后,该选项生效。

(3) 调整受剪承载力突变形成的薄弱层,限值。《高层建筑混凝土结构技术规程》(JGJ

3—2010)第 3.5.3 条规定：A 级高度高层建筑的楼层抗侧力结构的层间受剪承载力不宜小于其相邻上一层受剪承载力的 80%，不应小于其相邻上一层受剪承载力的 65%；B 级高度高层建筑的楼层抗侧力结构的层间受剪承载力不应小于其相邻上一层受剪承载力的 75%。

当勾选该参数时，对于受剪承载力不满足《高层建筑混凝土结构技术规程》(JGJ 3—2010)第 3.5.3 条要求的楼层，软件会自动将该层指定为薄弱层，执行薄弱层相关的内力调整，并重新进行配筋设计。若该层已被设计者指定为薄弱层，软件不会对该层重复进行内力调整。

提示：采用此项功能时应注意确认程序自动判断的薄弱层信息是否与实际相符。

(4) 指定薄弱层个数及相应的各薄弱层层号。SATWE 自动按楼层刚度比判断薄弱层并对薄弱层进行地震内力放大，但对于竖向抗侧力构件不连续或承载力变化不满足要求的楼层，不能自动判断为薄弱层，需要设计者在此指定。填入薄弱层楼层号后，程序对薄弱层构件的地震作用内力按"薄弱层地震内力放大系数"进行放大。输入各层号时以逗号或空格隔开。

多塔结构还可在"前处理及计算模型"→"层塔属性"菜单分塔指定薄弱层。

(5) 薄弱层地震内力放大系数、自定义调整系数。《建筑抗震设计规范》(GB 50011—2010)第 3.4.4-2 条规定：薄弱层的地震剪力增大系数不小于 1.15。《高层建筑混凝土结构技术规程》(JGJ 3—2010)第 3.5.8 条规定：地震作用标准值的剪力应乘以 1.25 的增大系数。SATWE 对薄弱层地震剪力调整的做法是直接放大薄弱层构件的地震作用内力。"薄弱层地震内力放大系数"即由设计者指定放大系数，以满足不同需求。软件缺省值为 1.25。

设计者也可单击"自定义调整系数"按钮，分层分塔指定薄弱层调整系数。自定义信息记录在 SATINPUTWEAK.PM 文件中，填写方式同"自定义剪重比调整系数"。

3) 地震作用调整

(1) 全楼放大系数。当进行结构弹性时程分析，需要对时程结果和振型分解反应谱法取包络时，或者考虑断裂带调整地震作用时，设计者可通过此参数来放大全楼地震作用，提高结构的抗震安全度，经验取值范围是 1.0～1.5。

(2) 分层指定放大系数。考虑塔楼顶的地震效应放大，包括内力和位移。设计者可通过该系数分层分塔调整地震作用，并记录在 SATADJUSTFLOORCOEF.PM 文件中，填写方式同"自定义剪重比调整系数"。

(3) 读取时程分析放大系数。按照规范要求，对于一些高层建筑应采用弹性时程分析法进行补充验算。SATWE 软件的弹性时程分析功能会提供分层分塔地震效应放大系数，为了方便设计者直接使用结果，新版软件添加了直接读取时程分析结果的功能。弹性时程分析计算完成后，单击"读取时程分析地震效应放大系数"按钮，程序自动读取弹性时程分析得到的地震效应放大系数作为最新的分层地震效应放大系数。

4) 框支柱调整

(1) 调整与框支柱相连的梁内力。《高层建筑混凝土结构技术规程》(JGJ 3—2010)第 10.2.17 条规定：框支柱剪力调整后，应相应调整框支柱的弯矩及柱端框架梁的剪力和弯矩。勾选该项参数时，程序自动对框支柱的剪力和弯矩进行调整。

(2) 框支柱调整系数上限。由于软件计算的框支柱的调整系数值可能很大，设计者可设置调整系数的上限值，这样软件进行相应调整时，采用的调整系数将不会超过这个上限值。默认值为 5。

5）二道防线调整

（1）考虑双向地震时内力调整方式。用于指定双向地震组合和二道防线调整的先后顺序。

（2）规范方法。按规范方法进行二道设防调整。

规范对于 $0.2V_0$ 调整的方式是 $0.2V_0$ 和 $1.5V_{f,\max}$ 取小值，软件中增加了两者取大值作为一种更安全的调整方式。

α、β 分别为地震作用调整前楼层剪力框架分配系数和框架各层剪力最大值放大系数。对于钢筋混凝土结构或钢混凝土混合结构，α、β 的默认值为 0.2 和 1.5，对于钢结构，α、β 的默认值为 0.25 和 1.8。

此处也可指定 $0.2V_0$ 调整的分段数、每段的起始层号和终止层号，以空格或逗号隔开。如：分三段调整，第一段为 1～10 层，第二段为 11～20 层，第三段为 21～30 层，则应填入分段数为 3，起始层号为 1、11、21，终止层号为 10、20、30。如果不分段，则分段数填 1。如不进行 $0.2V_0$ 调整，应将分段数填为 0。

$0.2V_0$ 调整系数的上限值由参数"调整系数上限"控制，即如果软件计算的调整系数大于此处指定的上限值，则按上限值进行调整。如果将某一段起始层号填为负值，则该段调整系数不受上限控制，取软件实际计算的调整系数。

设计者也可单击"自定义调整系数"按钮，分层分塔指定 $0.2V_0$ 调整系数。

自定义 $0.2V_0$ 调整系数时，仍应在参数中正确填入 $0.2V_0$ 调整的分段数和起始、终止层号，否则，自定义调整系数将不起作用。

（3）考虑弹塑性内力重分布计算调整系数。结构的平面、立面布置复杂时，《高层建筑混凝土结构技术规程》（JGJ 3—2010）第 8.1.4 条给出的二道防线调整方法难以适用。第 8.1.4 条条文说明中指出，对框架柱数量沿竖向变化复杂的结构设计，应专门研究框架柱剪力的调整方法。

工程设计中存在更多复杂的情况，例如立面开大洞结构、布置大量斜柱的外立面收进结构、连体结构等，这些结构的第二道防线结构内力的调整均有必要专门计算研究。

6）梁端弯矩调幅

（1）梁端负弯矩调幅系数。在竖向荷载作用下，钢筋混凝土框架梁设计允许考虑混凝土的塑性变形内力重分布，适当减小支座负弯矩，相应增大跨中正弯矩。梁端负弯矩调幅系数，对于装配整体式框架取 0.7～0.8；对于现浇框架取 0.8～0.9；对悬臂梁的负弯矩不应调幅。

此处指定的是全楼的混凝土梁的调幅系数，设计者也可以在"设计模型前处理"→"特殊梁"中修改单根梁的调幅系数。

提示：钢梁不允许进行调幅。

（2）调幅方法。通过主次梁支座进行调幅：以竖向构件判断梁支座；通过负弯矩判断调幅梁支座：软件自动搜索恒荷载下主梁的跨中负弯矩处，将其作为支座进行分段调幅。

7）梁活荷载内力放大系数

该参数用于未考虑活荷载不利布置对梁内力的影响，将活荷载作用下的梁内力（包括弯矩、剪力、轴力）进行放大，然后与其他荷载工况进行组合，一般工程建议取值 1.1～1.2。如果已经考虑了活荷载不利布置,则应填 1.0。

8) 梁扭矩折减系数

对于现浇楼板结构,可以考虑楼板对梁抗扭的作用而对梁的扭矩进行折减。折减系数可在 0.4～1.0 范围内取值,一般取默认值为 0.4。但对结构转换层的边框架梁扭矩折减系数不宜小于 0.6。

此处指定的是全楼梁的扭矩折减系数,设计者也可以在“设计模型前处理”→“特殊梁”中修改单根梁的扭矩折减系数。

提示:软件默认对弧梁及不与楼板相连的梁不进行扭矩折减。

9) 转换结构构件(三、四级)水平地震效应放大系数

按《建筑抗震设计规范》(GB 50011—2010)第 3.4.4-2-1 条要求,转换结构构件的水平地震作用计算内力应乘以 1.25～2.0 的放大系数;按照《高层建筑混凝土结构技术规程》(JGJ 3—2010)第 10.2.4 条的要求,特一级、一级、二级的转换结构构件的水平地震作用计算内力应分别乘以增大系数 1.9、1.6 和 1.3。此处填写 1.0 时,三、四级转换结构构件的地震内力乘以此放大系数。

10) 装配式结构中的现浇部分地震内力放大系数

该参数只对装配式结构起作用,如果结构楼层中既有预制又有现浇抗侧力构件时,软件对现浇部分的地震剪力和弯矩乘以此处指定的地震内力放大系数。

11) 支撑系统中框架梁按压弯验算时轴力折减系数

支撑系统中框架梁按《钢结构设计标准》(GB 50017—2017)第 17.2.4 条要求进行性能设计时,考虑到支撑屈曲时不平衡力过大,对此不平衡的轴向分量进行折减,折减系数参照《建筑抗震设计规范》(GB 50011—2010)第 8.2.6 条取 0.3。

10. 基本信息

“基本信息”对话框,如图 4-19 所示,参数含义如下。

1) 结构重要性系数

该参数用于非抗震组合的构件承载力验算。结构安全等级为一级,应取 1.1,当结构安全等级为二级或设计使用年限为 50 年时,应取 1.0;结构安全等级为三级,应取 0.9。

2) 交叉斜筋箍筋与对角斜筋强度比

根据《混凝土结构设计规范》(GB 50010—2010)第 11.7.10 条要求,确定箍筋与对角斜筋强度比以便计算配置交叉斜筋连梁斜截面受剪承载力。

3) 梁按压弯计算的最小轴压比

梁承受的轴力一般较小,默认按照受弯构件计算。实际工程中某些梁可能承受较大的轴力,此时应按照压弯构件进行计算。该值用来控制梁按照压弯构件计算的临界轴压比,默认值为 0.15。当计算轴压比大于该临界值时按照压弯构件计算,此处计算轴压比指的是所有抗震组合和非抗震组合轴压比的最大值。如设计者填入 0.0 表示梁全部按受弯构件计算。目前程序对混凝土梁和型钢混凝土梁都执行了这一参数。

4) 梁按拉弯计算的最小轴压比

用来指定控制梁按拉弯计算的临界轴拉比,默认值为 0.15。

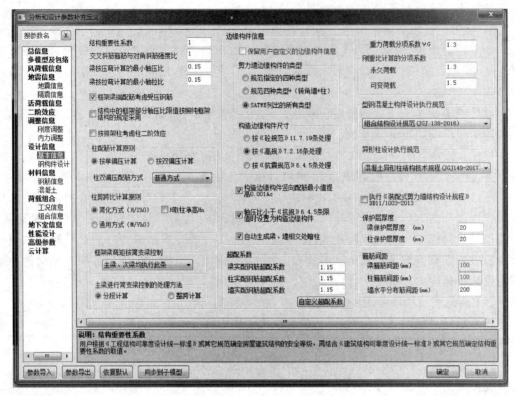

图 4-19　"基本信息"对话框

5）框架梁端配筋考虑受压钢筋

根据《混凝土结构设计规范》(GB 50010—2010)第 11.3.1 条：考虑地震组合的框架梁，计入纵向受压钢筋的梁端混凝土受压区高度应符合下列要求。

一级抗震等级：$x \leqslant 0.25h_0$。

二、三级抗震等级：$x \leqslant 0.35h_0$。

当计算中不满足以上要求时会给出超筋提示，此时应加大截面尺寸或提高混凝土强度等级。按照《混凝土结构设计规范》(GB 50010—2010)第 11.3.6 条："框架梁梁端截面的底部和顶部纵向受力钢筋截面面积的比值，除按计算确定外，一级抗震等级不应小于 0.5；二、三级抗震等级不应小于 0.3"。由于软件中对框架梁梁端截面按正、负包络弯矩分别配筋，在计算梁上部配筋时并不知道可以作为其受压钢筋的梁下部的配筋，按《混凝土结构设计规范》(GB 50010—2010)第 11.3.6 条的受压区 ξ 验算时，考虑到应满足《混凝土结构设计规范》(GB 50010—2010)第 11.3.6 条的要求，程序自动取梁上部计算配筋的 50% 或 30% 作为受压钢筋计算。计算梁的下部钢筋时也是这样。

《混凝土结构设计规范》(GB 50010—2010)第 5.4.3 条要求，非地震作用下，调幅框架梁的梁端受压区高度 $x \leqslant 0.35h_0$，当参数设置中选择"框架梁端配筋考虑受压钢筋"选项时，程序对于非地震作用下进行该项校核，如果不满足要求，程序自动增加受压钢筋以满足受压区高度要求。

利用规范强制要求设置的框架梁端受压钢筋量，按双筋梁截面计算配筋，以适当减少梁端支座配筋。根据《高层建筑混凝土结构技术规程》(JGJ 3—2010)第 6.3.3 条,梁端受压筋不小于受拉筋的一半时,最大配筋率可按 2.75% 控制,否则按 2.5% 控制。程序可据此给出梁筋超限提示。**一般建议勾选**。勾选本参数后,同一模型、同一框梁分别采用不同抗震等级计算后,尽管梁端支座设计弯矩相同,但配筋结果却有差异。因为不同的抗震等级,程序假定的初始受压钢筋不同,导致配筋结果不同。

6) 结构中的框架部分轴压比限值按照纯框架结构的规定采用

根据《高层建筑混凝土结构技术规程》(JGJ 3—2010)第 8.1.3 条规定:对于框架-剪力墙结构,当底层框架部分承受的地震倾覆力矩的比值在一定范围内时,框架部分的轴压比需要按框架结构的规定采用。勾选此选项后,程序将一律按纯框架结构的规定控制结构中框架柱的轴压比,除轴压比外,其他设计仍遵循框剪结构的规定。

7) 按排架柱考虑柱二阶效应

《混凝土结构设计规范》(GB 50010—2010)规定:除排架结构柱外,应按第 6.2.4 条的规定考虑柱轴压力二阶效应,排架结构柱应按 B.0.4 条计算其轴压力二阶效应。

勾选此项时,程序将按照 B.0.4 条的方法计算柱轴压力二阶效应,此时柱计算长度系数仍缺省采用底层 1.0、上层 1.25,对于排架结构柱,设计者应注意自行修改其长度系数。不勾选时,程序将按照第 6.2.4 条的规定考虑柱轴压力二阶效应。

8) 柱配筋计算原则

(1) **按单偏压计算**:程序按单偏压计算公式分别计算柱两个方向的配筋。

(2) **按双偏压计算**:程序按双偏压计算公式计算柱两个方向的配筋和角筋。

对于设计者指定的"角柱",程序将强制采用"双偏压"进行配筋计算。

对于异形柱结构,程序自动按双偏压计算异形柱配筋。

(3) 柱双偏压配筋方式。

① 迭代优化。选择此项后,对于按双偏压计算的柱,在得到配筋面积后,会继续进行迭代优化。通过二分法逐步减少钢筋面积,并在每一次迭代中对所有组合校核承载力是否满足,直到找到最小全截面配筋方案。②等比例放大的方式。由于双偏压配筋设计是多解的,在有些情况下可能会出现弯矩大的方向配筋数量少,而弯矩小的方向配筋数量反而多的情况。对于双偏压算法本身来说,这样的设计结果是合理的。但考虑到工程设计习惯,程序新增了等比例放大的双偏压配筋方式。该方式中程序会先进行单偏压配筋设计,然后对单偏压的结果进行等比例放大去验算双偏压设计,以此来保证配筋方式和工程设计习惯的一致性。

提示:最终显示给设计者的配筋结果不一定和单偏压结果完全成比例,这是由于程序在生成最终配筋结果时,还要考虑一系列构造要求。

9) 柱剪跨比计算原则

对于柱剪跨比的计算方法,简化算法公式为:$\lambda = H_n/(2h_0)$。通用算法公式是:$\lambda = M/(Vh_0)$式中:H_n 为柱净高;h_0 为柱截面有效高度;M 为组合弯矩设计值;V 为组合剪力设计值。

10) 框架梁弯矩按简支梁控制

《高层建筑混凝土结构技术规程》(JGJ 3—2010)第 5.2.3-4 条规定:框架梁跨中截面正弯矩设计值不应小于竖向荷载作用下按简支梁计算的跨中弯矩设计值的 50%。

"次梁设计执行《高层建筑混凝土结构技术规程》(JGJ 3—2010)第 5.2.3-4 条",若设计者取消勾选该项,则对于次梁,程序不会执行第 5.2.3-4 条的规定,但对主梁仍会执行。

11)主梁进行简支梁控制的处理方法

该选项分为分段计算和整垮计算两个选项。

12)边缘构件信息

(1)保留用户自定义的边缘构件信息。该参数用于保留设计者在后处理中自定义的边缘构件信息,默认不允许设计者勾选,只有当设计者修改了边缘构件信息才允许设计者勾选。

(2)剪力墙边缘构件的类型。程序给出 3 个选项分别为:

① 规范指定的四种类型。包括暗柱、有翼墙、有端柱、转角墙,如图 4-20 所示。

② 规范四种类型+(转角墙+柱)。共 6 种:暗柱、有翼墙、有端柱、转角墙(图 4-20、图 4-21(a)(b))。

③ SATWE 列出的所有类型。共 7 种:暗柱、有翼墙、有端柱、转角墙(图 4-20、图 4-21)。

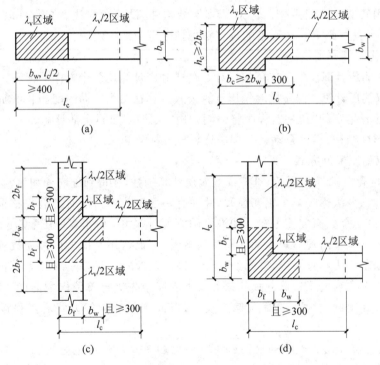

图 4-20　规范指定的剪力墙边缘构件四种类型

(a) 约束边缘暗柱;(b) 约束边缘翼墙;(c) 约束边缘端柱;(d) 约束边缘转角墙(L 形墙)

上述列出的是规则的边缘构件类型,但在实际设计中,常有剪力墙斜交的情况。

(3)构造边缘构件尺寸。程序给出 3 个选项,分别为:①按照《混凝土结构设计规范》(GB 50010—2010)第 11.7.19 条处理;②按照《高层建筑混凝土结构技术规程》(JGJ 3—2010)第 7.2.16 条处理;③按照《建筑抗震设计规范》(GB 50011—2010)第 6.4.5 条处理。

剪力墙构造边缘构件的设计执行《高层建筑混凝土结构技术规程》(JGJ 3—2010)第

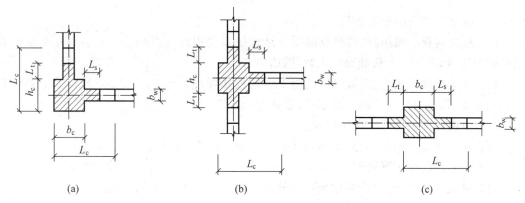

图 4-21　SATWE 补充的剪力墙边缘构件类型

7.2.16-4 条规定："抗震设计时，对于连体结构、错层结构以及 B 级高度高层建筑结构中的剪力墙(筒体)，其构造边缘构件的最小配筋应按照要求相应提高"。

勾选此项时，程序将按照规范要求控制构造边缘构件的最小配筋，即使对于不符合上述条件的结构类型，也进行从严控制；如不勾选，则程序不执行此条规定。

(4) 构造边缘构件竖向配筋最小值提高 $0.001A_c$。勾选此项，程序将一律按照《高层建筑混凝土结构技术规程》(JGJ 3—2010)第 7.2.16-4 条的要求控制构造边缘构件的最小配筋率，即使对于不符合上述条件的结构类型，也进行从严控制；如不勾选此项则程序一律不执行此项规定。

(5) 轴压比小于《抗规》(即《建筑抗震设计规范》)第 6.4.5 条限值时设置为构造边缘构件。《建筑抗震设计规范》(GB 50011—2010)第 6.4.5 条规定：底层墙肢底截面的轴压比大于表 6.4.5-1 规定的一、二、三级抗震墙，以及部分框支抗震墙结构的抗震墙，应在底部加强部位及相邻的上一层设置约束边缘构件，在以上的其他部位可设置构造边缘构件。

勾选此项时，对于约束边缘构件楼层的墙肢，程序自动判断其底层墙肢底截面的轴压比，以确定采用约束边缘构件或构造边缘构件。如不勾选，则对于约束边缘构件楼层的墙肢，设置约束边缘构件。

(6) 自动生成梁、墙相交处暗柱。此参数控制是否按《高层建筑混凝土结构技术规程》(JGJ 3—2010)第 7.1.16 条自动生成梁、墙面外搭接处暗柱(铰接，刚性杆除外)。

13) 超配系数

(1) 梁、柱、墙实配钢筋超配系数。对于 9 度设防烈度的各类框架和一级抗震等级的框架结构：框架梁和连梁端部剪力、框架柱端部弯矩、剪力调整应按实配钢筋和材料强度标准值来计算实际承载设计内力，但在计算时因得不到实际承载设计内力，而采用计算设计内力，所以只能通过调整计算设计内力的方法进行设计。超配系数就是按规范考虑材料、配筋因素的一个附加放大系数。

(2) 自定义超配系数。设计者也可单击"自定义调整系数"按钮，分层分塔指定钢筋超配系数。

14) 重力荷载分项系数 γ_G

地震组合以及计算墙、柱轴压比时，采用的重力荷载代表值分项系数，默认值为 1.3。

15）刚重比计算的分项系数

（1）永久荷载。按照《高层建筑混凝土结构技术规程》（JGJ 3—2010）第 5.4.1 条计算结构刚重比时，各个永久荷载分项系数，默认值为 1.3。

（2）可变荷载。按照《高层建筑混凝土结构技术规程》（JGJ 3—2010）第 5.4.1 条计算结构刚重比时，各个可变荷载分项系数，默认值为 1.5。

16）型钢混凝土构件设计执行规范

可选择按照《组合结构设计规范》（JGJ 138—2016）进行设计。

17）异形柱设计执行规范

可选择按照《混凝土异形柱结构技术规程》（JGJ 149—2017）进行设计。

18）执行《装配式剪力墙结构设计规程》（DB11/1003-2013）

选择该项用于计算底部加强区连接承载力增大系数。

19）保护层厚度（mm）

梁、柱混凝土保护层厚度，根据《混凝土结构设计规范》（GB 50010—2010）第 8.2.1 条规定：不再以纵向受力钢筋的外缘，而以最外层钢筋（包括箍筋、构造筋、分布筋等）的外缘计算混凝土保护层厚度，设计者应注意按新的要求填写保护层厚度。

20）箍筋间距

（1）梁、柱箍筋间距（mm）。梁、柱箍筋间距强制为 100，程序不允许修改。对于箍筋间距非 100 的情况，设计者可对配筋结果进行折减。

（2）墙水平分布筋间距（mm）。指定墙的水平分布筋间距，可取值 100～400mm。

11. 钢构件设计

"钢构件设计"对话框，如图 4-22 所示。

1）钢构件截面净毛面积比

该参数是用来描述钢截面被开洞（如螺栓孔等）后的削弱情况。该值仅影响强度计算，不影响应力计算。建议当构件连接全为焊接时取 1.0，螺栓连接时取 0.85。

2）钢柱计算长度系数

（1）整体系 x、y 向。当勾选有侧移时，软件按《钢结构设计标准》（GB 50017—2017）附录表 E.0.2 计算钢柱的长度系数；当勾选无侧移时按附录表 E.0.1 计算钢柱的长度系数。通常钢结构宜选择"有侧移"，如不考虑地震、风作用时，可选择"无侧移"；当楼层最大柱间位移小于 1/1000 时，可以按无侧移设计；当楼层最大柱间位移大于 1/1000 但小于 1/300 时，柱长度系数可以按 1.0 设计；当楼层最大柱间位移大于 1/300 时，应按有侧移设计。

（2）自动考虑有无侧移。勾选该项后，自动按《钢结构设计标准》（GB 50017—2017）第 8.3.1 条判定钢柱有无侧移。

3）钢构件材料强度执行《高层民用建筑钢结构技术规程》（JGJ 99—2015）

新版《高层民用建筑钢结构技术规程》（JGJ 99—2015）对钢材的设计强度进行了修改，并增加了牌号 Q345GJ。勾选该参数，钢构件材料强度执行新版规定，可参考 4.2.1 条等，不勾选时，仍按旧版方式执行现行钢结构规范等相关规定，对于新建工程，程序默认勾选。

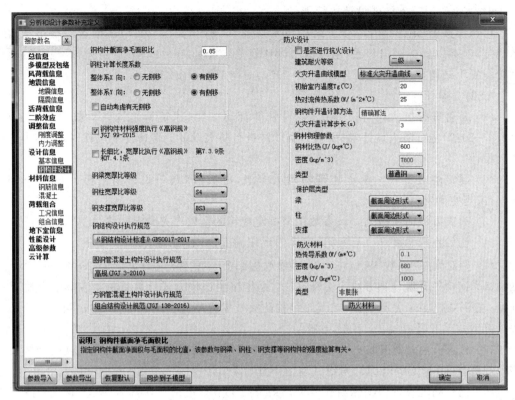

图 4-22 "钢构件设计"对话框

4）长细比、宽厚比执行《高层民用建筑钢结构技术规程》（JGJ 99—2015）第 7.3.9 条和 7.4.1 条

《高层民用建筑钢结构技术规程》（JGJ 99—2015）对框架柱的长细比和钢框架梁、柱板件宽厚比限值进行了修改。勾选该参数，程序执行《高层民用建筑钢结构技术规程》（JGJ 99—2015）第 7.3.9 条考虑框架柱的长细比限值，执行第 7.4.1 条考虑钢框架梁、柱板件宽厚比限值。不勾选时，仍按旧版方式执行现行 2003 版钢结构规范和抗震规范相关规定。

5）钢梁宽厚比等级、钢柱宽厚比等级、钢支撑宽厚比等级

钢梁宽厚比等级和钢柱宽厚比等级，按《钢结构设计标准》（GB 50017—2017）第 3.5.1 节表 3.5.1 压弯构件和受弯构件的截面板件宽厚比等级及限值确定，钢支撑宽厚比等级，按表 3.5.2 支撑截面板件宽厚比等级及限值确定。

6）钢结构设计执行规范

可选择按照《钢结构设计标准》（GB 50017—2017）进行钢构件验算。

7）圆钢管混凝土构件设计执行规范

可选择《高层建筑混凝土结构技术规程》（JGJ 3—2010）第 11 章及附录 F 相关规定进行圆钢管混凝土构件设计，与过去版本一致；选择《钢管混凝土结构技术规范》（GB 50936—2014）第 5 章或第 6 章方法，执行该规范时，两种方法可任选其一；选择《组合结构设计规范》（JGJ 138—2016），按第 8 章进行构件验算。

8）方钢管混凝土构件设计执行规范

可选择按照《矩形钢管混凝土结构技术规程》（CECS 159：2004）、《钢管混凝土结构技术规范》（GB 50936—2014）或《组合结构设计规范》（JGJ 138—2016）进行设计。选择《矩形钢管混凝土结构技术规程》（CECS 159：2004）时与旧版一致。

9）防火设计

（1）是否进行抗火设计。勾选此项，软件自动按照《建筑钢结构防火技术规范》（GB 51249—2017）进行防火设计，采用临界温度法进行防火设计。考虑性能设计时，软件不进行防火设计。

（2）建筑耐火等级。指定建筑的耐火等级，可按照《建筑设计防规范》（GB 50016—2014）的规定确定。

（3）火灾升温曲线模型。该参数用来指定建筑的室内火灾升温曲线。

（4）初始室内温度 T_g（℃）。火灾室内环境温度，可取 20℃。

（5）热对流传热系数（W/m² · ℃）。该参数主要用于钢构件升温计算，可取 25（W/m² · ℃）。

（6）钢构件升温计算方法。①精确法：是指按照迭代方式计算钢构件在耐火极限下的升温。②简易方法：是指按照《建筑钢结构防火技术规范》（GB 51249—2017）第 6.2.3 条方法计算钢构件升温。

（7）火灾升温计算步长（s）。该参数主要用于钢构件升温计算，按照《建筑钢结构防火技术规范》（GB 51249—2017）考虑其取值不宜大于 5s。

（8）钢材物理参数。①钢材比热（J/（kg · ℃））：指定钢材比热容，该参数主要用于钢构件升温计算。②密度（kg/m³）：指定钢材密度，可通过修改钢材重度进行修改，该参数主要用于钢构件升温计算。③类型：包括普通钢和耐火钢，该参数主要用于按照荷载比查表得到临界温度。

（9）保护层类型。梁、柱、支撑：指定防火保护措施类型，主要用于计算截面形状系数。①截面周边形式：是指定按照截面实际形状计算系数，一般用于采用防火涂料进行防火设计；②截面矩形形式：是指强制按照矩形截面形式计算形状系数，一般用于有防火保护板的情况。

（10）防火材料。设计者首先单击“防火材料”按钮，根据防火材料厂家给出的防火材料属性进行填写。对膨胀性防火材料，软件根据规范的相关公式仅给出等效热阻；对于非膨胀性防火材料，软件根据规范的相关公式给出等效热阻和所需保护层厚度。

12．钢筋信息

“钢筋信息”对话框如图 4-23 所示。

表格的第一列和第二列分别为自然层号和塔号，其中用“[ ]”标记的参数为标准层号。表格的第二行为全楼参数，主要用来批量修改全楼钢筋等级信息，修改全楼参数时，各层参数随着修改。

1）钢筋级别

这里可对钢筋级别进行指定，并不能修改钢筋强度，钢筋级别和强度设计值的对应关系需要在 PMCAD 中指定。

2) 墙竖向分布配筋率、墙最小水平分布筋配筋率(%)

可在钢筋表中进行全楼或分层修改,可取值 0.15~1.2。

3) 500 MPa 及以上级钢筋轴心受压强度取 400 N/mm²

《混凝土结构设计规范》(GB 50010—2010)局部修订第 4.2.3 条指出:"对轴心受压构件,当采用 HRB500、HRBF500 级钢筋时,钢筋的抗压强度设计值应取 400N/mm²"。针对该项条文,增加参数"B500MPa 轴心受压强度取 400N/mm²",当勾选该参数,程序在进行轴心受压承载力验算时,受压强度取 400N/mm²。

4) 显示钢筋强度值

勾选此项,显示钢筋强度设计值。

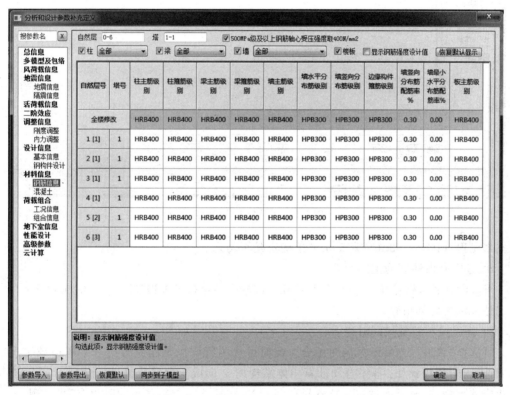

图 4-23 "钢筋信息"对话框

13. 混凝土

"混凝土"对话框如图 4-24 所示。

混凝土材料信息用于定义高强混凝土材料信息,默认中间值按线性内插值进行处理。

14. 工况信息

"工况信息"对话框如图 4-25 所示。

1) 地震与风同时组合

软件在形成默认组合时自动考虑该参数的影响。设计人员可参考《高层建筑混凝土结

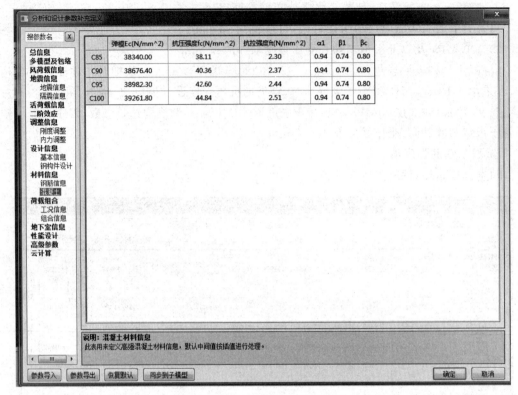

图 4-24 "混凝土"对话框

构技术规程》(JGJ 3—2010)第 5.6.4 条确定是否勾选。

2）考虑竖向地震为主的组合

可由设计者自行选择。可参考《高层建筑混凝土结构技术规程》(JGJ 3—2010)第 5.6.4 条确定是否考虑此类组合。

3）普通风与特殊风同时组合

可选择"普通风与特殊风同时组合"，此时可认为特殊风是相应方向水平风荷载工况的局部补充，应用场景如：程序自动计算主体结构的 x 向或 y 向风荷载，局部构件上需补充指定相应风荷载，此时可通过定义特殊风荷载并勾选"普通风与特殊风同时组合"来实现。

4）屋面活荷载与雪荷载和风荷载同时组合

选择此项时，程序默认考虑屋面活荷载、雪荷载和风荷载三者同时参与组合。

5）屋面活荷载不与雪荷载和风荷载同时组合

根据《建筑结构荷载规范》(GB 50009—2012)第 5.3.3 条，不上人的屋面活荷载，可不与雪荷载和风荷载同时组合。选择此项时，程序默认不考虑屋面活荷载、雪荷载和风荷载三者同时组合，仅考虑"屋面活荷载＋雪荷载""屋面活荷载＋风荷载""雪荷载＋风荷载"这几类组合。

6）屋面活荷载不与雪荷载同时组合

根据《门式刚架轻型房屋钢结构技术规范》(GB 51022—2015)第 4.5.1 条，屋面均布活荷载不与雪荷载同时考虑。选择此项时，程序默认仅考虑屋面活荷载＋风荷载、雪荷载＋风

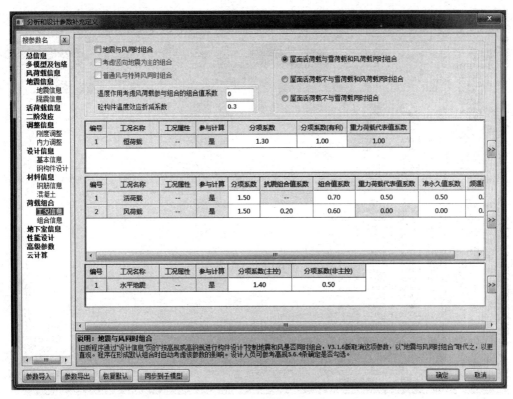

图 4-25　"工况信息"对话框

荷载这两类组合。

7）温度作用考虑风荷载参与组合的组合值系数

由于温度作用效应通常较大，因此可根据工程实际酌情考虑温度组合方式。温度与恒活荷载的组合值系数在下方表格指定，此处可指定与风荷载同时组合时的组合值系数，默认值为 0，即不与风荷载同时组合。

8）砼构件温度效应折减系数

由于温度应力分析采用瞬时弹性方法，为考虑混凝土的徐变应力松弛，可对混凝土构件的温度应力进行适当折减，默认为 0.3。

15. 组合信息

"组合信息"对话框如图 4-26 所示。

1）组合方式

（1）采用程序默认组合。默认采用荷载规范的相关规定，通常无须用户干预。

（2）采用用户自定义组合。该参数主要用来控制是否生成自定义工况的组合。若默认组合方式不能满足设计者需求，可不勾选"默认组合中包含自定义工况参与的组合选项"选项，由设计者自行添加自定义工况的组合。

软件对具有相同属性的自定义工况提供了两种组合方式："叠加方式"和"轮换方式"。"叠加方式"指的是具有相同属性的工况在组合中同时出现；"轮换方式"指的是具有相同属

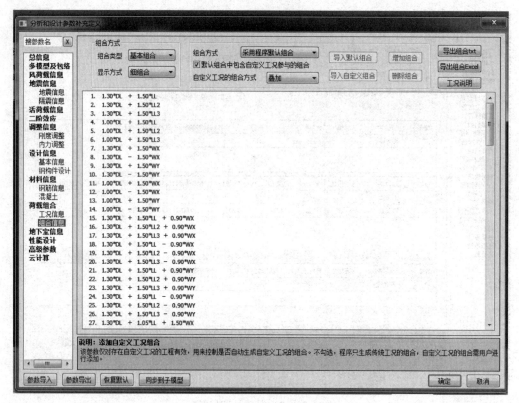

图 4-26 "组合信息"对话框

性的工况在组合中独立出现。

2）显示方式

为方便设计者查看组合信息，组合显示方式：细组合、概念组合和同时显示。细组合指的是详细到具体工况的组合方式，概念组合指的是宏观概念上的组合方式。例如对于细组合，水平地震（EH）区分 x 方向地震（EX），y 方向地震（EY），x 方向正、负偏心地震、y 方向正、负偏心地震等，而概念组合只有一个水平地震（EH），同时显示指的是两种方式同时显示。软件最终采用的是细组合，概念组合仅用来查看。

16. 地下室信息

"地下室信息"对话框如图 4-27 所示。

1）室外底面与结构最底部的高差 $H(\mathrm{m})$

该参数同时控制回填土约束和风荷载计算，填 0 表示缺省，程序取地下一层顶板到结构最底部的距离。对于回填土约束，H 为正值时，程序按照 H 值计算约束刚度，H 为负值时，计算方式同填 0 一致。风荷载计算时，程序将风压高度变化系数的起算零点取为室外地面，即取起算零点的 Z 坐标为（$Z_{\min}+H$），$Z_{\min}$ 表示结构最底部的 Z 坐标。H 填负值时，通常用于主体结构顶部附属结构的独立计算。地下室参数示意图如图 4-28 所示。

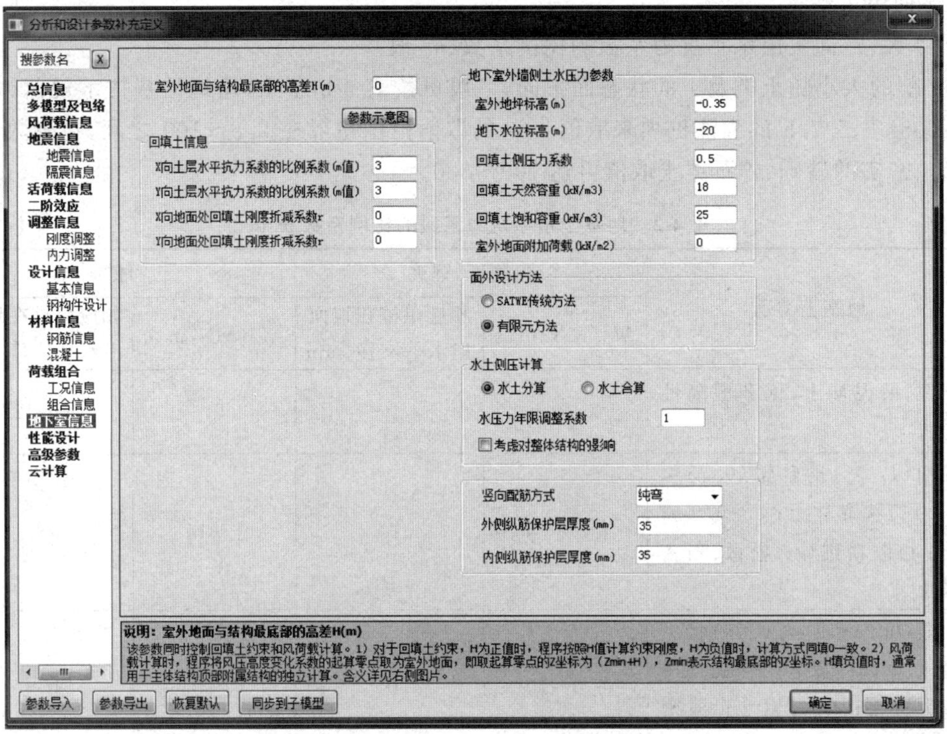

图 4-27　"地下室信息"对话框

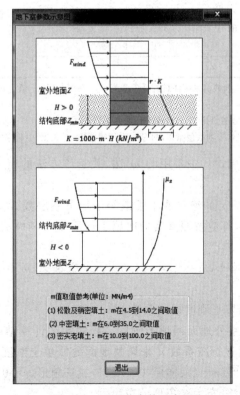

图 4-28　地下室参数示意图

2) 回填土信息

(1) X、Y 向土层水平抗力系数的比例系数(m 值)

m 值的大小随土类及土的状态而不同，一般可按表 4-2 参照《建筑桩基技术规范》(JGJ 94—2008)表 5.7.5 的灌注桩项来取值。m 的取值范围一般在 2.5～100 之间，在少数情况的中密、密实的砂砾、碎石类土取值可达 100～300。

表 4-2　地基土水平抗力系数的比例系数 m 值

序号	地基土类别	预制桩、钢桩		灌注桩	
		$M/(\text{MN/m}^4)$	相应单桩在地面出水平位移/mm	$M/(\text{MN/m}^4)$	相应单桩在地面出水平位移/mm
1	淤泥、淤泥质土、饱和湿陷性黄土	2～4.5	10	2.5～6	6～12
2	流塑($I_L>1$)、软塑($0.75<I_L\leq1$)状黏性土；$e>0.9$ 粉土；松散粉细砂；松散、稍密填土	4.5～6.0	10	6～14	4～8
3	可塑($0.25<I_L\leq0.75$)状黏性土、湿陷性黄土；$e=0.75～0.9$ 粉土；中密填土；稍密细砂	6.0～10	10	14～35	3～6
4	硬塑($0<I_L\leq0.25$)、坚硬($I_L\leq0$)状黏性土、湿陷性黄土；$e<0.75$ 粉土；中密的中粗砂；密实老填土	10～22	10	35～100	2～5
5	中密、密实的砾砂、碎石类土	—	—	100～300	1.5～3

注：① 当桩顶水平位移大于表列数值或灌注桩配筋率较高（≥0.65%）时，m 值应适当降低；当预制桩的水平向位移小于 10mm 时，m 值应适当提高。

② 当水平荷载为长期或经常出现的荷载时，应将表列数值乘以 0.4 降低采用。

③ 当地基为可液化土层时，应将表列数值乘以《桩基础设计规范》表 5.3.12 中相应的系数 Ψ_1。

软件的计算方法是基础设计中常用的 m 法，关于该方法的相关内容，设计者可参阅基础设计相关的书籍或规范。

若设计者填入负值 m（m 的绝对值小于或等于地下室层数 M），则认为有 m 层地下室无水平位移。一般情况下，都应按照真实的回填土性质填写相应的 m 值，以体现实际的回填土约束。

提示：①松散及稍密填土，$m=4.5～14.0$；②中密填土，$m=6.0～35.0$；③密实老填土，$m=10.0～100.0$。

(2) X、Y 向地面处回填土刚度折减系数 r

该参数主要用来调整室外地面回填土刚度。程序默认计算结构底部的回填土刚度 K（$K=1000\times m\times H$），并通过折减系数 r 来调整地面处回填土刚度为 $r\times K$。也就是说，回填土刚度的分布允许为矩形($r=1$)、梯形($0<r<1$)或三角形($r=0$)。

当填 0 时，回填土刚度分布为三角形分布。

3）地下室外墙侧土水压力参数

（1）室外地坪标高（m）、地下水位标高（m）

以结构±0.000 标高为准，高则填正值，低则填负值。

（2）回填土侧压力系数和回填土天然容重（kN/m³）

两参数用来计算地下室外围墙侧土压力。回填土容重建议一般取 18kN/m³，回填土侧压力系数建议一般取默认值 0.5。当地下室施工采用护坡桩时，该值可乘以折减系数 0.66 后取 0.33。

（3）室外地面附加荷载（kN/m²）

对于室外地面附加荷载，应考虑地面恒荷载和活荷载。活荷载应包括地面上可能的临时荷载。对于室外地面附加荷载分布不均的情况，取最大的附加荷载计算，程序按侧压力系数转化为侧土压力。一般建议取 5kN/m²。

4）面外设计方法

程序提供两种地下室外墙设计方法，一种为 SATWE 传统方法，即延续了前面版本的计算方法；另一种为有限元方法，软件中新加增功能，即内力计算时采用有限元方法。

5）水土侧压计算

水土侧压计算提供两种选择，即水土分算和水土合算。选择"水土合算"时，增加土压力＋地面活载（即室外地面附加荷载）；选择"水土分算"时，增加"土压力＋水压力＋地面活荷载"（即室外地面附加荷载）。

6）竖向配筋方式

对于竖向配筋，程序提供 3 种方式，默认按照纯弯计算非对称的形式输出配筋。当地下室层数很少，也可以选择压弯计算对称配筋。当墙的轴压比较大时，可以选择压弯计算和纯弯计算的较大值进行非对称配筋。

7）外侧纵筋保护层厚度（mm）

指定外墙分布筋的保护层厚度，该参数用于地下室外围墙平面外配筋计算。

8）内侧纵筋保护层厚度（mm）

指定外墙内侧纵筋保护层厚度。

17. 性能设计

"性能设计"对话框如图 4-29 所示。包括"高规方法""钢结构设计标准方法""广东规程"及"包络设计"4 种性能设计方法，设计者可任选其一进行性能设计。

1）按照高规方法进行性能设计

该参数是针对结构抗震性能设计提供的选项。进行结构性能设计，只有在具体提出性能设计要点时，才能对其进行有针对性的分析和验算，不同的工程，其性能设计要点可能各不相同，软件不可能提供满足所有设计需求的万能方法，因此，设计者可能需要综合多次计算的结果，自行判断才能得到性能设计的最终结果。

依据《高层建筑混凝土结构技术规程》（JGJ 3—2010）第 3.11 节，综合其提出的 5 类性能水准结构的设计要求，SATWE 提供了中震弹性设计、中震不屈服设计、大震弹性设计、大震不屈服设计 4 种方法。选择中震或大震时，"中震地震影响系数最大值"参数会自动变更为规范规定的中震或大震的地震影响系数最大值，并自动执行如下调整：

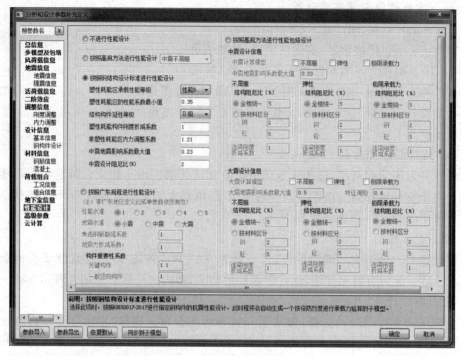

图 4-29　"性能设计"对话框

（1）中震或大震的弹性设计。与抗震等级有关的增大系数均取为 1。

（2）中震或大震的不屈服设计。①荷载分项系数均取为 1；②与抗震等级有关的增大系数均取为 1；③抗震调整系数取为 1；④钢筋和混凝土材料强度采用标准值。

2）按照钢结构设计标准进行性能设计

选择此项时，按照《钢结构设计标准》（GB 50017—2017）进行钢结构构件的抗震性能设计，此时程序会自动生成一个按设防烈度进行承载力验算的子模型。

（1）塑性耗能区承载性能等级。根据结构的抗震性能设计的整体思路指定塑性耗能区构件的承载性能等级。

（2）塑性耗能区的性能系数最小值。指定耗能区构件的性能最小值。

（3）结构构件延性等级。根据结构的抗震性能设计的整体思路指定结构构件的延性等级。

（4）塑性耗能构件刚度折减系数。按《钢结构设计标准》（GB 50017—2017）第 17 章要求，按设防烈度计算地震作用时，可视情况折减塑性耗能构件的刚度。

（5）非塑性耗能区内力调整系数。按《钢结构设计标准》（GB 50017—2017）第 17.2.2 条的要求确定非塑性耗能区构件的内力调整系数。多高层钢结构底层柱不小于 1.35 倍的要求，用户应到层塔属性定义中调整修改。

（6）中震地震影响系数最大值。指定按照设防烈度计算地震作用效应时的水平地震影响系数最大值。

（7）中震设计阻尼比（%）。指定按设防烈度计算地震作用效应时的结构阻尼比，可以比按多遇地震计算时略有增加。

3）按照广东规程进行性能设计

根据广东《高层建筑混凝土结构技术规程》（DBJ 15—92—2013）第 1.0.6 条的规定，当设计者需考虑性能设计时，应勾选该选项。

（1）性能水准、地震水准。广东《高层建筑混凝土结构技术规程》（DBJ 15—92—2013）第 3.11.1 条、第 3.11.2 条、第 3.11.3 条规定了结构抗震性能设计的具体要求及设计方法，设计者应根据实际情况选择相应的性能水准和地震水准。

（2）构件重要性系数。广东《高层建筑混凝土结构技术规程》（DBJ 15—92—2013）公式（3.11.3-1）规定了构件重要性系数 η 的取值范围，程序默认值为：关键构件取 1.1，一般竖向构件取 1.0，水平耗能构件取 0.8。当设计者需要修改或单独指定某些构件的重要性系数时，可在"设计模型前处理""特殊属性"菜单下进行操作。

4）按照高规方法进行性能包络设计

程序增加了多模型包络设计功能，该参数主要用来控制是否进行性能包络设计。当选择该项时，设计者可在下侧参数中根据需要选择多个性能设计子模型，并指定各子模型相关参数，然后在前处理"性能目标"菜单中指定构件性能目标，即可自动实现针对性能设计的多模型包络。

（1）计算模型。程序提供了中震不屈服、中震弹性、大震不屈服和大震弹性 4 种性能设计子模型，设计者可以根据需要进行选取。例如，当设计者勾选中震不屈服子模型，同时在前处理"性能目标"菜单中指定构件性能目标为中震不屈服时，程序会自动从此模型中读取该构件的结果进行包络设计。

（2）地震影响系数最大值。其含义同"地震信息"的"水平地震影响系数最大值"参数，程序根据"结构所在地区"和"设防烈度"以及地震水准 3 个参数共同确定。设计者可以根据需要进行修改，但需注意上述相关参数修改时，设计者修改的地震影响系数最大值将不保留，自动修复为规范值，设计者应注意确认。

（3）结构阻尼比。程序允许单独指定不同性能设计子模型的结构阻尼比，其参数含义同"地震信息"的阻尼比含义。

（4）连梁刚度折减系数。程序允许单独指定不同性能设计子模型的连梁刚度折减系数，其参数含义同"调整信息"中地震作用下的连梁刚度折减系数。

18. 高级参数

"高级参数"对话框如图 4-30 所示。

1）计算软件信息

32 位操作系统下只支持 32 位计算程序，64 位操作系统下支持 32 位和 64 位计算程序，但 64 位程序计算效率更高，建议优先选用 64 位程序。

2）线性方程组解法

程序提供"Pardiso"和"Mumps"两种线性方程求解器。建议优先选择 Pardiso 求解器。

3）地震作用分析方法

"总刚分析方法"直接采用结构的总刚和与之相应的质量矩阵进行地震作用分析，较"侧刚分析方法"精度高、适用范围广，可以准确分析结构每层每个构件的空间反应。一般工程建议优先选用"总刚分析方法"。

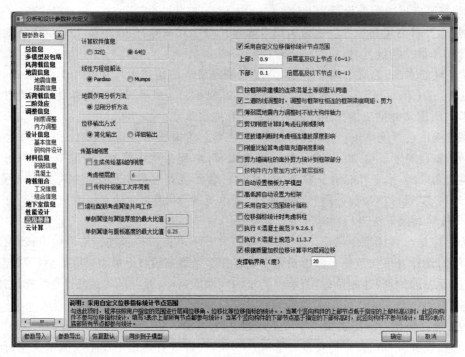

图 4-30　"高级参数"对话框

4）位移输出方式

选择"简化输出"时位移文件仅输出楼层统计位移；选择"详细输出"时额外输出各节点的位移。

5）传基础刚度

（1）生成传给基础的刚度。若进行上部结构与基础共同分析，应勾选该项，该参数用于控制 SATWE 是否生成传给基础的刚度。

（2）考虑楼层数。底部楼层数指计算传给基础刚度时所采用的楼层范围。

（3）传构件级施工次序荷载。勾选此项，可以将上部构件各个施工步荷载记录下来，以便进行基础验算。

提示：此时的施工次序一定要选择"构件级施工次序"。

6）墙柱配筋考虑翼缘共同工作

勾选该项时，墙柱考虑端柱及翼缘共同作用进行配筋设计，程序通过"单侧翼缘与翼缘厚度的最大比值"与"单侧翼缘与腹板高度的最大比值"两项参数自动确定有效翼缘的长度。

提示：考虑翼缘时，虽然截面增大，但由于同时考虑端柱和翼缘部分的内力，即内力也相应增大，所以配筋结果不一定减小，有时可能反而增大。

7）采用自定义位移指标统计节点范围

规范给出的层间位移指标统计方法仅适用于竖向构件顶部、底部标高都相同的规则结构。当存在层内竖向构件高低不平等复杂情况时，位移指标的统计结果存在问题。

增加一个"采用自定义位移指标统计节点范围"的功能，目的是使自动计算的位移指标更合理。

勾选此项时,程序按照用户指定的范围进行层间位移角、位移比等位移指标的统计。当某个竖向构件的上部节点低于指定的上部标高时,此竖向构件不参与位移指标统计。填写"1"表示上部所有节点都参与统计;当某个竖向构件的下部节点高于指定的下部标高时,此竖向构件不参与统计,填写"0"表示底部所有节点都参与统计。

8) 按框架梁建模的连梁混凝土等级默认同墙

连梁建模有两种方式,一是按剪力墙开洞建模,二是按框架梁建模并指定为连梁属性。勾选该项,程序将按框架梁建模的连梁混凝土等级取为对应楼层墙的混凝土强度等级。此参数仅对框架连梁混凝土强度等级的默认值起作用,即若设计者修改过单构件的混凝土强度等级,则此参数对该构件不起作用。

9) 二道防线调整时,调整与框架柱相连的框架梁端弯矩、剪力

程序默认框架柱、按柱设计的支撑为二道防线,将其地震剪力统计到框架柱地震剪力并及时调整二道防线系数,对结构的框架部分进行二道防线的调整。

该选项用来控制 $0.2V_0$ 调整时是否调整与框架柱相连的框架梁端弯矩、剪力。可参考《高层建筑混凝土结构技术规程》(JGJ 3—2010)第 8.1.4 条、第 9.1.11 条 和第 10.2.17 条;以及广东《高层建筑混凝土结构技术规程》(DBJ 15—92—2013)第 8.1.4 条和第 9.1.10 条的规定。

10) 薄弱层地震内力调整时不放大构件轴力

勾选此项时,薄弱层地震内力放大时,只放大构件的弯矩和剪力,不放大构件轴力。

11) 剪切刚度计算时考虑柱刚域影响

勾选此项,剪切刚度计算考虑了柱刚域的影响,剪切刚度增加。

12) 短肢墙判断时考虑相连墙肢厚度影响

不勾选此项时,按墙肢节点间距离判断是否为短肢墙,勾选时考虑相连墙肢的厚度影响。

13) 刚重比验算考虑填充墙刚度影响

考虑填充墙刚度影响,刚重比将有所增大。需要用户指定小于 1 的周期折减系数。

14) 剪力墙端柱的面外剪力统计到框架部分

勾选此项时,当剪力墙端柱在墙面外方向形成框架时,其分担的剪力统计到框架部分中。

15) 按构件内力累加方式计算层指标

该项适用于连体结构的层间刚度、剪重比计算。如果选择分步计算中的只计算整体指标而不计算构件内力,此项不起作用。

16) 自动设置楼板力学模型

勾选此项时,"转换层"楼板,布置节点升温或降温作用时,将自动设置为考虑内变形的弹性模型。对于长宽比超过 6、开大洞、连体等复杂楼盖,也将自动设置为弹性模。如认为确无必要可自行删除。

17) 高低跨自动设置为桁架

勾选此选项,可处理楼板高低不同的情况,用刚性杆连接高低不同的楼板,使得不同标高的楼板都保持水平。

18) 采用自定义范围统计指标

勾选此项,分析计算完成后,后处理会开放自定义范围指标统计的功能,设计者可自定义设计层,自行指定设计层包含的竖向构件,重新计算位移指标。从而解决坡屋顶、跃层、竖

向构件不连续等复杂情况引起的指标统计异常等问题。

19）位移指标统计时考虑斜柱

程序统计位移比和位移角时默认不考虑斜杆，对于按斜杆建模且与 Z 轴夹角较小的斜柱，其影响不应忽略，此时可勾选本项。在统计最大位移比时程序将小于"支撑临界角"（在"高级参数"对话框指定）的斜柱考虑在内。

20）执行《混凝土规范》9.2.6.1

若勾选此项，程序将对主梁的铰接端 $l_0/5$ 区域内的上部钢筋执行不小于跨中下部钢筋 1/4 的要求。

21）执行《混凝土规范》11.3.7

若勾选此项，程序将对主梁的上部和下部钢筋，分别执行不小于对应部位较大钢筋面积 1/4 的要求，以及一、二级不小于 2 根 14mm，三、四级不小于 2 根 12mm 钢筋的要求。

22）根据质量加权位移计算平均层间位移

勾选此项，程序按质量加权方式计算平均层间位移，即竖向构件层间位移及其上节点质量乘积累加除以质量累加得到，不勾选此项，程序按（最大层间位移＋最小层间位移）/2 计算。

23）支撑临界角（度）

在 PM 建模时常会出现倾斜构件，此角度即用来判断构件是按照柱还是按照支撑进行设计。当支撑轴线与 Z 轴夹角小于该临界角度时，程序对构件按照柱进行设计，否则按照支撑进行设计。

19．云计算

"云计算"对话框如图 4-31 所示。

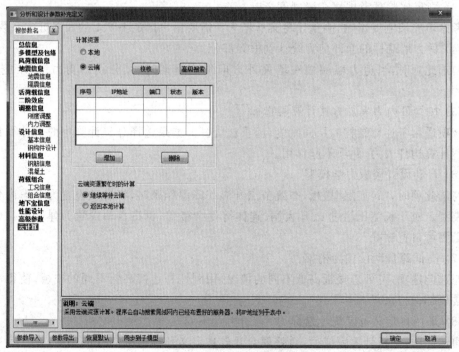

图 4-31 "云计算"对话框

针对大型工程,SATWE 计算时可能出现内存不足或计算缓慢的问题,利用云端资源可提高结构分析设计效率。选择"云端",输入服务器 IP 即可启动 SATWE 私有云计算功能。除该项设置外,其余操作与在"本地"计算无异,不改变用户适用习惯。选择"校核",校核 IP 地址栏中手动输入的地址是否有效。选择"高级搜索",程序可自动搜索可用的服务器 IP。

4.3　特殊构件补充定义

PM 模型数据在"参数定义"输入完成后,如需对部分构件进一步指定其特殊属性信息,可用"特殊构件补充定义"进行补充,如图 4-32 所示。补充定义的信息将用于 SATWE 计算分析和配筋设计。程序已自动对所有属性赋予初值,如无须改动,则可直接略过,进行下一步操作。设计者也可利用本菜单查看程序初值。

图 4-32　"特殊构件补充定义"菜单

程序以颜色区分数值类信息的缺省值和设计者指定值:缺省值以暗灰色显示,设计者指定值以亮白色显示。缺省值一般由"参数定义"中相关参数或 PM 建模中的参数确定。随着模型数据或相关参数的改变,缺省值也会联动改变;而设计者指定的数据则优先级最高,不会被程序强制改变。

特殊构件定义信息保存在 PM 模型数据中,构件属性不会随模型修改而丢失,即任何构件无论进行了平移、复制、拼装、改变截面等操作,只要其唯一 ID 号不改变,特殊属性信息都会保留。

4.3.1　基本操作

单击"特殊构件补充定义"菜单上任意一个按钮后,程序在屏幕上绘出结构首层平面简图,并在左侧提供分级菜单。选择相应菜单,然后选取具体构件,可以修改该构件的属性或参数。

1. 特殊梁

通过"特殊梁"菜单,可以设置特殊梁,如图 4-33 所示。

1)连续梁

单击"连续梁"命令,弹出"连续梁查询/定义"对话框,如图 4-34 所示。

(1)属性定义。①非框架梁:抗震等级默认为 5 级非抗震,一般默认为不调幅梁;②框架梁:抗震等级默认按框架结构抗震等级确定,一般默认为调幅梁;③悬挑梁:抗震等级按相连连续梁考虑，一般默认为不调幅梁。

（2）支座。当在"参数定义"→"内力调整"中勾选"梁端弯矩调幅"，调幅方法"通过主次梁支座进行调幅"时（图4-35），程序会按照此处支座位置进行负弯矩调幅，否则会通过是否有负弯矩考虑调幅位置。

图4-33 "特殊梁"菜单

图4-34 "连续梁查询/定义"对话框

当在"参数定义"→"基本信息"中勾选"框架梁弯矩按简支梁控制"，同时勾选"主梁进行简支梁控制的处理方法"中"整跨计算"时（图4-36），程序会按照支座考虑简支梁计算范围。

可以"增加""删除"支座，当选择支座"增加""删除"命令后，单击梁端，就可以对梁端进行支座增加、增删操作。

图4-35 "梁端弯矩调幅"选项卡

图4-36 "框架梁弯矩按简支梁控制"选项卡

（3）连续梁编辑。可以通过"连续梁编辑"中的"拆分"和"合并"对连续梁端点进行定义。连续梁端点中间的支座决定了连续梁的跨数。

（4）高级参数。单击"高级参数"按钮，弹出选项卡如图4-37所示。勾选"墙面外连接是否作为弱支座"后，墙面外连接作为弱支撑，仅与墙面外连接的梁属性默认修改为非框架梁，抗震等级为5级。连续梁在布置时可能轴线不同，有夹角，程序默认连续梁夹

图4-37 "高级参数"选项卡

角小于 5°自动合并。

2）抗震等级

梁抗震等级缺省值为"地震信息"中的"框架抗震等级"。实际工程中可能出现梁抗震措施和抗震构造措施抗震等级不同的情况,程序允许设计者分别指定二者的抗震等级。

根据《高层建筑混凝土结构技术规程》(JGJ 3—2010)第 6.1.8 条的规定:不与框架柱相连的次梁,可按非抗震要求进行设计。程序自动搜索主梁和次梁,主梁取框架抗震等级,次梁默认抗震等级为 5 级,即不考虑抗震要求。主次梁搜索的原则是:搜索连续的梁段并判断其两端支座,如果两端都存在竖向构件(包括柱、墙及竖向支撑)作为支座,即按主梁取抗震等级;其余均为次梁。对于主梁,也可以直接进行抗震等级的交互定义。

提示:转换梁则无论是主梁还是次梁,一律按主梁取抗震等级。

3）材料强度

特殊构件定义里修改材料强度的功能与 PM 中的功能一致,两处对同一数据进行操作,因此在任一处修改均可。

程序对于混凝土构件只显示混凝土强度等级,钢构件仅显示钢号,型钢混凝土或钢管混凝土等复合截面则同时显示混凝土强度等级和钢号,按照截面类型自动进行判断。

材料强度缺省值为 PM 层信息中的各层梁、柱、墙混凝土强度等级,以及 PM 设计参数中的"钢构件钢号"。

提示:在 SATWE 多塔定义里也可以指定各塔各层的材料强度,如果设计者没有修改,多塔的材料强度缺省值也取 PM 各层的强度。

程序最终确定材料强度的原则是:如果特殊构件里有指定,则设计者指定值优先,否则,取多塔定义的材料强度。

特殊构件定义里并未体现多塔定义的材料信息,因此不是完全所见即所得,如果设计者在多处修改过材料强度,应注意校核配筋结果输出的材料强度。

4）刚度系数

梁刚度系数与"中梁刚度放大系数"(或"梁刚度放大系数按 2010 规范取值")和"连梁刚度折减系数"这几个参数相关,如果按 2010 规范取值,程序自动计算梁刚度系数,否则程序自动判断中梁、边梁,相应取不同的刚度系数缺省值。

中梁和边梁的搜索基于房间楼板信息,当两侧均有楼板时,默认为中梁,仅一侧有楼板时,默认为边梁。程序对中梁的刚度放大系数取为 B_k,边梁的刚度放大系数取为 $1.0+(B_k)/2$。如果两侧均无楼板相连,则不进行刚度放大。

连梁的刚度系数缺省值取"连梁刚度折减系数",不与中梁刚度放大系数连乘。

提示:由于组合梁在计算梁刚度时已包含了楼板刚度,因此不允许进行修改。

5）风荷载连梁刚度折减系数

单击该项可以对风荷载作用下连梁刚度折减系数进行修改。

6）扭矩折减

扭矩折减系数的缺省值为"梁扭矩折减系数",但对于弧梁和不与楼板相连的梁,不进行扭矩折减,缺省值为 1。

7）调幅系数

调幅系数的缺省值为"梁端负弯矩调幅系数"。只有调幅梁才允许修改调幅系数。

8）一端铰接、两端铰接

铰接梁没有隐含定义，需设计者指定。当选择一端铰接时，用光标单击需定义的梁，则该梁在靠近光标的一端出现一红色小圆点，表示梁的该端为铰接，再一次单击则可删除铰接定义。当选择两端铰接时，在这根梁上任意位置用光标单击一次，则该梁的两端各出现一个红色小圆点，表示梁的两端为铰接，再一次单击则可删除铰接定义。

9）半铰接

当梁端截面的相对转动既不是完全固结又不是完全释放时，可以设置一个转动释放的比例。设置转动释放比例后，通常梁端负弯矩会相应降低。

10）杆端约束

程序可以对杆端 6 个自由度进行任意约束释放，也可以指定具体的刚度值，在前处理特殊梁、特殊柱、特殊支撑、空间斜杆里指定。

11）滑动支座

滑动支座梁没有隐含定义，需设计者指定。用光标单击需定义的梁，则该梁在靠近光标的一端出现一白色小圆点，表示梁的该端为滑动支座。

12）连梁

连梁是指与剪力墙相连，允许开裂，可作刚度折减的梁。此处特指对框架梁指定"连梁"属性，以便在后续程序进行刚度折减、设计调整等。

程序对剪力墙开洞连梁进行缺省判断。原则是：两端均与剪力墙相连，且至少在一端与剪力墙轴线的夹角不大于 30°的梁，隐含定义为连梁，以亮黄色显示。另外，程序对框架梁定义的连梁是不作缺省判断的，需要设计者手动指定。修改方式同不调幅梁。

13）转换梁

转换梁包括"部分框支剪力墙结构"的托墙转换梁（即框支梁）和其他转换层结构类型中的转换梁（如筒体结构的托柱转换梁等），程序不作缺省判断，需设计者指定，以亮白色显示。

14）不调幅梁

SATWE 在配筋计算时对调幅梁自动进行支座及跨中弯矩的调幅。程序自动搜索"调幅梁"和"不调幅梁"，具体原则是：搜索连续的梁段并判断其两端支座，如果两端均存在竖向构件（柱或墙）作为支座，即为调幅梁，以暗青色显示；如两端都没有支座或仅有一端有支座（如次梁、悬臂梁等），则判断为不调幅梁，以亮青色显示。如要修改，可先单击"不调幅梁"命令，然后选取相应的梁，则该梁会在"调幅梁"和"不调幅梁"中进行切换。

提示：钢梁不允许调幅，强制为"不调幅梁"。

15）转换壳元

与转换梁互斥（二者只能定义一个），转换壳元后续按转换墙属性设计。程序不作缺省判断，需设计者指定。

提示：目前 SATWE 中，设置了型钢的转换梁不能转换为壳元分析。

16）宽厚比等级

此项可以进行构件级别的宽厚比等级修改，且优先级别最高。钢结构按抗震规范设计时，取消宽厚比限值的用户选择，默认指定为 S4 级。当选择按《钢结构设计标准》（GB 50017—2017）进行性能设计时仍然由用户指定宽厚比等级。

17）组合梁

组合梁没有隐含定义，需设计者指定。单击"组合梁"，可进入下级菜单（图 4-38）。①自动生成：选择"自动生成"，程序将从 PM 数据自动生成组合梁定义信息，并在所有组合梁上标注"ZHL"，表示该梁为组合梁；②交互修改：单击"交互修改"按钮，弹出"组合梁查询/定义"对话框（图 4-39），可修改组合梁参数，单击"定义"按钮可指定某根梁为组合梁，单击"删除"按钮可取消其组合梁属性；③本层删除：删除本层的组合梁；④全楼删除：删除全楼的组合梁。

提示：在进行特殊梁定义时，不调幅梁、连梁和转换梁三者中只能进行一种定义，但门式钢梁、耗能梁和组合梁可以同时定义，也可以同时和前三种梁中的一种进行定义。

图 4-38 "组合梁"菜单　　　　图 4-39 "组合梁查询/定义"对话框

18）单缝连梁

通常的双连梁仅设置单道缝，可以通过"单缝连梁"来指定。单击"单缝连梁"命令后弹出对话框，如图 4-40 所示。设计者需在对话框中指定"设缝位置"和"设缝宽度"，当居中设缝时，设缝位置比例为 0.5，否则应根据缝中线距梁顶的距离与梁高的比值来确定设缝位置。"上梁"和"下梁"用以确定竖向荷载作用在缝上方的连梁还是缝下方的连梁上。参数修改完成后通过单击"定义"按钮可以单选或者窗选目标梁，以指定为相应的双连梁，通过"查询"或"删除"按钮可以完成相应的查询或删除功能。

19）多缝连梁

程序提供"多缝连梁"功能，可在梁内设置 1～2 道缝，"多缝连梁定义"对话框如图 4-41

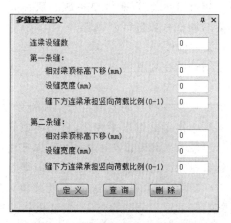

图 4-40 "双连梁"对话框　　　　图 4-41 "多缝连梁定义"对话框

所示"相对梁顶标高下移"指缝顶距梁顶的距离。"缝下方连梁承担竖向荷载比例"用以确定每条缝下方的连梁承担竖向荷载的比例。如设 2 道缝时,自顶向下共形成 3 根连梁,分别编号为 1、2、3,则第一条缝的缝下方连梁指 2 号梁,第二条缝的缝下方连梁指 3 号梁。

当设缝数为 1 时,与单缝连梁的功能相同,建议采用"单缝连梁"功能更为便捷。设缝数为 2 的情况在工程中较少见,其操作方式与单缝连梁相同。

20)交叉斜筋

指定按"交叉斜筋"方式进行抗剪配筋的框架梁。

21)对角暗撑

指定按"对角暗撑"方式进行抗剪配筋的框架梁。

22)双向受弯钢梁

指定按"双向受弯钢梁"方式进行受弯计算的框架梁。

23)门式钢梁

门式钢梁没有隐含定义,需设计者指定。用光标单击需定义的梁,则梁上标识 MSGL 字符,表示该梁为门式钢梁。

24)托柱钢梁

托柱钢梁没有隐含定义,需设计者指定,非钢梁不允许定义该属性。对于指定托柱钢梁属性的梁,程序按《高层民用建筑钢结构技术规程》(JGJ—2015)第 7.1.6 条进行内力调整,以区别于混凝土转换梁的调整。

25)消能梁

消能梁没有隐含定义,需设计者指定。用光标单击需定义的梁,则梁上标识"消能梁"汉字,表示该梁为消能梁。

26)塑性耗能构件

将钢结构的全部构件分为塑性耗能构件和弹性构件两部分。对于钢框架结构,程序自动将框架梁判断为塑性耗能构件。对于钢框架支撑结构,程序自动将支撑判断为塑性耗能构件,框架梁则不判断为塑性耗能构件。

27)附加弯矩调整

广东《高层建筑混凝土结构技术规程》(DBJ 15—92—2013)第 5.2.4 条规定:在竖向荷载作用下,由于竖向构件变形导致框架梁端产生的附加弯矩可适当调幅,弯矩增大或减小的幅度不宜超过 30%。弯矩调整系数的缺省值为"框架梁附加弯矩调整系数",设计者可对单个框架梁的调整系数进行修改。

28)关键构件

指定结构的主要受力构件。

29)自动生成

这里提供了一些自动生成特殊梁属性的功能,包括自动生成本层或全楼混凝土次梁或钢次梁铰接,自动生成转换梁。

提示:自动生成的信息不能撤销,但可进行交互修改;程序自动生成的结果仅供参考,设计者应自行判断其合理性和完整性。

单击"自动生成"命令可进入下级菜单(图 4-42)。①"砼次梁本层/全楼铰接":对于两端均与主梁(这里指两端均与竖向构件相连的梁)相连的混凝土次梁,在整根梁左右两端设置铰接,中间梁端不设置

图 4-42 "自动生成"菜单

铰接；②"钢次梁本层/全楼铰接"：对于钢次梁,对整根梁中所有两端与主梁相连的梁段设置铰接；③"转换梁"：设计者在"参数定义"的"总信息"中正确填写转换层所在层号,程序将自动在转换层搜索托墙梁并将其定义为转换梁。

2. 特殊柱

该菜单可以设定 6 类特殊柱,包括铰接柱、角柱、转换柱、门式钢柱、水平转换柱、隔震支座柱,同时,程序还可以有选择地修改柱的抗震等级、材料强度、剪力系数,如图 4-43 所示。

1) 抗震等级、材料强度

柱抗震等级、材料强度的功能和修改方式与梁类似。柱抗震等级缺省值为"地震信息"的"框架抗震等级",程序还将自动进行如下调整：

根据《高层建筑混凝土结构技术规程》(JGJ 3—2010)第 10.2.6 条规定,对部分框支剪力墙结构,当转换层的位置设置在 3 层及 3 层以上时,框支柱的抗震等级自动提高一级。根据第 10.3.3 条规定,对加强层及其相邻层的柱抗震等级自动提高一级。

如果设计者通过此项菜单修改过柱的抗震等级,则程序以设计者指定的信息优先,不再对该柱进行自动调整。

2) 上端铰接柱、下端铰接柱和两端铰接柱

铰接柱没有隐含定义,设计者自行指定。上端铰接柱为亮白色,下端铰接柱为暗白色,两端铰接柱为亮青色。若想恢复为普通柱,只需在该柱上再单击一下,柱颜色变为暗黄色,表明该柱已被定义为普通柱了。

3) 杆端约束

程序可以对杆端 6 个自由度进行任意约束释放(图 4-44),也可以指定具体的刚度值。

图 4-43　"特殊柱"定义菜单

图 4-44　"杆端约束定义"对话框

4) 角柱

角柱没有隐含定义,需设计者用光标依次单击需定义成角柱的柱,则该柱旁显示"JZ",表示该柱已被定义成角柱。若想把角柱改为普通柱,只需用光标在该柱上单击一下即可,"JZ"标识消失,表明该柱已被定义为普通柱了。

5）边柱

边柱没有隐含定义，需设计者用光标依次单击需定义成边柱的柱，则该柱旁显示"BZ"，表示该柱已被定义成边柱。若想把边柱改为普通柱，只需用光标在该柱上单击一下即可，"BZ"标识消失，表明该柱已被定义为普通柱了。

6）转换柱

转换柱由设计者自己定义。定义方法与"角柱"相同，转换柱标识为"ZHZ"。

"部分框支抗震墙结构"的框支柱和其他转换层结构类型中的转换柱均应在此指定为"转换柱"。

7）水平转换柱

带转换层的结构，水平转换构件除采用转换梁外，还可采用桁架、空腹桁架、箱形结构、斜撑等，根据《高层建筑混凝土结构技术规程》（JGJ 3—2010）第 10.2.4 条规定：水平转换构件在水平地震作用下的计算内力应进行放大。SATWE 因此增加了水平转换构件的指定，程序将自动对其进行内力调整。水平转换柱由设计者指定，以字符"SPZHZ"标识。

8）宽厚比等级

此项可以进行构件级别的宽厚比等级修改，且优先级别最高。钢结构按抗震规范设计时，取消宽厚比限值的用户选择，默认指定为 S4 级。当选择按《钢结构设计标准》（GB 50017—2017）进行性能设计时仍然由用户指定宽厚比等级。

9）隔震支座柱

隔震支座柱由设计者自行定义。单击"交互定义"或"本层定义"可弹出"隔震支座定义"对话框。定义前需要先添加隔震支座类型。在对话框中正确填写支座整体分析参数和支座属性参数，也可单击"选择隔振垫型号"，在弹出的隔振支座产品库中选择需要的隔振垫型号，单击"确定"按钮，该对话框中的相应支座参数会随之修改。填写好支座参数后，单击列表框下的"添加"按钮可以添加需要的隔震支座类型以进行后续定义。这里定义的隔震支座类型可以同时用于隔震支座柱和隔震支座支撑的定义。

10）门式钢柱

门式钢柱由设计者自己定义，定义方法与"角柱"相同，门式钢柱标识为"MSGZ"。

11）剪力系数

单击"剪力系数"命令，弹出"柱剪力调整系数"对话框，如图 4-45 所示，可以指定柱两个方向的剪力调整系数。这是针对广东规程提供的柱剪力调整系数。

12）自动生成

单击"自动生成"命令，弹出特殊柱自动生成二级菜单，如图 4-46 所示。

图 4-45　"柱剪力调整系数"对话框　　　图 4-46　特殊柱"自动生成"菜单

（1）自动生成本层/全楼角柱。这里角柱的判断规则是：有且仅有一个房间与之相连，且只在两个正交方向上有梁、墙构件与之相连的柱。设计者可根据实际情况对自动判断结果进行查改。

（2）自动生成本层/全楼边柱。这里边柱的判断规则是：有两个房间与之相连，且有 3 根梁与之相连的柱。设计者可根据实际情况对自动判断结果进行查改。

（3）全楼转换柱。设计者在"参数定义"的"总信息"中正确填写转换层所在层号，在转换层如果某柱与转换梁相连，且该转换梁下面不与剪力墙相连，则判断为转换柱；在转换层以下各层，与上层转换柱相连的柱即为转换柱。

设计者可根据实际情况对程序自动判断的结果进行查改，当模型改变时需要设计者自行删除或重新定义。

3. 特殊支撑

"特殊支撑"菜单如图 4-47 所示。

1）抗震等级、材料强度、两端刚接、上端铰接、下端铰接、两端铰接、杆端约束定义方法与"特殊梁"相同，铰接支撑的颜色为亮紫色，并在铰接端显示一红色小圆点。

图 4-47　"特殊支撑"菜单

2）支撑分类

根据新的规范条文，不再需要指定，程序自动搜索确定支撑的属性（人/V 支撑、十/斜支撑、偏心支撑），默认值为"十/斜支撑"。

3）水平转换支撑

水平转换支撑的含义和定义方法与"水平转换柱"类似，以亮白色显示。

4）单拉杆

单拉杆件需要设计者进行交互指定，只有钢支撑才允许指定为单拉杆。钢结构中的柱间支撑、屋面支撑、桁架杆件、系杆等，经常用到单拉杆件，这类构件一般截面很小，受压屈曲临界荷载远小于强度，因而受压承载作用可以忽略。从结构分析上看，它是一种非线性构件,不承受压力;从设计上,需满足拉杆的要求。

5) 宽厚比等级

在这里可以进行构件级别的宽厚比等级修改,且优先级最高。钢结构按抗震规范设计时,取消宽厚比限值的用户选择,默认指定为 S4 级。当选择按《钢结构设计标准》(GB 50017—2017)进行性能设计时仍然由用户指定宽厚比等级。

6) 塑性耗能构件

在这里可以进行构件级别的塑性耗能构件的定义,且优先级最高。

7) 隔震支座支撑

隔震支座支撑的定义与隔震支座柱类似。程序默认只能对竖直方向的支撑定义隔震支座。当选择进行性能设计时,钢框架结构支撑中的框架梁由程序自动判断为塑性耗能构件,但支撑上方的梁都不判断为塑性耗能构件。

单击"隔震支座支撑"命令,弹出二级菜单:①交互定义:选择隔震支座类型,单击对话框左下角的"定义"或"删除"按钮,可以实现构件级的隔震支座支撑定义或删除;②本层定义:选择隔震支座类型,单击对话框左下角的"定义"或"删除"按钮,会将本层支撑定义为所选类型的隔震支座支撑或删除本层隔震支座支撑。

8) 本层刚接、本层铰接

混凝土支撑缺省为两端固结,钢支撑缺省为两端铰接。通过该菜单,可方便地将本层支撑全部指定为两端固结或两端铰接。

9) 全楼刚接、全楼铰接

混凝土支撑缺省为两端固结,钢支撑缺省为两端铰接。通过该菜单,可方便地将全楼支撑全部指定为两端固结或两端铰接。

4. 空间斜杆

以空间视图的方式显示结构模型,用于 PM 建模中以斜杆形式输入的构件的补充定义。各菜单的具体含义及操作方式可参考"特殊梁""特殊柱"或"特殊支撑"选项。

5. 特殊墙

"特殊墙"菜单如图 4-48 所示。

1) 抗震等级、材料强度

此项与梁、柱抗震等级、材料强度功能类似。剪力墙抗震等级缺省值为"地震信息"的"剪力墙抗震等级",程序还将进行如下调整:

(1) 对于部分框支抗震墙结构,如果设计者填入一般部位剪力墙的抗震等级,并在"调整信息"中勾选了"部分框支剪力墙结构底部加强区剪力墙抗震等级自动提高一级",程序将自动对底部加强区的剪力墙抗震等级提高一级。

(2) 根据《高层建筑混凝土结构技术规程》(JGJ 3—2010)第10.2.6 条:当转换层的位置设置在 3 层及 3 层以上时,剪力墙底部加强部位的抗震等级自动提高一级。

图 4-48 "特殊墙"菜单

第 10.3.3 条：加强层及其相邻层的核心筒剪力墙的抗震等级自动提高一级。

提示：如果设计者通过此项修改过剪力墙的抗震等级，则程序以设计者指定的信息优先，不再对该剪力墙进行自动调整。

2）墙梁刚度折减

可单独指定剪力墙洞口上方连梁地震作用刚度折减系数，缺省值为"调整信息"的"连梁刚度折减系数"。

3）风荷载墙梁刚度折减系数

可单独指定剪力墙洞口上方连梁风荷载作用刚度折减系数，缺省值为"调整信息"的"连梁刚度折减系数"。

4）临空墙

本项可定义地下室人防设计中的临空墙，以红色宽线显示。只有在人防地下室层，才允许定义临空墙。临空墙由设计者指定，程序不作缺省判断。

5）地下室外墙

程序自动搜索地下室外墙，并以灰白色标识。为避免程序搜索的局限性，设计者可在此基础上进行人工干预。

当地下室层数改变时，仅地下室楼层的外墙定义信息予以保留，对于非地下室楼层，程序不允许定义地下室外墙。

6）转换墙

转换墙以黄色显示，并标有"转换墙"字样。在需要指定的墙上单击一次完成定义，再次单击取消定义。

程序允许用户按照"墙"输入工程中常出现的超大梁转换构件、箱式转换构件、加强层的实体伸臂和环带、悬挑层的实体伸臂等，称这些用来"模拟水平转换构件的剪力墙"为"转换墙"。"转换墙"采用壳体有限元分析，通过应力积分得出梁式内力，按照转换梁做内力调整，最终给出梁式配筋。

7）设缝墙梁

当某层连梁上方连接上一层剪力墙因部分开洞形成的墙体时，会形成高跨比很大的高连梁，此时可以在该层使用设缝墙功能，将该片连梁分割成两片高度较小的连梁。

8）交叉斜筋

在此处指定相应的剪力墙，程序会对洞口上方的墙梁按"交叉斜筋"方式进行配筋。

9）对角暗撑

在此处指定相应的剪力墙，程序会对洞口上方的墙梁按"对角暗撑"方式进行配筋。

10）竖向配筋率

该项缺省值为"参数定义"的"钢筋信息"中墙竖向分布筋配筋率，可以在此处指定单片墙的竖向分布筋配筋率。如当某边构件纵筋计算值过大时，可以增加所在墙段的竖向分布筋配筋率。对于设计者未定义的构件，不显示其配筋率，只有自定义的构件才显示其配筋率。

11）水平最小配筋率

该项缺省值为"参数定义"的"钢筋信息"中墙最小水平分布筋配筋率，可以在此处指定单片墙的最小水平分布筋配筋率。这个功能的用意在于加强构造，如果指定的最小水平分布筋小于构造配筋率将不起作用。对于设计者未定义的构件,不显示其配筋率,只有自定义的构件才显示其配筋率,当指定的最小配筋率小于规范构造值时,程序自动取规范构造值。

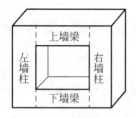

图 4-49　钢板混凝土组合剪力墙示意

12)外包钢板墙、内置钢板墙

普通墙、普通连梁不能满足设计要求时,可考虑钢板墙和钢板连梁,钢板墙和钢板连梁的设计结果表达方式与普通墙相同。钢板会影响墙和连梁的刚度、内力以及结构周期、位移,承载力设计阶段,钢板参与正截面和斜截面的承载力计算以及剪压比验算。根据钢板的布置方式可分外包钢板墙、内置钢板墙。墙柱和墙梁的钢板参数可以独立定义,且区分左右墙柱和上下墙梁,如图 4-49 所示。对称开洞墙可只输入左墙数据作为整个墙的数据。

(1)外包钢板墙。可定义钢板钢号、墙柱和墙梁钢板厚度。

(2)内置钢板墙。可定义钢板钢号、墙柱和墙梁的钢板厚度、钢板高度比例。

13)临空墙荷载

此项可单独指定临空墙的等效静荷载,缺省值为:6 级及以上时为 110kN/m^2,其余为 210110kN/m^2。

6. 特殊板

"特殊板"菜单如图 4-50 所示。

1)刚性板号

单击"刚性板号",可以查看楼层的刚性板信息。程序默认将同平面相连的有厚度平板合并成刚性板块,同一层中允许存在多个刚性板块,但刚性板块之间不可有公共节点相连,因此,即使两房间楼板之间仅有一个公共节点,程序也会将两房间楼板归为一个刚性板块。

选择"强制刚性楼板假定"时,同一塔内楼面标高处所有的房间(包括开洞和板厚为零的情况)均从属同一刚性板,非楼面标高处的楼板,按照非强制刚性楼板假定的原则进行搜索,形成其余刚性楼板。

提示:未设定弹性楼板默认为刚性楼板,假定楼板平面内无限刚,平面外刚度为 0,刚性板假定适用于大多数常规工程。

图 4-50　"特殊板"菜单

2)弹性板 6

程序真实地计算楼板平面内和平面外的刚度。主要用于板柱结构和厚板转换结构。

3)弹性板 3

假定楼板平面内无限刚,程序仅真实地计算楼板平面外刚度。主要用于厚板转换结构。

4)弹性膜

程序真实地计算楼板平面内刚度,楼板平面外刚度不考虑(取为零)。主要用于楼板开大洞形成的狭长板带和空旷结构,连体多塔结构的连接楼板,框支剪力墙结构的转换层楼板等。

提示:弹性板由设计者人工指定,但对于斜屋面,如果没有指定,程序会缺省为弹性膜,设计者可以指定为弹性板 6 或者弹性膜,不允许定义刚性板或弹性板 3。

5)配筋计算角度

在特殊构件中指定需进行配筋设计的楼板为弹性板 3 或弹性板 6,并可以指定配筋角度 α,α 是配筋方向与整体坐标系 X 轴的逆时针转动夹角(对于空间斜板则是配筋方向投影到 XOY 平面后与 X 轴夹角)。SATWE 后处理显示及对应的配筋文本输出 WPOLYREIN.OUT,根据指定的配筋角度 α 进行配筋及显示输出。

7. 层间编辑

在编辑当前标准层构件特殊属性时,如果需要同时对其他标准层进行相应编辑,可使用层间编辑功能。使用时,需勾选"层间编辑"复选框,单击"楼层选择"按钮,弹出"标准层选择"对话框,此处可选择即将编辑的标准层(注:因为程序是基于当前标准层进行层间编辑,所以当前标准层无论此处是否勾选,都默认进行编辑),便可在编辑当前标准层时对所选标准层自动进行编辑。在进行层间编辑时,默认还会弹出"标准层选择"对话框,以确认所要编辑的楼层,如果不需要弹出该对话框,可勾选"属性定义时不显示该对话框"一项将其关闭。

8. 特殊节点

该参数可指定节点的附加质量。附加质量是指不包含在恒荷载、活荷载中,但规范中规定的地震作用计算应考虑的质量,比如吊车桥架重量、自承重墙等。设计者可用本菜单在当前层的节点上布置附加质量。

提示:这里输入的附加节点质量只影响结构地震作用计算时的质量统计。

9. 空间斜杆

以空间视图的方式显示结构模型,用于 PM 建模中以斜杆形式输入的构件的补充定义。各项菜单的具体含义及操作方式可参考"特殊梁""特殊柱"或"特殊支撑"选项。

10. 支座位移

"支座位移"菜单如图 4-51 所示。

设计者可以在指定工况下编辑支座节点的 6 个位移分量。程序还提供了"读基础沉降结果"功能,可以读取基础沉降计算结果作为当前工况的支座位移。左侧对话框还提供了快捷删除功能,可以一键删除本层本工况、全楼本工况、全楼所有工况的支座位移定义。

进入该菜单时程序会默认有一个工况,如果需要编辑工况,可以单击左侧对话框的"工况定义"按钮,在弹出的"工况定义"对话框中添加或删除工况,也可以对工况名称进行修改。目前程序默认最多定义 20 个工况。

退出支座位移定义菜单时,如果未进行支座位移定义,程序会对支座位移工况进行清理。

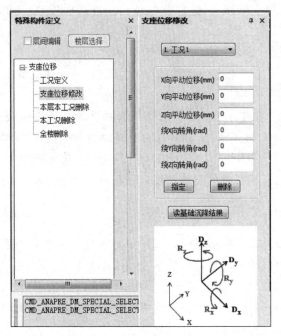

图 4-51 "支座位移修改"菜单

11. 特殊构件定义

"特殊构件定义"菜单如图 4-52 所示。

1）结构重要性系数

结构重要性系数是在广东《高层建筑混凝土结构技术规程》（DBJ 15—92—2013）第 3.11.3 条中规定的。设计者在此可单独指定某些构件的重要性系数。选择梁、柱、支撑、墙之后，填入重要性系数，在模型上单击相应的构件即可完成定义。"本层删除"和"全楼删除"分别用于删除本层和删除全楼设计者自定义的构件重要性系数，删除之后所有构件重要性系数变为缺省值。

2）抗震等级、材料强度

此处功能与特殊梁、特殊柱等的抗震等级、材料强度功能相同，在特殊梁、柱只能修改梁或柱等单类构件的值，而在此处，可查看、修改所有构件的抗震等级、材料强度值，可根据具体情况选择相应菜单操作。

图 4-52 "特殊构件定义"菜单

3）人防构件

只有定义人防层之后，所指定的人防构件才能生效。选择梁、柱、支撑、墙之后在模型上单击相应的构件即可完成定义，并以"人防"字样标记，再次单击则取消定义。"本层全是"用于把本层所有构件指定为人防构件，"本层全否"用于把本层所有构件指定为非人防构件。"本层删除"和"全楼删除"分别用于删除本层和删除全楼设计者自定义的人防构件，删除之后所有人防构件变为缺省值。

4）受剪承载力统计

考虑到工程的复杂性,程序提供了指定构件是否参与楼层受剪承载力统计的功能。可以根据工程实际,指定柱、支撑、墙、空间斜杆是否参与楼层受剪承载力的统计。该功能会影响楼层受剪承载力的比值,进而影响对结构竖向不规则性的判断,需根据实际情况使用。

12. 层间复制

"层间复制"可将在前一标准层中定义的特殊梁、柱、墙、弹性板及节点信息按坐标对应关系复制到当前标准层,以达到减少重复操作的目的。

"本层删除/全楼删除",可清除当前标准层或全楼的特殊构件定义信息,使所有构件都恢复其隐含假定。在特殊梁、特殊柱等菜单的下一级也有"本层删除"和"全楼删除",可针对特殊梁或特殊柱等具体选择删除内容。可根据具体情况选择相应的删除菜单。

13. 平面定义、空间定义

该选项(位于屏幕右下角)用于在平面视图和空间视图之间切换,设计者可根据使用习惯和模型特点选择相应的视图方式,从而更方便快捷地完成特殊杆件的补充定义。

14. 文字显示/颜色显示

此项菜单(位于屏幕右下角)可通过文字或颜色显示特殊构件属性,如两端铰接梁以颜色显示时在梁两端各出现一个红色小圆点,而文字显示则可在梁上方标注"两端铰接梁",方便查看。

4.3.2　活荷载折减系数补充定义

SATWE 除可以在"参数定义"→"活荷信息"中设置活荷载折减和消防车荷载折减外,还可以定义构件的活荷载和消防车荷载折减,更加方便灵活。

1. 自动生成

程序默认的活荷载折减系数是根据"参数定义"→"活荷信息"对话框中楼面活荷载折减方式确定的。活荷载折减方式分为传统方式和按荷载属性确定构件折减系数的方式(具体规定参见《建筑结构荷载规范》(GB 50009—2012)第 5.1.2 条)。

如果定义了消防车工况,程序会自动生成消防车荷载折减系数。梁、墙梁默认折减系数根据《建筑结构荷载规范》(GB 50009—2012)第 5.1.2-1 条取值,柱、墙默认按照"参数定义"→"活荷信息"中的"柱、墙设计时消防车荷载折减系数"取值,支撑默认不折减。

2. 交互定义

单击该菜单后出现"活载折减系数"对话框,选择构件类型并填入折减系数,然后在模型中选择相应的构件即可完成定义。当设计者需要指定该层所有某种构件类型的折减系数,例如全部为梁时,只需勾选梁并填入折减系数,框选全部模型即可,没有勾选的构件类型折减系数不会被改变。

3．本层删除、空间斜杆全删、全楼删除

"本层删除""空间斜杆全删""全楼删除"分别用于删除设计者自定义的当前层活荷载折减系数、全部空间斜杆活荷载折减系数和全部楼层中的活荷载折减系数，删除之后构件变成初始默认的折减系数。

4.3.3　温度荷载定义

"温度荷载"菜单如图 4-53 所示。

本菜单通过指定结构节点的温度差来定义结构温度荷载，温度荷载记录在文件 SATWE_TEM.PM 中。若想取消定义，可简单地将该文件删除。

除第 0 层外，各层平面均为楼面。第 0 层对应首层地面。

图 4-53　"温度荷载"菜单

若在 PMCAD 中对某一标准层的平面布置进行过修改，须相应修改该标准层对应各层的温度荷载。所有平面布置未被改动的构件，程序会自动保留其温度荷载。但当结构层数发生变化时，应对各层温度荷载重新进行定义。

提示：若不进行相应修改可能造成计算出错。

1．荷载布置

单击"温度荷载"菜单会弹出"温度荷载定义"对话框，如图 4-54 所示。温差指结构某部位的当前温度值与该部位处于自然状态（无温度应力）时的温度值的差值。升温为正，降温为负。单位是摄氏度。

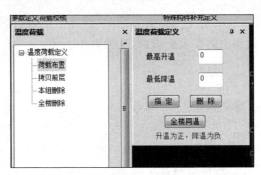

图 4-54　"温度荷载定义"对话框

2．拷贝前层

当前层为第 I 层时，单击该菜单可将 $I-1$ 层的温度荷载复制（拷贝）过来，然后在此基础上进行修改。

3．本组删除、全楼删除

单击本菜单可删除本组或全楼的全部温差定义。

4.3.4　特殊风荷载定义

对于平、立面变化比较复杂，或者对风荷载有特殊要求的结构或某些部位，例如空旷结构、体育场馆、工业厂房、轻钢屋面、有大悬挑结构的广告牌、候车站、收费站等，普通风荷载的计算方式可能不能满足要求，此时，可采用"特殊风荷载定义"菜单中的"自动生成"功能以更精细的方式自动生成风荷载，还可在此基础上进行修改。即特殊风荷载定义的方式有两种：程序自动生成和用户补充定义。

提示：特殊风荷载仅能布置在梁和节点上，不能布置在楼板上，需要时可将楼板荷载折算到梁或节点上。

4.3.5　外墙及人防

"外墙及人防"和"水土压力修改"对话框如图 4-55 所示。

外墙与人防补充定义分为"地下室外墙定义"和"人防墙定义"。地下室外墙定义，即对地下室外墙属性定义、外墙属性重置、修改水土压力、查看荷载。人防墙定义（选择临控墙或人防外墙），即对人防墙属性定义（选择临控墙或人防外墙）、人防墙属性重置、临空墙荷载、人防外墙荷载。

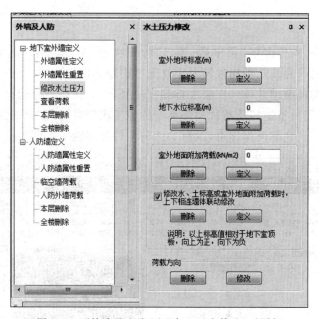

图 4-55　"外墙及人防"和"水土压力修改"对话框

4.3.6　抗火设计

对抗火设计特殊构件定义时，设计者可根据《钢结构防火技术规范》(GB 51349—2017)进行构件级别的参数定义。

抗火设计补充定义分为"抗火设计定义"和"防火材料定义"。抗火设计定义，即按单构件耐火等级、耐火极限、防火材料和耐火钢定义参数,如图 4-56 所示。防火材料定义,即按单构件定义耐火材料塑性。

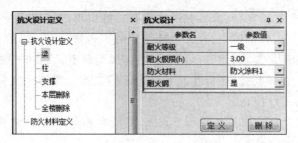

图 4-56　抗火设计单构件参数定义

4.3.7　施工次序补充定义

《高层建筑混凝土结构技术规程》(JGJ 3—2010)第 5.1.9 条规定:"复杂高层建筑结构及房屋高度大于 150m 的其他高层建筑结构,应考虑施工过程的影响"。软件支持构件级施工次序的定义,从而满足部分复杂工程的需要。当勾选"总信息"→"采用自定义施工次序"之后,可进行构件施工次序补充定义。

1. 交互定义

单击"施工次序|构件次序"菜单后,弹出"施工次序"菜单,如图 4-57 所示,可以对梁、柱、支撑、墙、板中的一种或几种构件同时定义安装次序和拆卸次序。也可以在"施工次序定义"对话框中选择构件类型并填入安装和拆卸次序号,然后在模型中选择相应的构件即可完成定义。当设计者需要指定该层某种构件类型的施工次序时,例如全部的梁,只需勾选梁并填入施工次序号,框选全部模型即可,没有勾选的构件类型施工次序不会被改变。

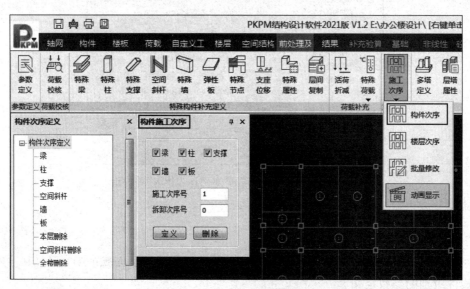

图 4-57　"施工次序"菜单

2. 楼层次序

"楼层次序"会显示"总信息"默认的结构楼层施工次序,即逐层施工。当设计者需要进行楼层施工次序修改时,在相应"层号"的"次序号"上双击,填入正确的施工次序号即可。这两处是相互关联的,在一处进行了修改另外一处也对应变化,从而更加方便设计者定义施工次序。

3. 批量修改

该菜单可批量修改安装次序号,单击"批量修改"命令,弹出"改安装次序号"对话框(图 4-58)。当设计者需要修改楼层施工次序时,在相应"新次序号"上双击,填入正确的施工次序号即可。

4. 动画显示

当设计者完成对构件施工次序的定义后,能够以动画的方式进行查看。该功能主要目的是以直观的方式检查某些构件施工次序是否遗漏或定义不当。程序提供两种显示方式:自动显示和按Enter 键交互显示,选择自动显示需要指定时间间隔,左下角的状态栏可以动态显示当前处于第几施工次序。动画显示前可以指定起

图 4-58　"改安装次序号"
对话框

止层号,需要注意的是自动显示的方式在动画播放过程中不能退出,必须等待全部施工次序显示完之后才能退出,所以设计者要根据实际情况选择相应的显示方式。

5. 本层删除、空间斜杆全删、全楼删除

"本层删除""空间斜杆全删"和"全楼删除"分别用于删除设计者自定义的当前层构件施工次序、全部空间斜杆施工次序和全部楼层中的构件施工次序,删除之后构件变成初始默认的施工次序,即按层施工。

4.3.8　多塔结构补充定义

通过这项菜单可补充定义结构的多塔信息。对于一个非多塔结构,可不执行此项菜单,直接执行"生成数据"或"生成数据＋全部计算",程序隐含规定该工程为非多塔结构。对于多塔结构,一旦执行过本项菜单,补充输入的多塔信息将被存放在硬盘当前目录名为 SAT_TOW.PM 和 SAT_TOW_PARA.PM 的两个文件中,以后再启动 SATWE 的前处理文件时,程序会自动读入以前定义的多塔信息。若想取消已经对一个工程作出的补充定义,可简单地将以上两个文件删除。

多塔定义信息与 PMCAD 的模型数据密切相关,若某层平面布置发生改变,则应相应修改或复核该层的多塔信息,其他标准层的多塔信息不变。若结构的标准层数发生变化,则多塔定义信息不被保留。

提示:(1)多塔结构在 PMCAD 中进行楼层组装时,除按广义楼层组装的多塔模型外,多塔结构必须在此进行多塔定义,否则程序按单塔计算。

(2)多塔结构定义时,围区线应当准确从各塔缝隙间通过(特别是带变形缝的多塔结

构),防止某个构件属于两个塔,或某个构件不属于任何塔。

（3）各塔楼编号应按塔楼高度,从高到低依次排序。

（4）带变形缝的多塔结构应定义风荷载遮挡面。

（5）可利用"多塔检查"命令检查多塔定义是否正确。

4.3.9 生成 SATWE 数据

"SATWE 分析设计"是 SATWE 前处理的核心菜单,如图 4-59 所示。其功能是综合 PMCAD 生成的建模数据和前述几项菜单输入的补充信息,将其转换成空间结构有限元分析所需的数据格式。所有工程都必须执行本项命令,正确生成数据并通过数据检查后,方可进行下一步的计算分析。设计者可以单击执行"**生成数据**"和"**分步计算/计算＋配筋**",也可单击"**生成数据＋全部计算**",连续执行全部的操作。

图 4-59　生成 SATWE 数据菜单

1. 菜单基本操作

新建工程必须在执行"**生成数据**"和"**分步计算/计算＋配筋**"或"**生成数据＋全部计算**"后,才能生成**分析模型数据**,继而才允许对分析模型进行查看和修改。对分析模型进行修改后,必须重新执行"**计算＋配筋**"操作,才能得到针对新的**分析模型**的分析和设计结果。

2. 计算模型的基本转化

SATWE 前处理生成数据的过程是将结构模型转化为计算模型的过程,是对 PMCAD 建立的结构进行空间整体分析的一个承上启下的关键环节,模型转化主要完成以下几项工作:

（1）根据 PMCAD 结构模型和 SATWE 计算参数,生成每个构件上与计算相关的属性、参数以及楼板类型等信息。

（2）生成实质上的三维计算模型数据。根据 PMCAD 模型中已有的数据确定所有构件的空间位置,生成一套新的三维模型数据。该过程中会将按层输入的模型进行上下关联,构件之间通过空间节点相连,从而建立完备的三维计算模型信息。

（3）将各类荷载加载到三维计算模型上。

（4）根据力学计算的要求,对模型进行合理简化和容错处理,使模型既能适应有限元计算的需求,又确保简化后的计算模型能够反映实际结构的力学特性。

（5）在空间模型上对剪力墙和弹性板进行单元剖分,为有限元计算准备数据。

软件首先读入 PM 分层模型数据,生成空间轴网并将各层杆件在空间中定位;然后对模型上下层交界处自动衔接,形成有机的整体结构三维模型;在此基础上,程序再对空间模型进行一定的修正和调整,使模型尽量满足计算软件对模型数据的要求。

3．特殊模型的处理

1）板-柱结构的模型

在采用 SATWE 软件进行板-柱结构分析时，由于 SATWE 软件具有考虑楼板弹性变形的功能，可用弹性楼板单元较真实地模拟楼板的刚度和变形，就不用将楼板简化为等带梁了，而仅需直接将 PMCAD 自动生成的楼板指定为**弹性板**即可，但应采用梁与弹性板协调的变形控制。对于板-柱结构，在 PMCAD 交互式输入中，在以前需输入等带梁的位置上，布置截面尺寸为 100mm×100mm 的矩形截面虚梁，这里布置虚梁的目的有 3 点：①为了 SATWE 软件在接 PMCAD 前处理过程中能够自动读取楼板的外边界信息；②为了辅助弹性楼板单元的划分；③实现板上荷载的导算（不同的导算结果会导致柱的内力不同）。

2）厚板转换层结构的模型

SATWE 中可对转换层厚板指定为**弹性板**。与板-柱结构类似，在 PMCAD 的交互式输入中，也要布置 100mm×100mm 的虚梁，通过虚梁形成房间，从而形成楼板信息并进行弹性楼板的单元划分，同时实现板上荷载的导算。要充分利用本层柱网和上层柱、墙节点（网格）布置虚梁。此外，输入层高时，应将厚板的板厚均分给与其相临两层的层高，即取与厚板相临两层的层高分别为其净空加上厚板的一半厚度。

3）斜坡梁的建模方式

斜坡梁在坡屋面、体育场看台等结构中较为常见。

梁两端节点有高差时，程序可以根据节点的空间坐标，自动计算出它和其他楼层相应杆件的连接关系。斜梁两端节点的高差还可以上下跨越本层到其他不同楼层。斜梁往下延伸时，既可以延伸到下面的相邻层，也可以往下跨越几层和下面不相邻的任意楼层相连，但对于此类跃层构件应在上下节点所在楼层输入。

4）错层结构的输入

对于框架错层结构，在 PMCAD 数据输入中，可通过给定梁两端节点高度，来实现错层梁或斜梁的布置，SATWE 前处理菜单会自动处理梁柱在不同高度的相交问题。

对于剪力墙错层结构，在 PMCAD 数据输入中，可以按照"以楼板为界"划分结构层，如图 4-30 所示，底盘虽然只有 2 层，但由于底盘有错层（图中画虚线的部分），可以按 3 层输入。对于没有与楼板相连的柱和墙，程序会自动判别其为越层柱或越层墙。所以，在错层结构的数据输入中，实际没有楼板的部分不可布楼板。对于图 4-60 中底盘以上的双塔部分，可按错层处理，但按错层处理工作量大、效率低。由于在 SATWE 的数据结构中，多塔结构允许同一层的各塔有自己独立的层高，所以，可按非错层结构输入，结构层的划分如图 4-60 所示，只是在"多塔、错层定义"时要给各塔赋予不同的层高。这样数据输入效率和计算效率都比较高。

5）错层剪力墙、顶部山墙的分析处理

PM 中可以通过输入上节点高来改变墙两端节点的上部标高，参数"墙顶标高 1"和"墙顶标高 2"，分别代表墙顶两端相对于楼面的高差，另外程序还增加墙底标高参数来改变墙底的标高，因此可以实现山墙、错层墙的建模。SATWE 可处理以下两种情况：

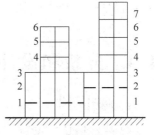

图 4-60　错层结构示意图

（1）结构顶部的、倾斜的山墙剪力墙。

（2）非顶部的其他层的错层剪力墙。

当出现错层墙时，墙体左右相邻边的协调性由程序采用广义协调方式自动考虑。

提示：在结构顶部的墙体允许为山墙（顶部倾斜），也可以为错层；非顶部结构的剪力墙允许错层，但不允许顶部倾斜。

6）越层柱、越层支撑的建模

PMCAD 中可以通过修改上节点高来修改柱顶标高，也可以修改柱底标高，且向下跨越的层数不受限制，使得越层柱的建模非常方便、灵活。

对于支撑，同样可通过指定支撑下节点标高，实现越层支撑的建模。从 SATWE 结构分析的角度来看，这种建模方式是允许的，其内力分析的结果与逐层建模的传统方式是一致的，但从设计结果的角度来看，在涉及各楼层质量，柱、墙、支撑剪力墙等与楼层相关的众多统计、调整时，可能会存在潜在的问题，而如果采用逐层建模方式就可避免这样的问题。因此，如果要采用 SATWE 进行构件设计时，建议尽量采用逐层建模的方式，以获得清晰、准确的结果。

4.3.10　分步计算

随着荷载类型与工况的增加，执行设计部分的耗时逐渐增长，可能达到与整体分析部分相近的程度。在方案设计或初步设计阶段，设计者常不需要执行构件设计部分。在构件设计阶段，也可能不需要利用上次整体分析的结果，调整某些参数后重新进行构件设计。因此分析、设计可分步执行，为设计者节约时间提高效率。

"分步计算"分为："计算＋配筋＋包络"、"计算＋配筋"、"整体指标"（无构件内力）、"内力计算"（整体指标＋构件内力）和"只配筋"5 步，如图 4-61 所示。

提示：当未执行"生成数据"时，"分步执行"菜单置灰，不可用。

执行"**整体指标**"的前提为**已生成数据**，执行"**内力计算**"（**整体指标＋构件内力**）的前提为**已生成数据**，执行"**只配筋**"的前提为**已生成数据并执行过"内力计算"（整体指标＋构件内力）**。

"分步计算"执行完成后，设计者可以到后处理中查看计算结果。不同的分步，可以查看的结果也不完全相同。

如只进行"**整体指标**"计算，程序会计算**质量**、**周期**、**刚度**、**位**

图 4-61　"分步计算"菜单

移指标、**结构体系指标**等，不计算构件内力、不配筋。后处理中可以查看结构振型图、位移图、楼层指标及对应文本结果查看。

4.4　分析和设计结果查看

1. 通用功能

1）构件信息

为了方便设计人员查看结果，"构件信息"功能不再区分梁、柱、支撑、墙柱和墙梁等构件类型。单击"构件信息"按钮会出现捕捉靶,通过捕捉靶点取任一构件即可以文本方式查询该构件的几何信息、材料信息、标准内力、设计内力、配筋以及有关的验算结果。

2）构件搜索

后处理中提供了构件搜索功能,便于设计人员快速定位构件在二维或三维图中的位置。选中的构件用红色加粗高亮显示。

3）显示设置

单击"显示设置"菜单,会弹出"显示设置"对话框。

（1）编号显示开关。通过"编号显示开关"可以设定是否显示节点或构件的编号。

（2）构件显示开关。通过"构件显示开关"可以设定各类构件显示与否。

（3）截面显示开关。通过"截面显示开关"可以设定是否用数字标注构件尺寸。

（4）材料显示开关。通过"材料显示开关"可以设定是否标注构件材料。对于混凝土构件,显示混凝土强度等级,如 C30；对于钢构件,显示钢号,如 Q345；对于型钢混凝土构件,显示混凝土强度等级/钢号,如 C30/Q345。

（5）构件属性开关。通过"构件属性开关"可以设定构件属性显示与否。新版 SATWE 中增加了单拉杆、加腋梁、竖向地震构件、墙梁转框架梁、托柱钢梁、角柱和层间梁多段柱加粗显示（2D）选项。其中,层间梁多段柱加粗显示（2D）选项仅适用于二维平面图,当需要保存 DWG 图时,为了避免在 DWG 图中出现过粗的图素,影响效果,需要将该选项关掉。

4）保存 T 图和 DWG 图

（1）保存当前状态 T 图。单击左上角"保存 T 图"按钮,可以将屏幕当前显示的图形存为后缀为".T"的图形文件。

（2）保存全楼 T 图和 DWG 图。为了方便设计人员查看 T 图和 DWG 图,后处理显示在部分主菜单（如编号简图、轴压比、配筋、边缘构件、梁内力包络和梁配筋包络）中添加了"保存 T 图"和"保存 DWG 图"功能,用以生成全楼的 T 图和 DWG 图。

2. 编号简图

通过此项菜单可以查看设计模型和分析模型的构件编号简图、节点坐标以及刚心质心等。

提示："显示节点坐标"和"显示刚心质心"选项默认不勾选；通过"显示设置"按钮可以设定是否显示构件编号、构件截面等。

3. 振型

此项菜单用于查看结构的三维振型图及其动画。通过该菜单,设计人员可以观察各振型下结构的变形形态,判断结构的薄弱方向,确认结构计算模型是否存在明显的错误。

（1）选择振型种类。分为"固有振型"和"偏心振型"（$+x$ 偏心、$-x$ 偏心、$+y$ 偏心和 $-y$ 偏心）两类。当在计算参数中考虑了**偶然偏心**,偏心振型才可选择。

提示："SATWE 核心的集成设计"不存在该选项,仅"PMSAP 核心的集成设计"和"Spas＋PMSAP 的集成设计"可进行偏心振型的选择。

（2）选择振型。选择列表中的振型号单击"应用"按钮或直接双击列表中的"振型号"均可查看相应的振型动画。动画过程中,右击即可退出动画。

（3）动画速度。通过"慢速""中速""快速"选项可以调节动画速度；通过"静止"选项可以查看结构的静态振型图及其周期。

（4）变形幅度。指最大变形在变形图中的相对变形值，其他节点变形均以该数值为基础进行换算。

（5）动画延迟。修改每一帧动画之间的间隔时间。数值越小，动画越流畅；数值越大，每帧动画的间隔越长。

（6）初始构形。显示结构未变形时的形状。单击"应用"按钮可以去掉上一次显示的变形或标注，恢复结构的初始形状。

4. 局部振动

程序提供了结构局部振动的识别和定位功能。当程序识别出结构存在局部振动时，将输出"WJZ. OUT"文件，同时，后处理菜单"振型|局部振动"提供了全楼和单层的方式查看局部振动的位置。当结构不存在局部振动时，该功能按钮将置灰。

局部振动一般是由于结构模型存在错误或缺陷造成的，如梁未能搭接在支座上造成梁悬空、结构局部刚度偏柔等。存在局部振动时，结构有效质量系数一般较小，地震作用计算结果不准确，一般应修改模型。

当采用较多的计算振型数时有效质量系数仍不满足要求，或采用程序自动确定振型数功能时长时间不能完成计算，此时结构可能存在局部振动。

部分结构的局部刚度偏柔是设计需要，程序也进行了识别和定位。**局部振动提示是一种警告性提示**，设计者可视真实情况进行处理。

当采用程序自动确定振型数功能（参数采用程序默认设置），模态分析迟迟未能完成，此时可停止计算，将最多振型数量填写一个较小的数（如60），重新计算，计算结束后查看局部振动位置并修改模型。倘若该局部振动是设计者有意为之，则可直接采用多重里兹向量法计算模态。

5. 位移

"位移"菜单用来查看不同荷载工况作用下结构的空间变形情况。通过"位移动画"和"位移云图"选项可以清楚地显示不同荷载工况作用下结构的变形过程，在"位移标注"选项中还可以看到不同荷载工况作用下节点的位移数值。

（1）"位移标注"和"等值线"列表中各参数含义。① Dx 代表 x 向位移；② Dy 代表 y 向位移；③ Dz 代表 z 向位移；④ Rx 代表 x 向转角；⑤ Ry 代表 y 向转角；⑥ Rz 代表 z 向转角；⑦ $Dxyz$ 代表线位移模；⑧ $Rxyz$ 代表角位移模；⑨ALL 代表位移模。

（2）动画速度。通过"慢速""中速""快速"选项可以调节动画速度，通过"静止"选项可以查看结构的静态空间变形图。

（3）变形幅度（位移幅值）。最大变形在变形图中的相对变形值，其他节点变形均以该数值为基础进行换算。

（4）动画延迟。修改每一帧动画之间的间隔时间。数值越小，动画越流畅；数值越大，每帧动画的间隔越长。

（5）初始构形。显示结构未变形时的形状。单击"初始构形"按钮可以去掉上一次显示的变形或标注,恢复结构的初始形状。

6．内力

通过此项菜单可以查看不同荷载工况下各类构件的内力图。该菜单包括四部分内容：设计模型内力、分析模型内力、设计模型内力云图和分析模型内力云图。

提示：仅"PMSAP 核心的集成设计"和"Spas＋PMSAP 的集成设计"存在"分析模型内力"和"分析模型内力云图"对话框,"SATWE 核心的集成设计"中的内力指"设计模型内力",内力云图指"设计模型内力云图",不存在"分析模型内力"和"分析模型内力云图"对话框。

1）设计模型内力

"设计模型内力"对话框可以查看各层梁、柱、支撑、墙柱和墙梁的内力图,还可以查看单个构件的内力图。

（1）内力分量。勾选"选择构件类型"中的梁、柱、支撑、墙柱、墙梁、桁杆和转换墙选项（多选）,可以显示各类构件的内力分量图（二维平面图上柱、支撑、墙柱给出底端和顶端的内力分量值）。

单击"选择构件类型"中梁、柱、支撑、墙柱、墙梁或桁杆右侧的按钮,即出现捕捉靶,再用捕捉靶点取对应类型的某个构件（如 2 层 19 号梁）,屏幕上就会显示出该构件的内力图。

（2）内力标注。此选项仅适用于柱、支撑和墙柱构件。选择"内力标注"后,柱、支撑和墙柱 6 个分量的内力值全都会显示在简图上。

2）分析模型内力

"分析模型内力"对话框可以查看各层梁元、桁杆（二力杆）、柱元、支撑（柱元）和墙元的内力图,还可以查看单个构件的内力图。"内力分量"和"内力标注"选项功能同"设计模型内力"对话框,这里不再另作说明。

3）设计模型内力云图

"设计模型内力云图"对话框可以显示不同荷载工况下梁、柱、支撑、墙柱和墙梁各内力分量的彩色云斑图。

4）分析模型内力云图

"分析模型内力云图"对话框可以显示不同荷载工况下梁元、桁杆（二力杆）、柱元、支撑（柱元）和墙元各内力分量的彩色云斑图。

7．弹性挠度

通过此项菜单可查看梁在各个工况下的垂直位移。该菜单分为"绝对挠度""相对挠度""跨度与挠度之比"三种形式显示梁的变形情况。所谓"绝对挠度"即梁的真实竖向变形,"相对挠度"即梁相对于其支座节点的挠度。

8．楼层指标

此项菜单用于查看地震作用和风荷载作用下的楼层位移、层间位移角、侧向荷载、楼层剪力和楼层弯矩的简图以及地震、风荷载和规定水平力作用下的位移比简图。通过观察楼层的位移比沿立面的变化规律,设计人员可以从宏观上了解结构的抗扭特性。

9．SATWE & PMSAP 采用自定义范围统计指标

"高级参数"对话框如图 4-62 所示。

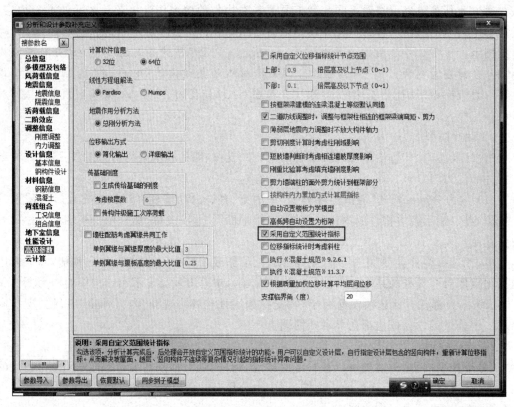

图 4-62　"高级参数"对话框

"高级参数"对话框提供"采用自定义范围统计指标"功能是为了提供一种更真实的指标统计结果，从而解决坡屋面、越层、竖向构件不连续等复杂情况引起的指标统计超限问题。

在"高级参数"对话框勾选"采用自定义范围统计指标"后，后处理会开放自定义范围指标统计的功能。

"自定义范围"，就是说进行统计的构件及构件连接关系可以自由指定，通过单击"定义组装表"指定。此处引入了组装表和设计层的概念，设计层包含的构件完全由设计者指定，指标基于设计层统计，组装表描述设计层的组装关系。

通过选择构件和删除构件的方式可以指定每个设计层进行指标统计的构件，为了交互的便利，可对构件按类型或者按层进行选择；设计层和组装表的交互在组装表下方，用于增删设计层和组装表。

单击"确定"后，可以在界面上查看位移指标结果，也可以通过文本结果进行校核。同时，还可以通过"文本"→"变形验算"→"普通结构楼层位移指标统计"右侧图文控制按钮，查看自定义范围内构件位移指标文本结果，并导入计算书。

10. 配筋

通过"配筋"菜单可以查看构件的配筋验算结果。该菜单主要包括"混凝土构件配筋及钢构件验算""转换墙配筋"等选项，如图 4-63 所示。

图 4-63　"配筋"菜单

"超限设置"按钮可将所有超限类别列出，如果构件符合列表中勾选的超限条件，在配筋图中会以红色显示。同样，如果某些超限类别并不想在配筋图中有所体现，也可以在超限设置的列表中取消勾选此类超限。

构件在配筋图的超限显示形式在图中进行了明确的标识。有些超限在配筋图中有明确的对应项，如主筋超筋、轴压比超限、应力比超限等，则只将此对应项显红；大部分的超限内容在配筋图中是没有对应项的，这时增加字符串并显红标识，所有超限字符串的含义会在图下方位置有明确的说明，超限的详细信息也可在构件信息中查询。

"指定条件显示"可对混凝土梁、柱、墙设定显示条件，符合条件的构件在配筋图、配筋率图中显示，不符合条件的不显示。

对于梁、墙梁，可指定支座主筋配筋率、跨中支座配筋率、加密区箍筋配筋率的范围；对于柱、支撑，可指定主筋配筋率、加密区箍筋配筋率的范围；对于墙柱，可指定主筋配筋率、水平分布筋配筋率的范围。如果一类构件同时控制主筋配筋率和箍筋配筋率的范围，则两个条件同时满足时才会显示。

此外，针对墙柱还专门增加了"主筋为计算值""水平分布筋为计算值"的选项，以此来过滤掉配筋为构造值的构件。配筋图图名处增加了文字标注，包括层高、构件数量、混凝土强度等级、钢筋号和主筋强度等信息。

提示：若构件材料数多于 3 种，将仅显示数量较多的前 3 种，其余用省略号表示。如：某层梁的混凝土强度等级包括 C20（20 根）、C30（10 根）、C40（30 根）、C50（5 根），那么该层梁的混凝土强度等级表示为 C40/ C20/ C30。

1）混凝土构件配筋及钢构件验算

当选中"混凝土构件配筋及钢构件验算"时，可以查看梁、柱、支撑、墙柱、墙梁和桁杆的配筋结果。

提示：若钢筋面积前面有一符号"&"，意指超筋；画配筋简图时，超筋超限均以红色提示；仅"PMSAP 核心的集成设计"和"Spas＋PMSAP 的集成设计"存在"桁杆"选项，"SATWE 核心的集成设计"不存在"桁杆"选项。

（1）混凝土梁和型钢混凝土梁配筋的简化表示（图 4-64）。

图中：A_{su1}、A_{su2}、A_{su3}——梁上部左端、跨中、右端配筋面积（cm^2）；

A_{sd1}、A_{sd2}、A_{sd3}——梁下部左端、跨中、右端配筋面积（cm^2）；

$$\begin{array}{c} \text{[ASD]ASJ} \\ GA_{sv}-A_{sv0} \\ \text{I}\ \dfrac{A_{su1}-A_{su2}-A_{su3}}{A_{sd1}-A_{sd2}-A_{sd3}}\ \text{J} \\ \text{[VT]}A_{st}-A_{st1} \end{array}$$

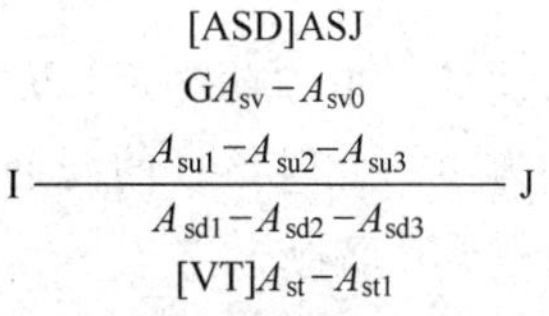

图 4-64　混凝土梁和型钢混凝土梁配筋的简化表示

A_{sv}——梁加密区受剪箍筋面积和剪扭箍筋面积的较大值(cm^2),若存在交叉斜

筋(对角暗撑),A_{sv}为同一截面内箍筋各肢的全部截面面积(cm^2);

A_{sv0}——梁非加密区受剪箍筋面积和剪扭箍筋面积的较大值(cm^2);

A_{st}、A_{st1}——梁受扭纵筋面积和受扭箍筋沿周边布置的单肢箍筋的面积(cm^2),

若A_{st}和A_{st1}都为零,则不输出[VT]$A_{st}-A_{st1}$这一项;

G、VT——箍筋和剪扭配筋标志;

ASJ——单向交叉斜筋或者对角暗撑的截面面积(cm^2)。

(2)钢梁验算的简化表示(图4-65)。

图中:R_1——钢梁正应力强度与抗拉、抗压强度设计值的比值F_1/f;

R_2——钢梁整体稳定应力与抗拉、抗压强度设计值的比值F_2/f;

R_3——钢梁剪应力强度与抗拉、抗压强度设计值的比值F_3/f_v;

f——钢筋允许正应力承载力(kN/m^2);

f_v——钢筋允许剪应力承载力(kN/m^2);

F_1、F_2、F_3——截面强度应力、稳定应力和剪应力(kN/m^2)。

(3)矩形混凝土柱和型钢混凝土柱配筋的简化表示(图4-66)。

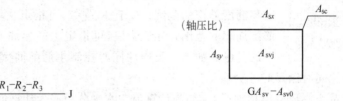

图4-65 钢梁验算简化表示　　　图4-66 矩形混凝土柱和型钢混凝土柱的简化表示

多段柱分段表达方式:

$$(轴压比)-BA_{sx}-HA_{sy}-CA_{sc}$$
$$GA_{sv}-G'A_{sv0}-JA_{svj}$$

图中:A_{sc}——柱一根角筋的截面面积(cm^2)。

A_{sx}、A_{sy}——该柱B边和H边的单边配筋面积,包括两根角筋(cm^2)。

A_{svj}、A_{sv}、A_{sv0}——分别为柱节点域受剪箍筋面积(cm^2)、加密区斜截面受剪箍筋面

积(cm^2)、非加密区斜截面受剪箍筋面积(cm^2),箍筋间距均在S_c

范围内。其中:A_{svj}取计算的A_{svjx}和A_{svjy}的较大值,A_{sv}取计算

的A_{svx}和A_{svy}的较大值,A_{sv0}取计算的A_{svx0}和A_{svy0}的较大值。

若该柱与剪力墙相连(边框柱),而且是构造配筋控制,则程序取A_{sc}、A_{sx}、A_{sy}、A_{svx}、

A_{svy}均为零。此时该柱的配筋应该在剪力墙边缘构件配筋图中查看。

G——箍筋标志。

(4)圆形混凝土柱配筋的简化表示(图4-67)。

多段柱分段表达方式:

$$（轴压比）- BHA_s - CA_{sc}$$
$$GA_{sv} - G'A_{sv0} - JA_{svj}$$

图中：A_s——圆柱全截面配筋面积（cm^2）；

A_{svj}、A_{sv}、A_{sv0}——按等面积的矩形截面计算箍筋。分别为柱节点域受剪箍筋面积（cm^2）、加密区斜截面受剪箍筋面积（cm^2）、非加密区斜截面受剪箍筋面积（cm^2），箍筋间距均在 S_c 范围内。其中：A_{svj} 取计算的 $A_{svj.x}$ 和 $A_{svj.y}$ 的较大值，A_{sv} 取计算的 $A_{sv.x}$ 和 $A_{sv.y}$ 的较大值，A_{sv0} 取计算的 $A_{sv.x0}$ 和 $A_{sv.y0}$ 的较大值。

若该柱与剪力墙相连（边框柱），而且是构造配筋控制，则程序取 A_s、A_{sv} 均为零。

　　G——箍筋标志。

（5）异形混凝土柱配筋的简化表示（图 4-68）。

图 4-67　圆形混凝土柱配筋的简化表示　　图 4-68　异形混凝土柱配筋的简化表示

多段柱分段表达方式：

$$（轴压比）- ZA_{sz} - FA_{sf}$$
$$GA_{sv1} - A_{sv2} - A_{sv3} - G'A_{sv01} - A_{sv02} - A_{sv03} - JA_{svj}$$

图中：A_{sz}——异形柱固定钢筋位置的配筋面积（cm^2），即位于直线柱肢端部和相交处的配筋面积之和。

N_z——异形柱固定钢筋位置的钢筋根数。

A_{sf}——分布钢筋的配筋面积（cm^2），即除 A_{sz} 之外的钢筋面积，当柱肢外伸长度大于 200mm 时按间距 200mm 布置。

N_f——分布钢筋的根数。

A_{svj}、A_{sv1}、A_{sv2}、A_{sv3}——分别为柱节点域受剪箍筋面积（cm^2）、第一肢受剪箍筋面积（加密区）（cm^2）、第二肢受剪箍筋面积（加密区）（cm^2）、第三肢受剪箍筋面积（加密区）（cm^2），箍筋间距均在 S_c 范围内。若第三肢不存在，则只显示 GA_{sv1}/A_{sv2}（多段柱分段显示只显示 $GA_{sv1} - A_{sv2}$）。

A_{sv01}、A_{sv02}、A_{sv03}——第一肢受剪箍筋面积（非加密区）（cm^2）、第二肢受剪箍筋面积（非加密区）（cm^2）、第三肢受剪箍筋面积（非加密区）（cm^2），箍筋间距均在 S_c 范围内。若第三肢不存在，则只显示 A_{sv01}/A_{sv02}（多段柱分段显示只显示 $G'A_{sv01} - A_{sv02}$）。

在局部坐标系下以"工"字的笔画确定第一、二、三肢。

G——箍筋标志。

（6）钢柱和方钢管混凝土柱的简化表示（图 4-69）。

多段柱分段表达式：

$$（轴压比）-R_1-R_2-R_3$$

图中：R_1——钢柱正应力强度与抗拉、抗压强度设计值的比值 F_1/f。

R_2——钢柱 x 向稳定应力与抗拉、抗压强度设计值的比值 F_2/f。

R_3——钢柱 y 向稳定应力与抗拉、抗压强度设计值的比值 F_3/f。

（7）圆钢管混凝土柱的简化表示（图 4-70）。

图 4-69　钢柱和方钢管混凝土柱的简化表示　　　图 4-70　圆钢管混凝土柱的简化表示

多段柱分段表达式：

$$（轴压比）\quad R_1$$

图中：R_1——圆钢管混凝土柱的轴力设计值与其承载力的比值 N/N_u，具体条文参照《高层建筑混凝土结构技术规程》（JGJ 3—2010）附录 F。R_1 小于 1.0 代表满足规范要求。

N——圆钢管混凝土柱的轴力设计值。

N_u——圆钢管混凝土柱的轴向受压承载力设计值。

（8）混凝土支撑的简化表示。

同混凝土柱，配筋结果不画在支撑的端部，而是画在距离支撑上端点 1/4 杆长的位置。

（9）钢支撑验算的简化表示（图 4-71）。

钢支撑验算图的位置并不画在支撑的端部，而是画在距离支撑上端点 1/4 杆长的位置。

图中：R_1——钢支撑正应力与抗拉、抗压强度设计值的比值 F_1/f。

R_2——钢支撑 x 向稳定应力与抗拉、抗压强度设计值的比值 F_2/f。

R_3——钢支撑 y 向稳定应力与抗拉、抗压强度设计值的比值 F_3/f。

（10）墙柱的简化表示（图 4-72）。

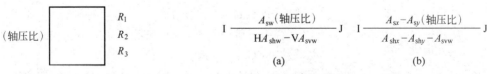

图 4-71　钢支撑验算的简化表示　　　图 4-72　墙柱的表达方式

(a) 按墙设计；(b) 按柱设计

图中：A_{sw}——墙柱一端的暗柱计算配筋总面积（cm^2），如计算不需要配筋且不考虑构造钢筋时取 0。

A_{shw}——在水平分布筋间距 S_{wh} 范围内的水平分布筋面积(cm^2)。

A_{svw}——对于地下室外墙或人防临空墙,指每延米的双排竖向分布筋面积(cm^2)。

对于墙柱长度小于 4 倍墙厚的一字形墙,程序将按柱配筋。

$A_{s.x}$——按柱设计时,墙面内单侧计算配筋面积(cm^2)。

$A_{s.y}$——按柱设计时,墙面外单侧计算配筋面积(cm^2)。

$A_{sh.x}$——按柱设计时,墙面内设计箍筋间距 S_{wh} 范围内的箍筋面积(cm^2)。

A_{shy}——按柱设计时,墙面外设计箍筋间距 S_{wh} 范围内的箍筋面积(cm^2)。

H、V——水平分布筋、竖向分布筋标志。

(11) 墙梁配筋的简化表示

墙梁的配筋及输出格式与普通框架梁一致。

提示:墙梁除混凝土强度、抗震等级与剪力墙一致外,其他参数如主筋强度、箍筋强度、墙梁的箍筋间距,均与框架梁一致。

(12) 外包钢板组合剪力墙验算的简化表示(图 4-73)。

$$I \underline{\quad\dfrac{R_1 - R_2}{\text{(轴压比)}}\quad} J$$

图中:R_1——受弯承载力比;

图 4-73　外包钢板组合剪力墙验算简化表示

R_2——受剪承载力比。

2) 剪力墙面外及转换墙配筋

当选中"剪力墙面外及转换墙配筋"时,可以查看剪力墙面外及转换墙的配筋结果。剪力墙面外配筋指的是剪力墙水平筋间距范围内的面积。对于没有做面外设计的墙,没有该结果。所谓转换墙,是指当结构中选用超大梁转换时,往往此梁高占据一层层高。此时,可以将转换梁在建模中当作墙构件输入,并按照转换梁进行设计。如此处理超大梁转换结构,设计结果更为准确合理。

提示:若钢筋面积前面有一符号"&",意指超筋;画配筋简图时,超筋以红色提示;仅"PMSAP 核心的集成设计"和"Spas+PMSAP 的集成设计"存在剪力墙面外设计,"SATWE 核心的集成设计"不存在剪力墙面外设计。

$$I \underline{\quad HA_{sv0} - VA_{sv1}\quad} J$$

图 4-74　剪力墙面外的配筋结果表达方式

(1) 剪力墙面外的配筋结果表达方式(图 4-74)。

图中:A_{sv0}、A_{sv1}——分别为墙的面外水平筋设计(墙的左右截面设计)每延米的配筋面积(cm^2/m)、墙的面外竖向筋设计(墙的顶底截面设计)每延米的配筋面积(cm^2/m);

H、V——水平分布筋、竖向分布筋标志。

(2) 转换墙的配筋结果表达方式(按梁设计)(图 4-75)。

$$I \underline{\quad\quad\quad\quad\quad\quad}_{BA_{sd} - TA_{su} - GA_{sv}} J$$

图 4-75　转换墙的配筋结果表达方式

图中:A_{sd}、A_{su}、A_{sv}——分别为梁的下部配筋面积(cm^2)、梁的上部配筋面积(cm^2)、梁箍筋间距范围内的箍筋面积(cm^2)。

B、T、G——分别为梁的下部配筋、上部配筋、箍筋标志。

11. 设计指标

"边缘构件"和"轴压比"均可查看边缘构件、轴压比及梁柱节点验算、长度系数等信息，不同之处在于"边缘构件"默认显示边缘构件简图，"轴压比"默认显示轴压比及梁柱节点验算简图。

这部分包含的内容如图 4-76 所示。有些设计指标是多类构件都有，如剪压比、剪跨比等；有些设计指标是某一类构件特有，如柱节点域剪压比、墙施工缝验算信息等；另外，钢管束剪力墙的设计指标只是针对特定设计者提供，如果工程中没有此类构件可以不予理会。

图 4-76 设计指标菜单示意图

显示限值的选项勾选后，如果该设计指标存在限值，则指标值与限值会同时显示，可以清楚地进行比较，尤其对于超限的内容，可明确知道超限的幅度，以便于后续的调整。

1）边缘构件

选中"边缘构件"选项，单击"应用"按钮即可查看边缘构件简图。

（1）边缘构件的技术细节。《建筑抗震设计规范》（GB 50011—2010）第 6.4.5 条和《高层建筑混凝土结构技术规程》（JGJ 3—2010）第 7.2.14 条，明确提出了剪力墙端部应设置边缘构件的要求，并且列出了常见的 4 种边缘构件的形式。对每种形式的边缘构件，规定了配筋阴影区尺寸的确定方法以及主筋、箍筋的最小配筋率。

（2）边缘构件简图的说明。单击"边缘构件"选项，程序将自动绘出当前楼层的边缘构件简图。每一个边缘构件上都沿着主肢方向标出了其特征尺寸 l_c、l_s 和 l_t（如果有这个参数的话）以及主筋面积、箍筋面积或者配箍率。尺寸参数前面都加了识别符号 l_c、l_s 或 l_t；主筋面积前面有一个识别符号 A_s，其单位是 mm^2。箍筋标出配箍率，配箍率前面有识别符号 ρ_{sv}。

新规范增加了关于过渡层的要求，因此软件中用"♯＋灰"表示构造边缘构件，"♯＋蓝"表示过渡层边缘构件，"&＋红"表示约束边缘构件。即在边缘构件编号后面加♯且阴影区填充灰色时，为构造边缘构件；边缘构件编号后面加♯且阴影区填充蓝色时，为过渡层边缘构件；边缘构件编号后面加&且阴影区填充红色时，为约束边缘构件。

2）轴压比及梁柱节点验算

选中"轴压比"及"梁柱节点验算"选项，单击"应用"按钮即可查看轴压比及梁柱节点核心区两个方向的配箍值（一个间距范围内的配箍面积）。如果存在超限情况，程序用红色字符显示。

轴压比菜单中增加了"组合轴压比"选项，用于考虑翼缘部分对于剪力墙轴压比的贡献。

3）剪跨比

选中"剪跨比"选项，单击"应用"按钮即可查看柱、墙的剪跨比简图。计算剪跨比时采用简化算法还是通用算法在图中会有明显的颜色区分。

提示：当柱采用简化算法时，两个方向本来剪跨比是不同的，这里两方向都取了最不利方向的剪跨比。

4）长细比

选中"长细比"选项，单击"应用"按钮即可查看柱的长细比简图。

12. 梁设计内力包络

通过该菜单可以查看梁和转换墙各截面设计内力包络图。每根梁（转换墙）给出 9 个设计截面，梁（转换墙）设计内力曲线是将各设计截面上的控制内力连线而成的。

13. 梁设计配筋包络

通过该菜单可以查看梁各截面设计配筋包络图。图上负弯矩对应的配筋以负数表示，正弯矩对应的配筋以正数表示。

14. 柱墙截面设计控制内力

通过该菜单可以查看柱墙的截面设计控制内力简图。若轴力为拉力时，用红色标记。主要参数说明如下：

（1）始端指底端，终端指顶端。

（2）砼柱墙 A_{sx}。单击此选项显示计算 A_{sx} 时的控制设计弯矩及其对应的轴力。

（3）砼柱墙 A_{sy}。单击此选项显示计算 A_{sy} 时的控制设计弯矩及其对应的轴力。

（4）砼柱墙 A_{vx}。单击此选项显示计算 A_{vx} 时的控制设计剪力及其对应的轴力。

（5）砼柱墙 A_{vy}。单击此选项显示计算 A_{vy} 时的控制设计剪力及其对应的轴力。

15. 构件信息

通过该菜单可以在 2D 或 3D 模式下查看任一或若干楼层各构件的某项列表信息。如需要查看抗震等级，可以在左侧树状列表中单击"抗震等级"按钮，切换到构件的抗震等级简图进行查看。可以通过构件开关控制是否显示某类构件的相应信息。如果该构件不存在当前信息项则不进行显示。

提示：仅"SATWE 核心的集成设计"存在"构件信息"，"PMSAP 核心的集成设计"和"Spas＋PMSAP 的集成设计"不存在。

16. 弹性时程分析

如果做了时程分析，通过"弹性时程分析"菜单可以查看结构的弹性时程分析结果。该菜单包括五部分内容：整体指标、时程显示、反应谱、滞回曲线和能量图，如图 4-77 所示。

1）整体指标

"整体指标"对话框可以显示楼层位移、层间位移角、侧向荷载、楼层剪力和楼层弯矩，选择指定的塔号和地震波方向单击"应用"按钮，即可画出对应的楼层指标图。

2）时程显示

"时程显示"对话框可以显示地震波曲线、结构时程动画、节点位移时程曲线、节点速度

图 4-77 "弹性时程分析"
菜单

时程曲线、节点加速度时程曲线、节点位移谱曲线、节点速度谱曲线和节点加速度谱曲线。

（1）当把"地震波"作为选中项时,选择指定的地震波,单击"应用"按钮,即可显示地震波曲线。

（2）当把"结构时程"作为选中项时,选择指定的地震波和地震波方向,单击"应用"按钮,即可显示结构的时程动画。

（3）当把"节点加速度时程"作为选中项时,选择地震波和地震波方向后单击"应用"按钮选择指定的节点,即可显示节点加速度时程曲线。节点位移时程曲线、节点速度时程曲线、节点位移谱曲线、节点速度谱曲线和节点加速度谱曲线显示同节点加速度时程曲线,这里不再另作说明。

3）反应谱

"反应谱"对话框可以显示每条地震波的波谱曲线、规范谱曲线和平均谱曲线。程序最多可以处理 10 条地震波。为了便于比较,规范谱曲线、每条地震波的波谱曲线和平均谱曲线都被画在同一张图上,并以不同颜色区分。

4）滞回曲线

滞回曲线对话框可以显示 x 轴、y 轴的"时间""相对位移""相对速度""相对加速度""力"选项,"选择地震波""作用方向""局部系方向",通过"选择构件"按钮选择构件后,单击"应用"按钮,可显示构件的滞回曲线。

5）能量图

该菜单可以绘制"曲线方式"的能量图和"云图方式"的能量图。

17. SATWE 地下室外墙设计

随着车库等地下室结构的逐渐增多,地下室的计算非常重要。地下室外墙计算存在着荷载形式多样、约束条件复杂的情况。

SATWE 软件提供了有限元方式计算剪力墙的水压力、土压力,对承受面外荷载的墙给出墙的面外弯矩和配筋。由于整体有限元计算是按照各层连续、墙周边弹性支撑的精确模型完成的,配筋符合实际情况,可避免出现旧版软件中地下室外墙配筋不合理的现象。

1）前处理参数

在"地下室信息"对话框定义地下室外墙相关信息,如图 4-78 所示,可以设置地下室外墙的相关信息。

2）形成整体分析模型

参数定义完成后,单击"生成数据"命令,可以生成按照有限元方法计算的考虑地下室外墙的整体结构模型。

3）结果查看

计算结果中新增"地下室外墙"项,可以查看有限元计算位移、内力、应力及配筋结果。为了方便设计者查看,地下室外墙配筋给出了"精细方式"和"简化方式"两种方法。在三维状态下,两种方法表现形式有所不同。

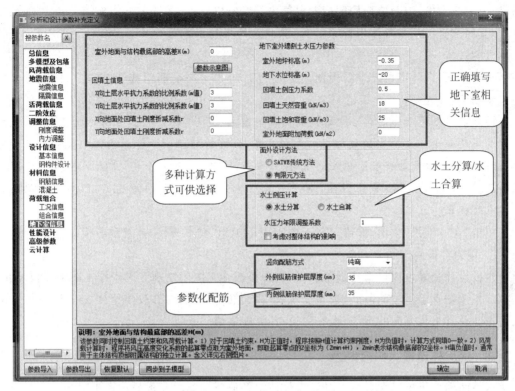

图 4-78　"地下室信息"对话框

18. SATWE 楼板

程序加入了楼板设计功能,还提供了便捷通道直接接力楼板施工图,以便加快设计者的设计流程。SATWE 程序对楼板作了 4 种假定:①刚性楼板。假定楼板整体平面内无限刚,忽略了楼板平面外刚度,适用于多数常规结构;②弹性楼板 6。假定采用壳单元真实计算楼板的面内刚度和面外刚度,主要用于板柱结构(无梁楼盖)及厚板转换结构;③弹性楼板 3。假定楼板平面内无限刚,而平面外刚度真实考虑,主要用于厚板转换结构;④弹性膜。假定采用平面应力膜单元真实计算楼板平面内刚度,忽略楼板平面外刚度(面外刚度为 0),适用于空旷的工业厂房和体育场馆的楼板、楼板局部开大洞形成的狭长板带、有效宽度狭窄的环形楼板、有狭长外伸段的楼板、局部变狭窄形成薄弱连接部位的楼板、连体多塔连接部位的楼板、框支转换结构中转换楼层的楼板等。

1) 查看结果

经过以上设定,SATWE 会自动计算楼板的内力和配筋。设计者可以在后处理中查看内力和配筋的详细设计结果。设计者可以通过左侧停靠对话框的下拉菜单选择查看变形、应力和配筋的情况,可以选择查看各节点变形、应力和配筋的值或者云图。

对于变形,设计者可以选择查看各单工况或各组合下每个节点的 6 个位移分量的值,6 个分量的值均按整体坐标系给出。

对于应力,设计者可以选择查看各单工况或各组合下的每个节点的 8 个应力分量的值,以及主应力值,应力值均按照板的局部坐标系给出(对于平行于整体坐标 xoy 平面的平面板,其局部坐标系与整体坐标系一致,除此之外板的局部系可查看 WPOLYREIN. OUT 文本内容)。

对于配筋,设计者可以查看板顶或板底的 x 向和 y 向配筋值或云图,也可以查看楼板简化配筋值。

提示:此处说的 x 向和 y 向配筋指的是沿着 ALF 和 ALF+90°方向的配筋(ALF 是配筋方向与局部坐标系 x 轴的逆时针转动的夹角,根据前处理板的特殊构件中配筋角度 α 得到)。显示配筋值或者楼板简化配筋值时,每个节点(边)上有两个值,上方的值为 x 向配筋值(ALF),下方的值为 y 向配筋值(ALF+90°),楼板的配筋方向角度 ALF 在简化配筋的中心点处标出。

单击"文本结果"菜单,弹出 WPOLYREIN. OUT 文本文件,可查看各板的配筋情况。

2)接力楼板施工图

楼板设计结果可以接力楼板施工图,实现楼板施工图的绘制。对于施工图中楼板配筋,楼板边界按垂直于板边的负筋(板顶受拉)计算配筋值,楼板内部按与整体 x 轴最小角度的长边方向及其垂直方向的正筋(板底受拉)计算配筋值。

19. 底层柱墙最大组合内力

通过此项菜单可以把专用于基础设计的上部荷载以图形方式显示出来。

提示:该菜单显示的基础设计内力仅供参考,更准确的基础荷载,应由基础设计软件读取上部分析的标准内力,在基础设计时组合配筋得到;该菜单仅提供二维平面图模式,不支持三维单线图显示。

(1)组合类别。分为基本组合、标准组合、准永久组合和频遇组合 4 种。目前,"SATWE 核心的集成设计"仅包括基本组合和标准组合的恒+活(D+L),"PMSAP 核心的集成设计"和"Spas+PMSAP 的集成设计"包括上述 4 种组合。

(2)选择组合。程序提供了 6 种组合,分别为:① 最小轴力 N_{min};②最大轴力 N_{max};③ x 向最大剪力 Vx_{max};④ y 向最大剪力 Vy_{max};⑤ x 向最大弯矩 Mx_{max};⑥ y 向最大弯矩 My_{max}。

施工图中,每根柱标示 5 个数字,分别为该柱 x 向剪力、y 向剪力、柱底轴力、x 向弯矩和 y 向弯矩。每片墙柱输出 3 个数字,分别为该墙柱的面内剪力、轴力和面内弯矩。

(3)力系平移。即基础反力点向下平移的距离,可以将整个力系进行平移,查看平移后结构底部构件相应的内力值。

20. 吊车预组合内力

通过此菜单可以显示梁、柱在吊车荷载作用下的预组合内力。若未计算吊车荷载,该菜单将置灰。其中,每根柱输出 7 个数字,从上到下分别为该柱 x、y 方向的剪力 Shear-x、Shear-y,柱底轴力 Axial 和该柱 x、y 方向的柱顶弯矩 M_{xu}、M_{yu},柱底弯矩 M_{xd}、M_{yd}。

提示:该菜单仅提供二维平面图模式,不支持三维单线图显示。

21. 交互包络

默认包络是对全楼所有构件的正截面和斜截面同时进行包络,为了满足设计人员对指定构件按指定包络类型进行包络的需求,后处理增加了交互包络功能。

交互包络程序的实现有以下几个原则:

原则 1:在包络计算时,总是将参与包络计算的第一个子模型的结果对主模型的结果进行覆盖,从第二个参与包络计算的子模型开始进行结果取大操作。

原则 2:交互包络只对指定构件进行包络计算,非指定构件不进行任何操作。例如:第一次对柱进行包络计算,此时只有柱参与了包络计算。第二次对梁进行包络计算,此时只有梁参与了包络计算,但包络来源信息中的结果是柱和梁均进行了包络计算(柱取第一次的包络结果,梁取第二次的包络结果),即包络结果进行了累加。

原则 3:如果参与包络子模型数为 0,则结果取上一次的包络结果。

22. 修改性能目标

程序在"计算结果"→"多模型数据"添加了"修改性能目标"的功能。在后处理通过该功能可实现构件的性能目标修改,但子模型列表应有相应的性能设计子模型并进行计算。例如:将某根梁的性能目标由中震不屈服修改为中震弹性,则子模型列表应有中震弹性子模型并进行计算。

构件的性能指标由一个四位数标识,这四位数依次标识大震正截面、大震斜截面、中震正截面、中震斜截面,每一位数的取值为 1~3,其中 1 代表不考虑、2 代表不屈服、3 代表弹性。比如数字"1233",第一位"1"表示大震正截面不考虑性能设计,第二位"2"表示大震斜截面按照不屈服考虑性能设计,第三位"3"表示中震正截面按照弹性考虑性能设计,第四位"3"表示中震斜截面按照弹性考虑性能设计。

23. 自然层配筋包络

自然层配筋包络是指将整体结构划分为若干钢筋层,每个钢筋层包含若干个平面布置相同或相近的自然层,对同一钢筋层内各自然层相同位置构件的配筋结果进行包络取大。

1)编辑钢筋层表

钢筋层表将整个结构划分为若干钢筋层,每个钢筋层包含了结构平面布置相同或相近的若干自然层。单击"编辑钢筋层表"按钮,弹出"定义钢筋标准层"对话框(图 4-79)。编辑钢筋层表的方式包括:在左侧树状列表中将自然层节点拖动到对应的钢筋层节点;在左侧树状列表中选中待编辑钢筋层,单击右上角"选择楼层"按钮,打开选择楼层对话框直接编辑当前钢筋层包含的自然层,如果删除了若干自然层,程序会自动增加钢筋层来放置这些自然层;在右侧"钢筋标准层分配表"中修改各自然层对应的钢筋层,即对第三列数据进行编辑;程序还提供了按标准层或按自然层编辑钢筋层表的快捷方式,单击相应按钮,会按照一个标准层对应一个钢筋层或一个自然层对应一个钢筋层的方式生成当前钢筋层表。设计者可根据需要定义一个或多个钢筋层表,程序默认至少有一个钢筋层表。完成编辑后需要单击"确定"按钮保存数据。

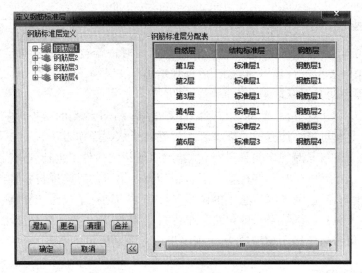

图 4-79　"定义钢筋标准层"对话框

2）包络设置及计算

进行自然层配筋包络计算前，需要先在左侧停靠对话框中进行配筋包络设置。对于需要进行配筋包络的构件类型，需要在左侧复选框中勾选该类构件，程序才会对该类构件进行配筋包络计算。对需要进行包络的各类构件，应根据需要选择相应的钢筋层表。

完成包络设置后，单击"配筋包络计算"按钮，程序会根据设计者定义的包络设置进行配筋包络计算。

3）包络结果查看

完成包络计算后，设计者可以在图形界面查看配筋包络结果。可以在左侧对话框中修改显示设置方便查看。通过在"混凝土构件配筋及钢结构验算"和"边缘构件"菜单间切换，可以查看梁、柱、支撑、墙梁、墙柱和边缘构件的配筋结果。也可以选择是否显示某种类型构件的包络结果，或修改显示数据的有效位数。

在显示设置中单击"构件包络查看"选项，可以查看各构件的包络结果来自哪些自然层。无显示结果表示该构件的包络结果来自所属钢筋层包含的所有自然层（即该构件在各参与包络的自然层均找到了对应构件），如果在某个参与包络的自然层未找到对应构件，则显示该构件参与包络的自然层号。

4.5　结构整体性能控制

完成结构建模和 SATWE 参数设置后，就可以进行结构内力和配筋计算，由于不确定因素较多，结构计算不可能一次完成，需要不断调整和修改，一般需要如下 4 个计算步骤完成结构设计与配筋。

1. 完成整体参数的正确设置

需要通过 SATWE 计算确定的主要参数有 3 个：**振型数、最大地震作用方向**和**结构基**

本周期。设计人员可以查看软件输出文本文件 WZQ. OUT,确认**有效质量系数**是否满足规范规定的大于 90% 的要求,若不满足,应增加振型数重新计算使之满足要求;如果计算出的最大地震作用方向和结构基本周期(第 1 振型)与输入值相差较多,应将计算值作为已知的参数值输入,重新计算。

2. 确定整体结构合理性

设计者应将"**轴压比、周期比、位移比和位移角、刚度比、层间受剪承载力比、剪重比和刚重比**"控制在规范允许的范围内。

1) 轴压比

轴压比是指柱考虑地震作用组合的轴压力设计值与柱截面面积和混凝土轴心抗压强度设计值乘积的比值,主要**控制柱的延性**,轴压比不满足要求,结构的延性要求无法保证,可增大承重墙和柱的截面面积或提高该层承重墙、柱的混凝土强度等级;轴压比过小,则说明结构的经济技术指标较差,应减少承重墙和柱的截面面积。

2) 周期比

周期比是指结构扭转为主的第一自振周期 T_t 与平动为主的第一自振周期 T_1 之比,主要为控制结构扭转效应,减少扭转对结构抗震产生的不利影响。《高层建筑混凝土结构技术规程》(JGJ 3—2010)第 3.4.5 条规定:"结构扭转为主的第一自振周期 T_t 与平动为主的第一自振周期 T_1 之比,A 级高度高层建筑不应大于 0.9,B 级高度高层建筑、超过 A 级高度的混合结构及复杂高层建筑不应大于 0.85。"

提示:周期比不满足要求的解决方法有二,方法一:可去除平面中部的部分剪力墙,使 T_1 增大;方法二:在建筑平面周边增加剪力墙,提高扭转刚度,使 T_t 减小。

3) 位移比和位移角

位移比是指楼层内最大的弹性水平位移(或层间位移)与该楼层两端弹性水平位移(或层间位移)平均值的比值。《高层建筑混凝土结构技术规程》(JGJ 3—2010)第 3.4.5 条规定:"在考虑偶然偏心影响的规定水平地震作用下,楼层竖向构件的最大水平位移和层间位移,A、B 级高度高层建筑不宜大于该楼层平均值的 1.2 倍,且 A 级高度高层建筑不应大于该楼层平均值的 1.5 倍;B 级高度高层建筑、混合结构高层建筑及复杂高层建筑,不应大于该楼层平均值的 1.4 倍"。控制位移比的目的是限制结构平面布置的不规则性,避免产生过大的偏心导致结构产生较大的扭转效应。

提示:计算位移比采用"规定水平力"计算,考虑偶然偏心和刚性楼板假定,不考虑双向地震作用。

位移角也称层间位移角,是指按弹性方法计算的楼层层间最大位移与层高之比。《高层建筑混凝土结构技术规程》(JGJ 3—2010)第 3.7.3 条和《建筑抗震设计规范》(GB 50011—2010)第 5.5.1 条规定了不同高度及结构体系的建筑对位移角的限制。控制位移角的主要目的是控制结构的侧向刚度。位移角超限时可通过调整结构平面布置,减小结构刚度中心与质量中心的偏心距。

提示:计算位移角时取"风荷载或多遇地震作用标准值",不考虑偶然偏心和双向地震作用。

4）刚度比

刚度比的计算主要是用来控制结构的**竖向规则性**,确定结构中的**薄弱层**,或用于判断地下室结构刚度是否满足嵌固要求。《建筑抗震设计规范》(GB 50011—2010)第 3.4.3 条规定,当某层结构的侧向刚度小于相邻上一层的 70%,或小于相邻 3 个楼层侧向刚度平均值的 80%,则该结构为竖向不规则。刚度比不满足时,调整层高,加强或削弱相关层刚度。

5）层间受剪承载力比

层间受剪承载力比是指楼层全部柱、剪力墙和斜撑的受剪承载力之和与其上一层的承载力之比。主要为限制结构竖向布置的不规则性,避免楼层抗侧力结构的受剪承载力沿竖向突变、形成薄弱层。《建筑抗震设计规范》(GB 50011—2010)第 3.4.3 条规定,当抗侧力结构的层间受剪承载力小于相邻上一楼层的 80%时,则该结构为竖向不规则。

6）剪重比

剪重比是指结构任一楼层的水平地震作用标准值的楼层剪力与该层及其以上各层总重力荷载代表值的比值。《建筑抗震设计规范》(GB 50011—2010)第 5.2.5 条规定了不同烈度下楼层的最小地震剪力系数(剪重比),目的是控制楼层的最小地震剪力,保证结构的安全。

7）刚重比

刚重比为结构侧向刚度与重力荷载设计值之比。主要是控制在风荷载或水平地震作用下,重力荷载产生的二阶效应不致过大,避免结构的失稳倒塌。《高层建筑混凝土结构技术规程》(JGJ 3—2010)第 5.4.1 条和第 5.4.4 条给出了刚重比的限值。刚重比不满足要求,可以加强承重墙和柱的竖向刚度。

3. 构件截面配筋优化设计

前 2 个步骤主要是对结构整体合理性的计算和调整,这一步主要检查梁、柱、剪力墙超筋;进行截面优化,做到计算结果不超限,并进行截面优化,截面配筋经济合理。

计算结果不超筋,并不表示构件初始设置的截面和形状合理,设计人员还应进行优化设计,在保证结构安全的前提下,使截面的大小和形状合理,并节省材料。

4. 满足配筋构造措施要求

进入施工图绘图阶段,设计者可通过 SATWE"混凝土结构施工图"菜单,完成对梁、柱、剪力墙和楼板施工图的绘制。配筋计算需要输入合理的归并系数、梁支座形式、钢筋选筋库、梁柱最小钢筋直径、钢筋放大系数、框架顶角配筋方式、柱纵筋搭接、箍筋形式、根据裂缝选筋等。对初次计算结果不满意,应进行多次试算调整,要认真检查施工图。

4.6　SATWE 有限元分析软件应用实例

请使用 SATWE 软件对实例 3-11 的结构进行计算分析。完成结构建模后,单击"SATWE 分析设计"可对建成的结构模型进行分析计算,主要包括:设计模型前处理、生成数据及计算、计算结果查看和计算结果分析对比。

4.6.1　设计模型前处理

1. 参数补充定义

单击"SATWE 分析设计"→"前处理及计算"→"参数定义"菜单,可对该办公楼结构建模中设计参数进行补充完善,各参数的具体含义可参见 4.2.2 节的内容。本实例在各选项卡中参数的取值如图 4-80～图 4-86 所示。

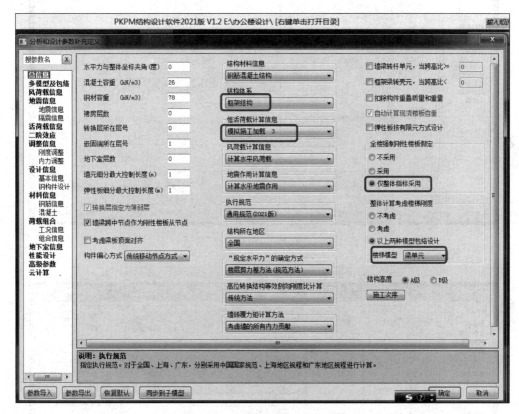

图 4-80　办公楼"总信息"对话框

2. 特殊构件补充定义

单击"特殊构件补充定义"菜单上任意一个按钮后,会弹出第一结构标准层平面简图,在左侧提供分级菜单,如图 4-87 所示。

本例题只需要定义角柱和将次梁定义为两端铰接梁。

单击"特殊柱"→"角柱"→"自动生成"→"全楼角柱"菜单,完成角柱定义。

单击"特殊梁"→"两端铰接"→"自动生成"→"砼次梁全楼铰接"菜单,将次梁定义为两端铰接梁。

对于已定义的角柱和两端铰接梁,可以通过单击右下角工具条按钮来切换是否进行文字显示。如两端铰接梁以颜色显示时在梁两端各出现一个红色小圆点,而文字显示则可在梁上方标注"两端铰接梁"。

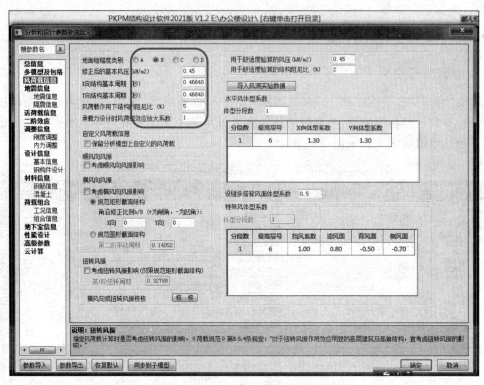

图 4-81　办公楼"风荷载信息"对话框

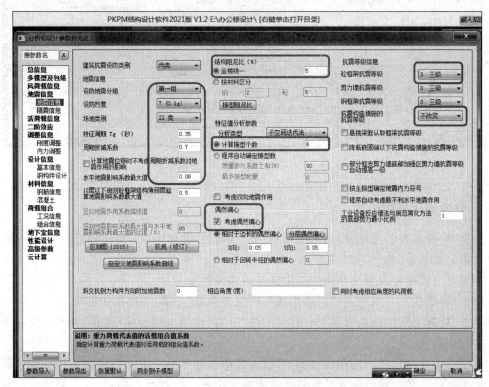

图 4-82　办公楼"地震信息"对话框

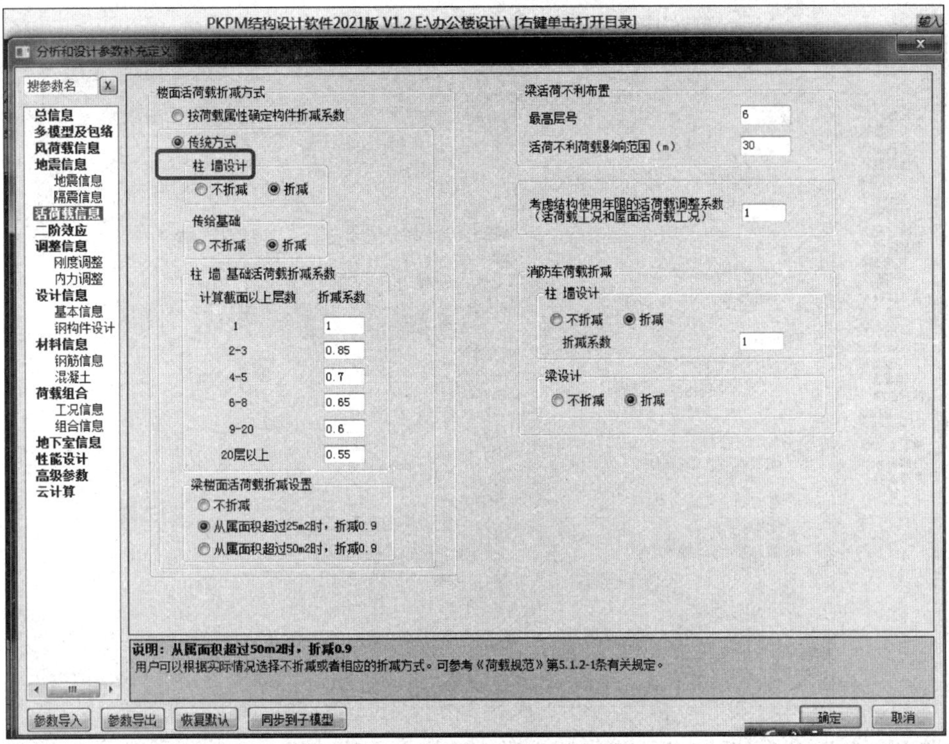

图 4-83　办公楼“活荷载信息”对话框

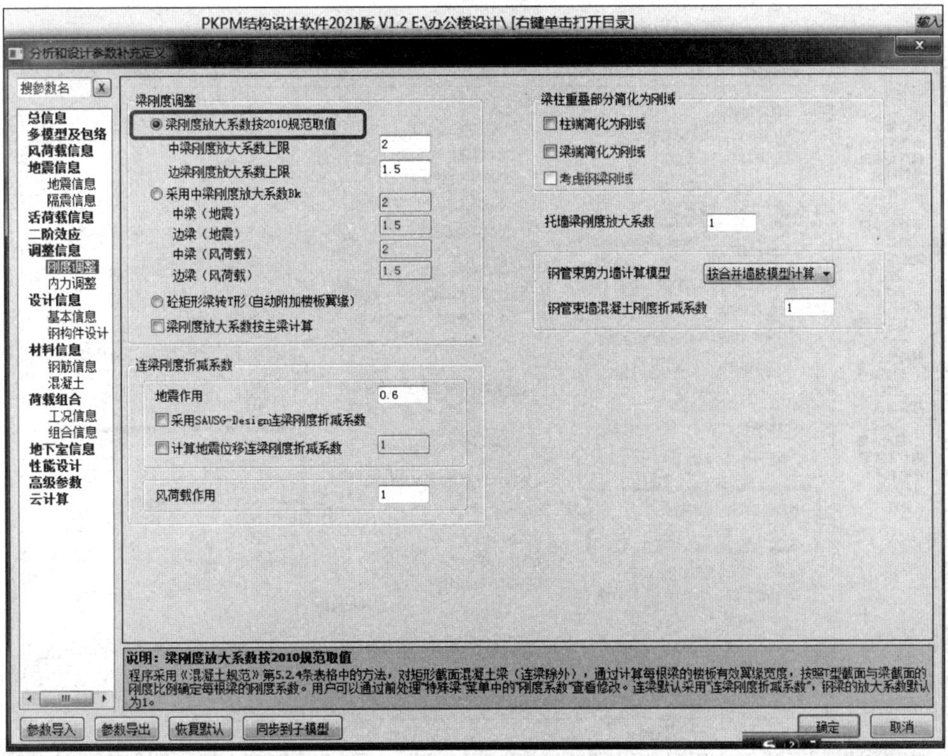

图 4-84　办公楼“刚度调整”对话框

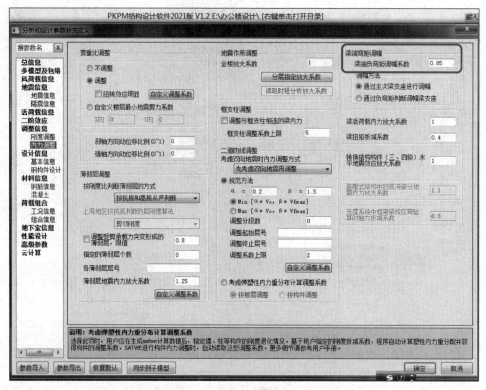

图 4-85　办公楼"内力调整"对话框

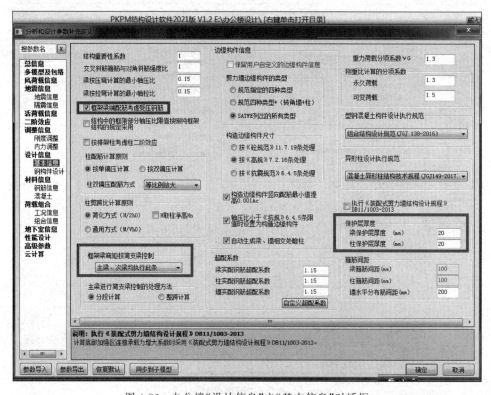

图 4-86　办公楼"设计信息"之"基本信息"对话框

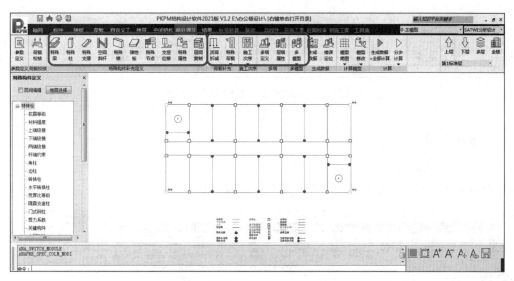

图 4-87　特殊构件补充定义菜单

本例题不需要定义"荷载补充""施工次序""多塔"。

4.6.2　生成数据及计算

执行完"平面荷载校核"菜单和设计模型前处理后,进入"**生成数据**"和"**分步计算/计算＋配筋**"或"**生成数据＋全部计算**"菜单,如图 4-88 所示,这项菜单是 SATWE 前处理的核心菜单,其功能是综合 PMCAD 生成的建模数据和前述几项菜单输入的补充信息,将其转换成空间结构有限元分析所需的数据格式。所有工程都必须执行本项菜单,正确生成数据并通过数据检查后,方可进行下一步的计算分析。设计者可以单步执行"**生成数据**"和"**分步计算/计算＋配筋**",也可以单击"**生成数据＋全部计算**"菜单,一键完成结构模型全部计算,并自动进入"计算结果"查看菜单页面。设计人员可点选不同菜单查看模型的计算结果。

提示:新建工程必须在执行"生成数据"或"生成数据＋全部计算"后,才能生成分析模型数据,继而才允许对分析模型进行查看和修改。若对分析模型进行了修改,必须重新执行"计算＋配筋"菜单,才能得到针对新的分析模型的分析和设计结果。

图 4-88　生成数据及计算菜单

4.6.3　计算结果查看

SATWE 计算结果查看菜单项内容丰富,主要有分析结果、计算结果和文本结果,如图 4-89 所示。

图 4-89　SATWE 计算结果查看菜单

1. 分析结果

1）振型与局部振动

振型菜单用于查看结构的三维振型图及其动画，如图 4-90 所示。

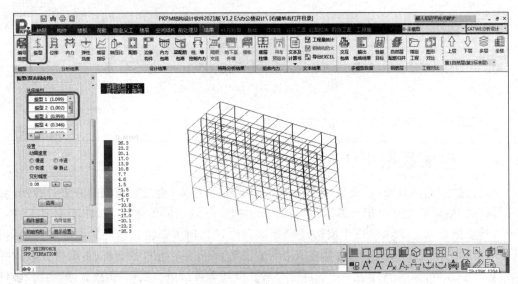

图 4-90　办公楼三维振型图

通过该菜单，设计者可以观察办公楼各振型下结构的变形形态，判断结构的薄弱方向，确认结构计算模型是否存在明显的错误。

"SATWE 核心的集成设计"提供局部振动功能，当结构不存在局部振动时，该功能按钮将灰显。局部振动一般是由结构模型存在错误或缺陷造成的，如梁悬空、结构局部刚度偏柔等。存在局部振动时，结构有效质量系数一般较小，地震作用计算结构不准确，一般应修改结构模型。当采用较多的计算振型数时有效质量数仍不满足要求，或采用程序自动确定振型数功能时长时间不能完成计算，此时结构可能存在局部振动。

2）位移

此项菜单可用来查看不同荷载工况作用下结构的空间变形情况。通过"位移动画"和"位移云图"选项可以清楚地显示不同荷载工况作用下结构的变形过程，在"位移|标注"选项中还可以看到不同荷载工况作用下节点的位移数值，如图 4-91 所示。

3）内力图

通过此项菜单可以查看不同荷载工况下各类构件的内力图，该菜单包括设计模型内力和设计模型内力云图选项，如图 4-92 所示。

设计模型内力对话框可以查看各层梁、柱、支撑、墙柱和墙梁的内力图，还可以查看单个

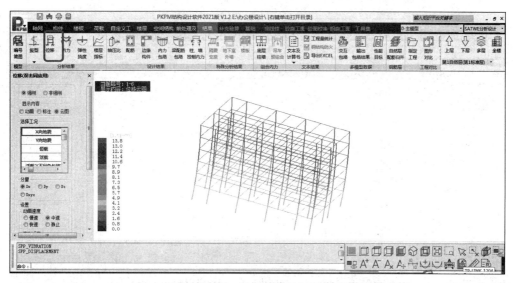

图 4-91　办公楼位移云图

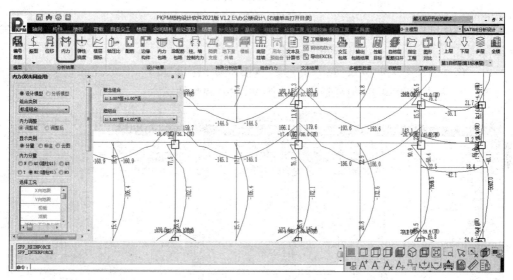

图 4-92　办公楼内力图

构件的内力图,设计模型内力云图对话框可以显示不同荷载工况下梁、柱、支撑、墙柱和墙梁各内力分量的彩色云图。

4) 弹性挠度

通过此项菜单可查看梁在各个工况下的垂直位移,如图 4-93 所示。该菜单分为"绝对挠度""相对挠度"和"跨度与挠度之比"3 种形式显示梁的变形情况。所谓"绝对挠度"即梁的真实竖向变形,"相对挠度"即梁相对于其支座节点的挠度。

2. 设计结果内容

1) 轴压比

此菜单用于查看墙、柱的轴压比、剪跨比、柱长度系数、梁柱节点核心区验算等,如图 4-94

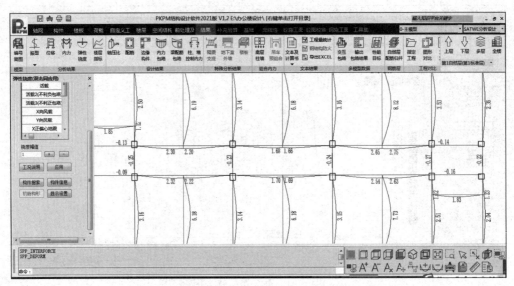

图 4-93　办公楼弹性挠度图

所示。轴压比菜单中增加了"组合轴压比"选项,用于考虑翼缘部分对于剪力墙轴压比的贡献。

由于该办公楼框架的抗震等级为 3 级,从图形输出文件可知,首层柱的轴压比最大为 0.65 < 0.85,满足规范要求,但柱截面尺寸偏大,需要调整轴压比。

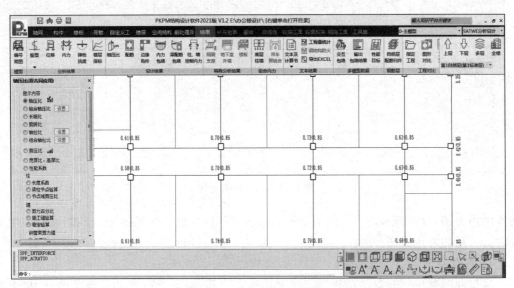

图 4-94　办公楼轴压比简图

2）构件配筋图

通过此项菜单可以查看构件的配筋验算结果,如图 4-95 所示。如果没有显示红色数据,表示梁、柱截面取值合适,没有超筋现象,符合配筋计算和抗震构造要求,可以进行混凝土施工图的绘制工作。

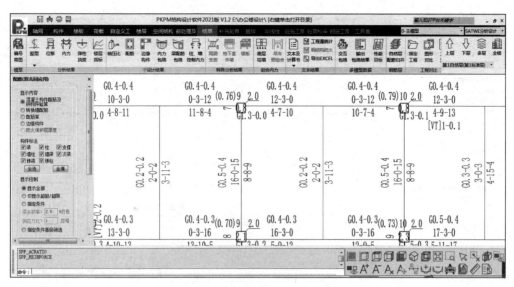

图 4-95　办公楼轴性的简图

3）梁设计内力包络图

通过该菜单可以查看梁各截面设计的内力包络图,弯矩包络图如图 4-96 所示。

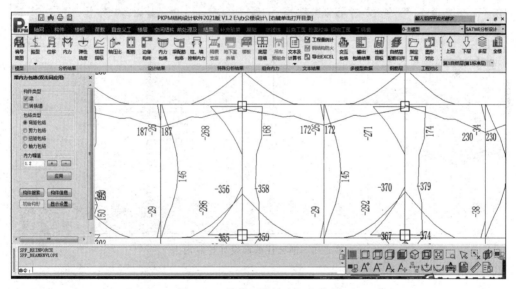

图 4-96　梁截面设计变矩包络图

4）梁配筋包络图通过该项菜单可以查看梁各截面设计配筋包络图,如图 4-97 所示。

5）柱和墙截面设计控制内力

通过此项菜单可以查看柱的截面设计控制内力,如图 4-98 所示。

6）竖向指标

通过此项菜单可以查看在前面设计信息及 SATWE 补充信息中设计人员填入及调整修改的一些构件信息,如框架梁柱抗震等级、材料强度、保护层厚度、调整系数、折减系数等。

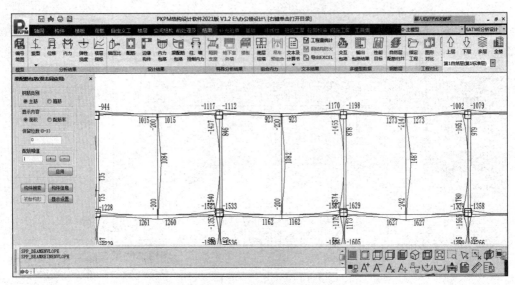

图 4-97 梁配筋包络图

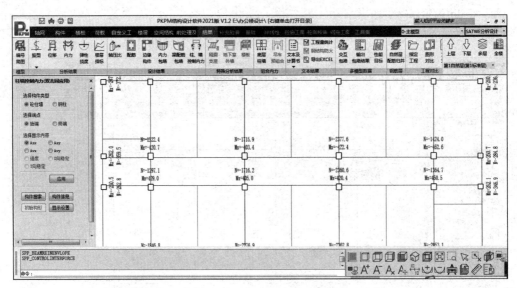

图 4-98 框架柱截面设计控制内力

3. 文本及计算书

1) 文本查看内容

文本查看内容包括结构模型概况、工况和组合、质量和信息、荷载信息、立面规则性、抗震分析及调整、变形验算、舒适度验算、抗倾覆和稳定性验算、超筋超限信息、指标汇总等,如图 4-99 所示。

2) 计算书内容

计算书包括设计依据、计算软件信息、主模型设计索引(需进行包络设计)、结构模型概况、工况和组合、质量信息、荷载信息、立面规则性、抗震分析及调整、变形验算、舒适度验算、

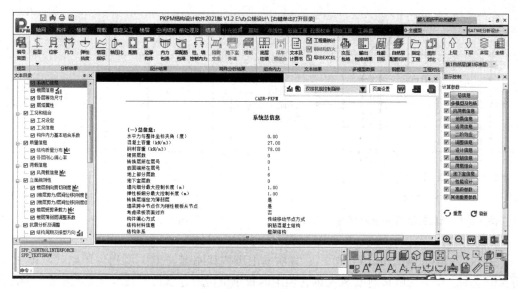

图 4-99　文本查看内容汇总

抗倾覆和稳定验算、时程分析计算结果（需进行时程分析计算）、超筋超限信息、结构分析及设计结果简图等。

4.6.4　计算结果分析对比

1. 建筑质量信息

根据《高层建筑混凝土结构技术规程》（JGJ 3—2010）第 3.5.6 条的规定，楼层质量沿高度宜均匀分布，楼层质量不宜大于相邻下部楼层的 1.5 倍。

该办公楼各层质量分布及质量比详见表 4-3，图 4-100 和图 4-101 所示。

表 4-3　办公楼各层质量分布

层　　号	恒载质量/t	活载质量/t	层质量/t	质量比
6	410.6	11.5	422.1	0.83
5	449.2	58.2	507.5	0.97
4	460.7	63.7	524.3	1.00
3	458.8	63.7	522.5	1.00
2	458.8	63.7	522.5	0.97
1	472.9	63.7	536.5	1.00

根据表 4-3、图 4-100 和图 4-101 可知，该办公楼结构的楼层质量比满足规范要求。

2. 立面规则性

1）刚度比

《高层建筑混凝土结构技术规程》（JGJ 3—2010）第 3.5.2-1 条规定：对框架结构，楼层与其相邻上层的侧向刚度比不宜小于 0.7，与相邻上部 3 层刚度平均值的比值不宜小于 0.8。

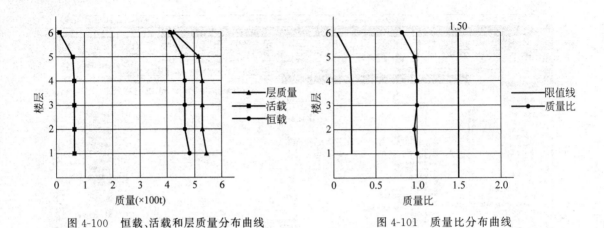

图 4-100　恒载、活载和层质量分布曲线　　　　图 4-101　质量比分布曲线

Ratx1,Raty1(刚度比 1)：取 x、y 方向本层塔侧移刚度与上一层相应塔侧移刚度 70% 的比值或上三层平均侧移刚度 80% 的比值中的较小值(按《建筑抗震设计规范》第 3.4.3 条和《高层建筑混凝土结构技术规程》(JGJ 3—2010)第 3.5.2-1 条)，计算结果见表 4-4 和图 4-102。

表 4-4　办公楼楼层刚度比

层 号	1	2	3	4	5	6
Ratx1	* 0.94 *	1.31	1.44	1.45	1.98	1.00
Raty1	* 0.99 *	1.20	1.26	1.32	1.83	1.00

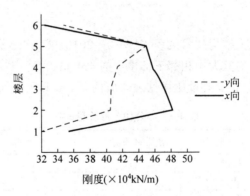

图 4-102　办公楼多方向刚度比简图

该办公楼结构第一楼层侧向刚度比不满足规范要求，应进行调整。

2) 各楼层受剪承载力

《高层建筑混凝土结构技术规程》(JGJ 3—2010)第 3.5.3 条规定：A 级高度高层建筑的楼层抗侧力结构的层间受剪承载力不宜小于其相邻上一层受剪承载力的 80%，不应小于其相邻上一层受剪承载力的 65%；B 级高度高层建筑的楼层抗侧力结构的层间受剪承载力不应小于其相邻上一层受剪承载力的 75%。

办公楼各楼层受剪承载力及承载力比值结果详见表 4-5 和图 4-103。结构设定的限值是 80%，并无楼层承载力突变的情况，满足规范要求。

表 4-5　各楼层受剪承载力及承载力比值

层　号	V_x/kN	V_y/kN	V_x/V_{xp}	V_y/V_{yp}	比值判断
6	2343.23	2459.18	1.00	1.00	满足
5	3118.40	3291.75	1.33	1.34	满足
4	3804.33	3875.81	1.22	1.18	满足
3	4406.21	4527.74	1.16	1.17	满足
2	4902.13	5107.00	1.11	1.13	满足
1	4635.81	4831.08	0.95	0.95	满足

注：V_x、V_y 为楼层受剪承载力（x、y 方向）；V_x/V_{xp}、V_y/V_{yp} 为本层与上层楼层承载力的比值（x，y 方向）。

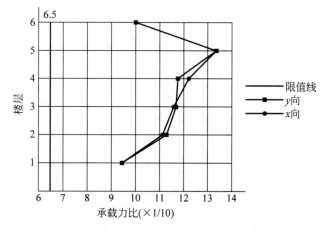

图 4-103　办公楼多方向受剪承载力比简图

3）楼层薄弱层调整系数

在"参数定义"及"多塔定义"中指定的薄弱层和软弱层判断标准如下。

（1）软弱层：刚度比不满足规范要求的楼层。

（2）刚度比判断方式：按照《建筑抗震设计规范》第 3.4.3 条和《高层建筑混凝土结构技术规程》（JGJ 3—2010）第 3.5.2-1 条规定，从严判断。

（3）软弱层判断原则："楼层剪力/层间位移"刚度比小于 1。

（4）薄弱层：受剪承载力不满足规范要求的楼层。

该办公楼由于第一楼层刚度比小于 1 不满足要求，软件自动判别为软弱层，并按照《高层建筑混凝土结构技术规程》（JGJ 3—2010）第 3.5.8 条规定，对应于地震作用标准值的剪力应乘以 1.25 的增大系数，见表 4-6。

表 4-6　薄弱层调整系数

层　号	方　向	用户指定薄弱层	软弱层	薄弱层	C_def	C_user	C_final
2~6	x，y				1.00		1.00
1	x，y		√		1.25		1.25

注：C_def 为默认的薄弱层调整系数（综合以上 3 项判断得到）；C_user 为用户定义的薄弱层调整系数；C_final 为程序综合判断最终采用的薄弱层调整系数。

3. 抗震分析及调整

1）结构周期及振型方向

地震作用的最不利方向角：0.00°。办公楼 6 个振型结构周期及振型方向见表 4-7。

表 4-7　结构周期及振型方向

振型号	周期/s	方向角/(°)	类型	扭振成分/%	x 侧振成分/%	y 侧振成分/%	总侧振成分/%	阻尼比/%
1	0.9399	89.40	Y	0	0	100	100	5.00
2	0.8857	179.32	X	0	100	0	100	5.00
3	0.7925	24.19	T	100	0	0	0	5.00
4	0.3011	90.96	Y	0	0	100	100	5.00
5	0.2913	1.07	X	0	100	0	100	5.00
6	0.2586	104.66	T	100	0	0	0	5.00

2）周期比判定

《高层建筑混凝土结构技术规程》（JGJ 3—2010）第 3.4.5 条规定：结构扭转为主的第一自振周期 T_t 与平动为主的第一自振周期 T_1 之比，A 级高度高层建筑不应大于 0.9。

一般情况下判断平动周期和扭转周期，主要看前 3 个振型。从表 4-7 和图 4-104 可以看出，该办公楼第一振型和第二振型均为平动（扭振成分 0%），第三振型为扭转周期（扭振成分 100%），周期比 0.84＜0.90，满足规范要求。

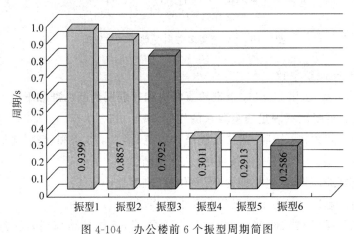

图 4-104　办公楼前 6 个振型周期简图

注：图中浅灰色表示侧振成分，深灰色表示扭振成分。

3）有效质量数

该办公楼各地震方向参与振型的有效质量系数见表 4-8。根据《高层建筑混凝土结构技术规程》（JGJ 3—2010）第 5.1.13 条规定：各振型的参与质量之和不应小于总质量的 90%。

第一地震方向 EX 的有效质量系数为 97.44%，参与振型足够。

第二地震方向 EY 的有效质量系数为 97.25%，参与振型足够。

表 4-8　各地震方向参与振型的有效质量系数

振型号	$EX/\%$	$EY/\%$
1	0.07	89.06
2	88.96	0.06
3	0.00	0.00
4	0.04	8.08
5	8.37	0.04
6	0.00	0.00

4）地震作用下结构剪重比及其调整

该办公楼地震作用下计算所得的结构剪重比及其调整系数见表 4-9。根据《建筑抗震设计规范》（GB 50011—2010）第 5.1.4 条和第 5.2.5 条规定，7 度（0.10g）设防地区，水平地震影响系数最大值为 0.08，楼层剪重比不应小于 1.60%。

由表 4-9 可见，x、y 向地震剪重比符合规范要求，不需进行调整。

表 4-9　*EX*、*EY* 工况下指标

层　号	V_x/kN	$RSW_x/\%$	V_y/kN	$RSW_y/\%$	Coef2	Coef_RSW
6	292.8	6.94	277.3	6.57	1.00	1.00
5	590.9	6.36	563.9	6.07	1.00	1.00
4	842.5	5.79	807.3	5.55	1.00	1.00
3	1042.8	5.28	1000.3	5.06	1.00	1.00
2	1204.7	4.82	1155.9	4.63	1.00	1.00
1	1317.9	4.34	1262.8	4.16	1.00	1.00

注：V_x，V_y 为地震作用下结构楼层的剪力；RSW 为剪重比；Coef2 为按《建筑抗震设计规范》（GB 50011—2011）第 5.2.5 条计算的剪重比调整系数；Coef_RSW 为程序综合考虑最终采用的剪重比调整系数。

4. 变形验算

1）最大层间位移角

办公楼 x、y 向地震工况和 x、y 向风荷载工况的最大位移、最大层间位移角如表 4-10 所示。根据《高层建筑混凝土结构技术规程》（JGJ 3—2010）第 3.7.3 条规定：对于高度不大于 150m 的框架结构，按弹性方法计算的风荷载或多遇地震标准值作用下的楼层层间最大水平位移与层高之比 Δ_u/h 不宜大于 1/550，对于高度不小于 250m 的高层建筑，其楼层层间最大位移与层高之比 Δ_u/h 不宜大于 1/500。

结构设定的 Δ_u/h 限值为 1/550，结构在地震工况下最大层间位移角为 1/1103，在风荷载工况下最大层间位移角为 1/3469，结构在所有工况下均满足规范要求。

表 4-10　x、y 向地震工况和风荷载工况的位移

层号	x 向地震工况		y 向地震工况		x 向风荷载工况		y 向风荷载工况	
	最大位移/mm	最大层间位移角/(°)	最大位移/mm	最大层间位移角/(°)	最大位移/mm	最大层间位移角/(°)	最大位移/mm	最大层间位移角/(°)
6	12.24	1/3568	12.82	1/4078	1.56	1/9999	3.73	1/9999
5	11.39	1/2433	12.09	1/2546	1.45	1/9999	3.52	1/9999

续表

层号	x 向地震工况		y 向地震工况		x 向风荷载工况		y 向风荷载工况	
	最大位移/mm	最大层间位移角/(°)	最大位移/mm	最大层间位移角/(°)	最大位移/mm	最大层间位移角/(°)	最大位移/mm	最大层间位移角/(°)
4	10.14	1/1743	10.91	1/1658	1.31	1/9999	3.22	1/6395
3	8.36	1/1452	9.06	1/1314	1.10	1/9999	2.72	1/4811
2	6.19	1/1285	6.66	1/1137	0.84	1/9999	2.05	1/3903
1	3.77	1/1151	3.87	1/1103	0.52	1/8202	1.23	1/3469

2）位移比

《建筑抗震设计规范》（GB 50011—2011）第 3.4.3-1 条对于扭转不规则的定义为：在规定的水平力作用下，楼层的最大弹性水平位移（或层间位移），大于该楼层两端弹性水平位移（或层间位移）平均值的 1.2 倍。根据《高层建筑混凝土结构技术规程》（JGJ 3—2010）第 3.4.5 条规定：结构在考虑偶然偏心影响的规定水平地震力作用下，楼层竖向构件最大的水平位移和层间位移，A 级高度高层建筑不宜大于该楼层平均值的 1.2 倍，不应大于该楼层平均值的 1.5 倍；B 级高度高层建筑、超过 A 级高度的混合结构及复杂高层建筑不宜大于该楼层平均值的 1.2 倍，不应大于该楼层平均值的 1.4 倍。结构设定的判断扭转不规则的位移比为 1.20，位移比的限值为 1.50，结构不属于扭转不规则。

所有工况下位移比、层间位移比均满足规范要求。

5. 指标汇总信息

该办公楼整体计算指标如表 4-11 所示。

表 4-11　办公楼整体计算指标汇总

计算结果		计算值		规范（规程）限值	判　别	备　注
结构总质量/t			3035.47			
结构自振周期[强刚]/s		T1	0.9399(y)		满足	
		T2	0.8857(x)	T3/T1≤0.90		
		T3	0.7925(t)			
有效质量系数		x	97.44%	＞90%	满足	
		y	97.25%		满足	
地震底部剪重比（调整前/调整后）		x	4.34%	≥1.60%	满足	1层1塔
		y	4.16%	≥1.60%	满足	1层1塔
结构刚重比		x	33.91	＞10	满足	不考虑重力二阶效应
		y	31.29		满足	
水平力作用下的楼层层间最大位移与层高之比（$\Delta u/h$）[强刚]	地震	x	1/1151	＜1/550	满足	1层1塔
		y	1/1103	＜1/550	满足	1层1塔
	风荷载	x	1/8202	＜1/550	满足	1层1塔
		y	1/3469	＜1/550	满足	1层1塔
地震力作用下（偶然偏心）塔楼扭转参数[强刚]	最大位移/平均位移	x	1.04	＜1.50	满足	3层1塔
		y	1.15		满足	1层1塔
	最大层间位移/层间平均位移	x	1.04	＜1.50	满足	2层1塔
		y	1.16		满足	6层1塔

续表

计算结果		计算值	规范(规程)限值	判　别	备　注
楼层剪力/层间位移刚度比(强刚)	与相邻上一层侧向刚度 0.9(非框架)、0.7 及上三层 0.8(框架)的比值	x　0.94	≥1.00	不满足	1层1塔
		y　0.99		不满足	1层1塔
楼层抗剪承载力与相邻上一层比值的最小值		x　0.92	≥0.65	满足	1层1塔
		y　0.91		满足	1层1塔

思考题及习题

一、思考题

1. 水平力与整体坐标夹角是什么意思? 如何输入该角度? 是否必须考虑最不利地震作用方向?

2. 裙房层数是否包括地下室? 软件是否能将塔楼和裙房连接处的构件都予以加强?

3. 为什么对所有楼层强制采用刚性楼板假定,没有定义弹性楼板,是否需要该选择项?

4. 墙梁转框架梁的控制跨高比是什么含义? 有何作用?

5. 模拟施工加载有何作用? 什么情况下应改变施工次序?

6. 何种情况下抗震设计应考虑竖向地震作用?

7. 结构基本周期如何计算? 软件提供的基本周期初估值可以直接采用吗?

8. 为什么 SATWE 没有扭转耦联选型,也没有放大边框架的地震作用?

9. 为什么要考虑偶然偏心? 什么情况下选择该项?

10. 为什么要考虑双向地震作用? 如何判断明显不对称、不规则? 双向地震作用和偶然偏心可以同时考虑吗?

11. 为什么计算振型个数设置的太多或太少都不可以? 如何判断振型数设置合理?

12. 为什么要考虑周期折减系数? 各类结构如何选取该系数?

13. 活荷载折减系数如何假定? 有什么需注意的问题?

14. 如何设定"梁端负弯矩调幅系数"?

15. "梁活荷载内力放大系数"与"梁活荷载不利布置最高层号"有何联系? 如何设定?

16. 为什么 SATWE 的"底层柱、墙最大组合内力简图"中的数据不能用于基础设计?

17. 如何设置剪力墙"连梁刚度折减系数"? 连梁有哪两种建模计算方式? 连梁超筋如何处理?

18. 用 SATWE 分析结构顶部塔楼,地震作用需要放大吗?

19. "考虑 P-Δ 效应"是什么含义? 如何判断是否需要考虑重力二阶效应?

20. SATWE 如何考虑混凝土柱的计算长度? 能否自动判断水平荷载产生的弯矩值是否大于总弯矩的 75%?

21. SATWE 如何考虑越层柱的计算长度? 越层柱各层配筋不同是何原因? 如何

处理？

22. 单偏压计算与双偏压计算各有何特点？如何正确选择柱配筋计算方式？双偏压验算如何操作？

23. 剪切刚度、剪弯刚度、地震剪力与地震层间位移比3种刚度计算方法各有何特点和适用范围？

24. SATWE 侧刚分析与总刚分析有何不同？总刚计算不通过的原因及应对措施是什么？

二、习题

请对第3章习题1在 PMCAD 结构整体建模完成后，进行 SATWE 分析参数设置与计算结果评价。

第5章

混凝土结构施工图绘制

本章要点、学习目标及思政要求

本章要点

(1) 施工图模块是 PKPM 软件的后处理模块,需要接力其他 PKPM 软件的计算结果进行计算。

(2) 板施工图模块需要接力"结构建模"软件生成的模型和荷载导算结果来完成计算。

(3) 梁、柱、墙施工图模块除了需要"结构建模"生成的模型与荷载外,还需要接力结构整体分析软件 SATWE(或 PMSAP)生成的内力与配筋信息才能正确运行。

学习目标

(1) 掌握各构件钢筋归并、钢筋标准层等概念。

(2) 能完成板、墙、梁、柱施工图的绘制与修改。

思政要求

实事求是,理解按规范设计和工程创新之间的关系;追求"精益求精"和"社会责任感"。

混凝土施工图模块是 PKPM 软件的后处理模块,其功能主要是完成上部结构各种混凝土构件的配筋设计,并绘制结构施工图。出施工图之前,需要划分钢筋标准层(不要求荷载相同,与上层构件有关系,例如屋面层与中间层不能划分为同一钢筋标准层),构件布置相同、受力特点类似的多个自然层可以划分为一个钢筋标准层,每个钢筋标准层只出一张施工图。钢筋标准层与结构标准层有所区别,PMCAD 建模时使用的标准层被称为结构标准层(结构布置相同、荷载完全相同,结构标准层与上层构件无关)。

5.1 板施工图的绘制

5.1.1 楼板计算和输入绘图参数

板施工图模块需要接力"结构建模"软件生成的模型和荷载导算结果完成计算。绘制结构平面图主要有绘制新图、设置参数(计算参数、板筋参数和绘图参数)、楼板计算和施工图4个主要步骤。下面对"板施工图"菜单进行简要介绍。

单击"砼施工图"模块"板"菜单,弹出"板施工图"菜单如图 5-1 所示。

图 5-1 "板施工图"菜单

图 5-2 "请选择"对话框

1. 绘新图

单击菜单左侧"绘新图"命令,弹出"请选择"对话框(图 5-2)。

1) 删除所有信息后重新绘图

这是指将内力计算结果,已经布置过的钢筋,以及修改过的边界条件等全部删除,当前层需要重新生成边界条件,内力需要重新计算。

2) 保留钢筋修改结果后重新绘图

这是指保留内力计算结果及所生成的边界条件,仅将已经布置的钢筋施工图删除,重新布置钢筋。

提示:"删除所有信息后重新绘图"一般用于当结构建模或荷载有修改时,或修改楼板计算参数重新计算内力时选用。

2. 设置参数

在进行楼板内力和配筋计算前,应先设置相关计算及配筋参数。单击"板"菜单下的"参数"命令,弹出楼板"参数"子菜单(图 5-3)。单击"设置参数",弹出楼板"计算参数"对话框(图 5-4)。

1) 楼板"计算参数"

(1) 计算方法。有弹性算法、塑性算法和有限元算法:为了减小楼板开裂等影响的风险,一般均采用**弹性算法**;若采用塑性算法,则支座与跨中弯矩比值 β 应在 $1.5\sim2.5$ 取值;若采用有限元算法每块板单独计算,相互间无影响。若勾选"板配筋:取 SlabCAD 与上述计算结果的包络",则两个计算结果取大值。

(2) 提取 SlabCAD 结果时,考虑柱(帽)外扩影响的宽度(mm)。板施工图配筋不取柱(帽)外轮廓在外扩此值范围内的有限元节点的配筋值。

图 5-3 楼板"参数"子菜单

(3) 边界条件。①边缘梁、剪力墙算法。按简支或固端计算,一般选择按简支计算,以消除梁、墙的扭矩,此时可手工增大该位置的支座钢筋。若选择按固端计算,则宜将"板底钢

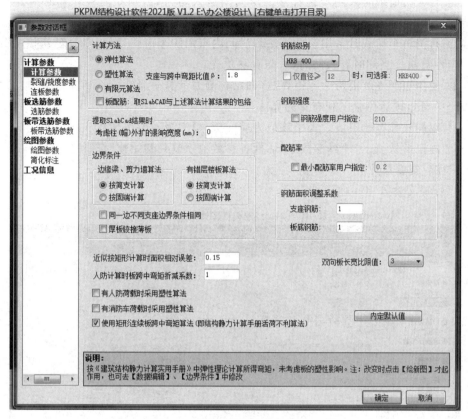

图 5-4　楼板"计算参数"对话框

筋"的钢筋面积调整系数填为大于 1 的数,如 1.05。②**有错层楼板算法**。支座按简支或固端计算。一般选择按简支计算,但应人工适当增大支座处负弯矩钢筋面积。③**同一边不同支座边界条件相同**。勾选该项,同一边上不同构件强制设置为同一个边界条件。④**厚板铰接薄板**。勾选该项,两边板厚相差较大时,厚板方向的支座设铰接。

(4) 钢筋级别。根据《混凝土结构设计规范》(GB 50010—2010)第 4.2.1 条规定,纵向受力普通钢筋应优先采用 HRB400、HRB500、HRBF400、HRBF500 级钢筋。

(5) 钢筋强度,钢筋强度设计值(N/mm^2)。对于钢筋强度设计值为非规范指定值时,设计者可指定钢筋强度,程序计算时则取此值计算钢筋面积。

(6) 配筋率。对于受力钢筋最小配筋率为非规范指定值时,设计者可指定最小配筋率,程序计算时则取此值做最小配筋计算。

(7) 钢筋面积调整系数。包含"板底钢筋"和"支座钢筋"放大调整系数,程序隐含值为 1。

(8) 近似按矩形计算时面积相对误差。对于在平面中与规则矩形房间很接近的房间(按面积计算),其板的内力计算结果与规则板的计算结果很接近,可以按规则板直接计算。

(9) 人防计算时板跨中弯矩折减系数。根据《人民防空地下室设计规范》(GB 50038—2019)第 4.10.4 条,计算参数允许设计者输入该参数,以对有人防设计时板跨中弯矩做适当折减。此折减系数直接降低板跨中弯矩,支座弯矩保持不变。

（10）有人防荷载时采用塑性算法。房间内有人防荷载,则双向板计算时对其相关工况,自动采用塑性算法,"不管设计方法是否选择了塑性算法"。

（11）有消防车荷载时采用塑性算法。房间内有消防车荷载,则双向板对其相关工况自动采用塑性算法。当同时有人防时,人防算法优先。

（12）使用矩形连续板跨中弯矩算法(即结构静力计算手册活荷不利算法)。勾选该项,双向板跨中弯矩按活荷载不利布置的算法。

（13）双向板长宽比限值。大于该值为单向板,单向板不能按塑性法计算。

（14）内定默认值。"计算参数"对话框各参数值恢复到初始化时的取值。

2）裂缝/挠度参数

"裂缝/挠度参数"对话框(图5-5)。

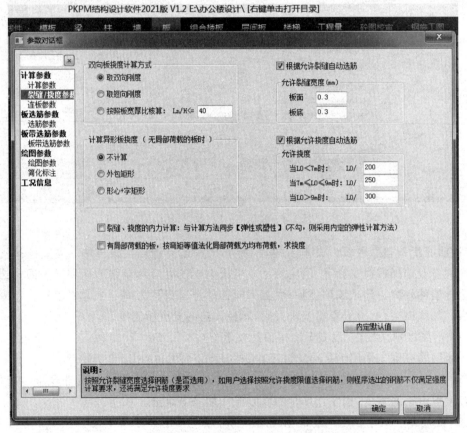

图5-5　"裂缝/挠度参数"对话框

（1）双向板挠度计算方式。①取双向刚度:采用与梁裂缝计算完全相同的公式计算板的裂缝宽度,取板两个方向计算挠度,大值为准;②取短向刚度:采用与梁裂缝计算完全相同的公式计算板的裂缝宽度,取板短向刚度计算挠度;③按照板宽厚比核算:按照板跨厚比限值简单核算挠度。

（2）计算异形板挠度(无局部荷载的板时)。①不计算:规则板有明确的计算方法,但异形板没有,所以不计算;②外包矩形:按外包矩形的跨度尺寸(l_x、l_y)及主边界约束条件为依据,计算其挠度;③形心+字矩形:以板形心为原点建立局部坐标系,取坐标轴与板边相交点的计算跨度(l_x、l_y)及主边界约束条件为依据,计算其挠度。

(3) 根据允许裂缝自动选筋、根据允许挠度自动选筋。按照允许裂缝宽度(或挠度)选择钢筋(是否选用),如设计者选择按照允许裂缝宽度(或挠度)选择钢筋,则软件选出的钢筋不仅满足强度计算要求,还将满足允许裂缝宽度(或挠度)要求。

(4) 允许裂缝宽度。根据所设计结构中板的裂缝控制等级,填写规范规定的允许裂缝宽度。参见《混凝土结构设计规范》(GB 50010—2010)第 3.4.5 条及第 3.5.2 条。

(5) 允许挠度。在计算板挠度时,挠度值是否超限按此处设计者设置的数值验算。

(6) 裂缝、挠度的内力计算:与计算方法同步[弹性或塑性](不勾,则采用内定的弹性计算方法)。勾选该项,采用设定的计算方法(弹性或塑性);不勾选该项,则采用内定的弹性计算方法。

(7) 有局部荷载的板,按弯矩等值法化局部荷载为均布荷载,求挠度。勾选该项,根据板底的弯矩值,计算出无局部荷载情况下所需的均布荷载值,再以此均布荷载值计算板的挠度。

3) 连板参数

单击"连板参数"命令,弹出"连板参数"对话框(图 5-6)。设置连续板串计算时所需的参数。此参数设置后,对此设置后所选择的连续板串才有效。

(1) 负弯矩调幅系数。对于现浇板,一般取 1.0,即不进行弯矩调幅。若要按塑性方法计算,考虑弯矩调幅,则该调幅系数一般不小于 0.8。

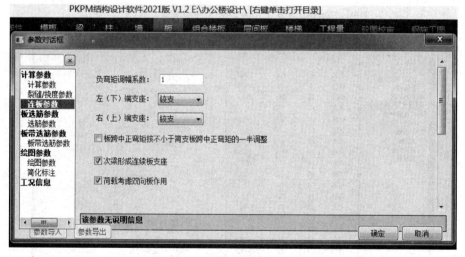

图 5-6　"连板参数"对话框

(2) 左(下)端支座。指连续板串的最左(下)端边界,可设置为"铰支"。

(3) 右(上)端支座。指连续板串的最右(上)端边界,可设置为"铰支"。

(4) 板跨中正弯矩按不小于简支板跨中正弯矩的一半调整。如果计算板内力时,未考虑弯矩调幅,即"负弯矩调幅系数"取 1,则此处不勾选,若"负弯矩调幅系数"取小于 1 的数,则此处可选中。

(5) 次梁形成连续板支座。在连续板串方向如果有次梁,应勾选,次梁形成连续板支座。

(6) 荷载考虑双向板作用。形成连续板串的板块,有可能是双向板,此块板上作用的荷载是否考虑双向板的作用。如果考虑,则软件自动分配板上两个方向的荷载;否则板上的均布荷载全部作用在该板串方向。一般应勾选该项。

4) 板选筋参数

单击"选筋参数"命令,弹出"选筋参数"对话框(图 5-7)。设计者可根据选筋习惯进行修改。一般不宜在板中同时选用直径相同,而间距相近的钢筋级配,以免在施工中出现钢筋放错,又不易检查出的情况。

(1) 级配方案。①直径最小值、最大值:级配表中板钢筋直径取值范围;②优选直径(逗号分开):设计者指定的最优直径,会在选筋时优先选择,并排在级配库前列,标有"优选";③始距-终距-增量(逗号分开):以设计者指定的间距范围生成级配库;④间距范围(逗号分开):以设计者指定的间距范围生成级配库;⑤生成级配表:修改相关参数后,单击"生成级配表"按钮,生成对应的钢筋级配表。

(2) 实配直径、间距[构造要求]。①负筋最小直径、底筋最小直径、钢筋最大间距(mm):当此处设置了相应的值后,程序在选实配钢筋时首先要满足规范及构造的要求,其次再与设计者此处所设置的数值做比较,如自动选出的直径小于设计者在此处设置的数值,则取设计者所设的值,否则取自动选择的结果。②按《钢筋混凝土结构构造手册》取值:构造要求为,板厚$<100mm$,$D_{min}=6mm$;板厚$\leqslant 150mm$,$D_{min}=8mm$;板厚$>150mm$,$D_{min}=10mm$;当列表中信息不满足此要求时,则不会被选用。

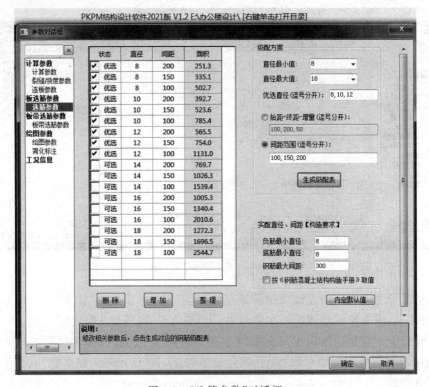

图 5-7 "选筋参数"对话框

5）板带选筋参数

单击"板带选筋参数"命令，弹出对话框如图 5-8 所示。板带钢筋级配表的操作方式与普通楼板"钢筋级配表"相同。

（1）板带受力钢筋最小直径（mm）。该参数用于填写板带受力钢筋的最小直径。

（2）板上部贯通钢筋用量。①最小配筋率（%）：板带上部贯通筋的最小配筋率，是确定贯通筋的一个控制条件；②取相关配筋量的比例（0～1）：0 表示不取，1 表示全部用作贯通筋，这也是确定贯通筋的一个控制条件。

（3）板上部贯通筋与非贯通筋的间距。①无关联：勾选该参数，板上部贯通筋与非贯通筋的间距，在各自选筋时相互间没有约束；②相同间距：板上部贯通筋与非贯通筋的间距，在选筋时保持一致。

图 5-8　"板带选筋参数"对话框

6）绘图参数

单击"绘图参数"命令，弹出楼板"绘图参数"对话框（图 5-9）。在该对话框中设置结构平面施工图的相关绘图参数。修改钢筋的设置改变已绘制的图形，只对修改后的新绘图起作用。

（1）绘图比例。指定楼板的绘制比例，如改变该参数时，则退出后应单击"绘新图"菜单。

（2）绘图模式。①传统方法：楼板配筋信息，以绘钢筋线的方式表示；②平法方式：楼板配筋信息,支座筋以绘钢筋线的形式表示,但板底筋以字符标注的方式表示。

（3）负筋长度。

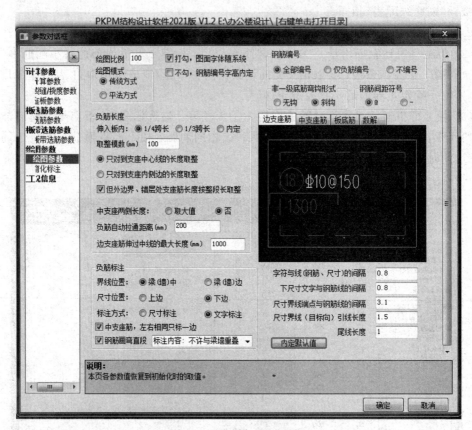

图 5-9　"绘图参数"对话框

① 选取"1/4 跨长"或"1/3 跨长"时,负筋长度仅与跨长有关;当选取"内定"时,与恒载和活载的比值有关,当 $q \leqslant 3g$ 时,负筋长度取跨度的 1/4;当 $q > 3g$ 时,负筋长度取跨度的 1/3。其中,q 为可变荷载设计值,g 为永久荷载设计值。一般可选择"**内定**"。

② 取整模数(mm):对于支座负筋的长度,根据之后指定的取模对象,按此处所设置的模数取整,在绘制钢筋施工图时起作用。

③ 只对到支座中心线的长度取整:勾选该参数,只对中支座负筋长度取整。

④ 只对到支座内侧边的长度取整:勾选该参数,只对边支座负筋长度取整。

⑤ 但外边界、错层处支座筋长度按整段长取整:用于边支座,不勾选该参数,则按上面参数对应的长度段取整;勾选该参数,则在求出支座筋整段长度后,按设置的模数取整。

⑥ 中支座两侧长度:对于中间支座负筋,两侧长度是否统一取较大值,一般单选"取大值"。

⑦ 负筋自动拉通距离:是指当相邻板支座负筋距离小于该设定值时,程序将该相邻支座的负筋拉通。

⑧ 边支座筋伸过中线的最大长度:对于普通的边支座,一般做法是板负筋伸至支座外侧减去保护层厚度,根据需要再做弯锚。但对于边支座过宽的情况下,如支座宽 1000mm,

可能造成钢筋的浪费,因此,程序规定支座负筋至少伸至中心线,在满足锚固长度的前提下,伸过中心线的最大长度不超过设计者所设定的数值。

（4）负筋标注。①界线位置：负筋界限位置是指负筋标注时的起点位置,一般选择**梁（墙）边**；②尺寸位置：是指标注负筋尺寸时标注在负筋的上边还是下边,一般选择**下边**；③标注方式：可按尺寸标注,也可按文字标注,前者是画尺寸线和尺寸界线。

（5）钢筋编号。板钢筋要编号时,相同的钢筋均编同一个号,只在其中的一根上标注钢筋信息及尺寸。不要编号时,则图上的每根钢筋没有编号,在每根钢筋上均要标注钢筋的级配及尺寸。此外,有三种选项：正负筋都编号、仅负筋编号、都不编号,设计者可根据习惯选择。

（6）非一级底筋弯钩形式。可以勾选"无钩"或"斜钩",一般应勾选"斜钩"。

（7）钢筋间距符号。可根据绘图习惯选择,一般应选"@"。

7）简化标注。单击"简化标注"命令,弹出"简化标注"对话框（图 5-10）。

钢筋采用简化标注时,对于支座负筋,当左右两侧的长度相等时,仅标注负筋一侧的长度。设计者也可以自定义简化标注,在自定义简化标注时,当输入原始标注钢筋等级时,HPB300 用字母 A 表示、HRB400 用字母 C 表示、HRB500 用字母 D 表示。

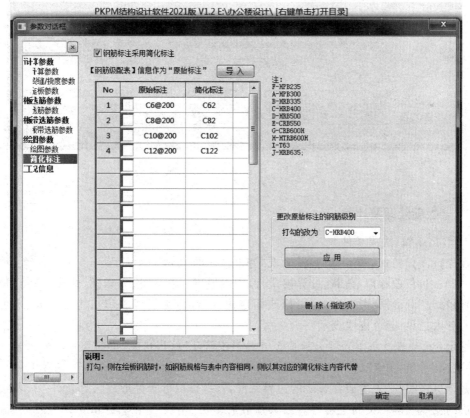

图 5-10　钢筋"简化标注"对话框

8）工况信息

单击"工况信息"命令,弹出"工况信息"对话框（图 5-11）。

勾选"执行《建筑结构可靠性设计统一标准》(GB 50068—2018)",程序自动初始化表格信息,单击"重新生成"按钮,可根据此信息重新生成荷载组合信息。

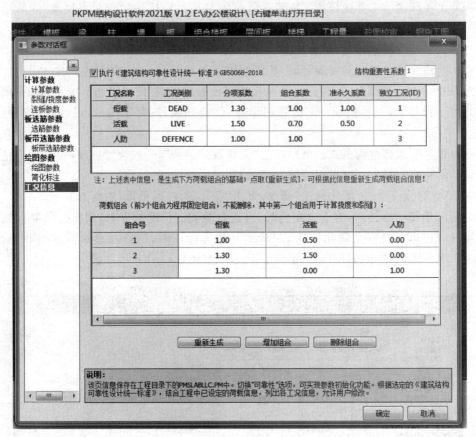

图 5-11 "工况信息"对话框

3. 楼板前处理及计算

1) 数据编辑、边界条件

在进行计算之前,可根据工程概况,单击"数据编辑"命令,弹出"数据编辑"对话框(图 5-12)。可修改板厚、荷载、计算模式、保护层厚度;单击"边界条件"命令,弹出"楼板边界、错层修改"对话框(图 5-13)。可修改固定边界(红色锯齿线表示)、简支边界(蓝色实线表示)、自由边界(蓝色虚线表示)。

提示:此处修改板厚或楼面荷载会直接同步修改"结构建模"中的数据。修改后需回到"结构建模"菜单,重新过一遍,以正确完成导荷,再进行楼板计算。

板计算之前,必须生成各板块的边界条件,首次按以下条件形成边界条件:公共边界没有错层的支座两侧均按固定边界。公共边界有错层(错层值相差 10mm 以上)的支座两侧均按楼板配筋参数中的"错层楼板算法"设定。非公共边界(边支座)且其外侧没有悬挑板布置的支座按楼板配筋参数中的"边缘梁、墙算法"设定。非公共边界(边支座)且其外侧有悬挑板布置的支座按固定边界设定。

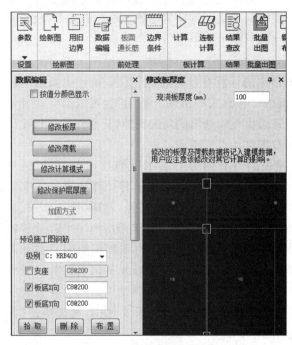

图 5-12　"数据编辑"对话框

图 5-13　"楼板边界、错层修改"对话框

2）计算方法

软件提供"计算"和"连板计算"两种方法。

（1）计算。计算时程序会对各块板逐块做内力计算，对非矩形的凸形不规则板块，程序用边界元法计算该块板，对非矩形的凹形不规则板块，程序用有限元法计算该块板。程序自动识别板的形状类型并选择相应的计算方法。对于矩形规则板块，计算方法采用设计者指定好的计算方法（如弹性或塑性）计算。当房间内有次梁时，程序对房间按被次梁分割的多个板块计算。

计算时，每块板不考虑相邻板块的影响，但会考虑该板块是否是独立的板块，以考虑是否能按"使用矩形连续板跨中弯矩算法（即结构静力计算手册活荷载不利算法）"进行计算。如是连续板块则可考虑活荷不利算法，否则仅按独立板块计算。对于中间支座两侧板块大小不一，板厚不同的情况，程序分别按两块板计算内力及配筋面积，实配钢筋则是取两侧实配钢筋的较大值。

（2）连板计算。对于计算来说，各板块是分别计算其内力，不考虑相邻板块的影响，因此对于中间支座两侧，其弯矩值就有可能存在不平衡的问题。对于跨度相差较大的情况，这种不平衡弯矩会更为明显。为了在一定程度上考虑相邻板块的影响，特别是对于**连续单向板**，当各块板的跨度不一致时，其内力计算就可在跨度方向上按连续梁的方式计算，以满足中间支座弯矩平衡的条件，同时也可以考虑相邻板块的影响。对应这种情况下的计算方法，设计者可采用**"连板计算"**。

若需要按连板计算，则单击"连板计算"菜单，屏幕左下方命令行提示："请指定连续板串的起点(<Esc>返回)",这时再单击连续板串计算的起始板边缘;命令提示栏继续提示:"请指定连续板串的终点(<Esc>返回)",这时再单击连续板串计算的结束板边缘。于是程序沿着这两点的方向对该指定的板串进行计算,并马上将计算结果显示在屏幕上,取代原来单个板块的计算结果。如果想取消连板计算,只能重新单击"计算"菜单。

3) 结果查改

在计算板的内力(弯矩)以后,程序根据相应的计算参数,如钢筋级别、设计者指定的最小配筋率等计算出相应的钢筋计算面积。根据计算出来的钢筋计算面积,再依据设计者调整好的钢筋级配库,选取实配钢筋。做完计算后由程序选出的实配钢筋,只能作为楼板设计的基本钢筋数据,其与施工图中的最终钢筋数据可能有所不同。

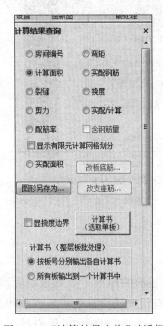

图 5-14 "计算结果查询"对话框

有了楼板的计算内力和基本钢筋数据后,可以通过"结果查改"菜单中的相应菜单显示其计算结果及实配钢筋,如图 5-14 所示。如显示房间编号、弯矩、计算面积、实配钢筋、裂缝宽度和计算书等。对矩形房间还可以显示跨中挠度和支座剪力及实配/计算(将实配钢筋面积与计算钢筋面积做比较);对非矩形房间显示有限元计算网格划分。这些计算结果均显示在"板计算结果 * . T"(* 代表层号)中,如果需保存计算结果于图形文件中,则需单击"图形另存为"按钮。

提示:基本钢筋数据主要是指通过内力计算确定的结果,而最终钢筋数据应以基本钢筋数据为依据,但可能由设计者做过修改,或者拉通(归并)等操作。如果最终的钢筋数据是经过基本钢筋数据修改调整而来,再次执行"自动计算钢筋数据"又会恢复为基本钢筋数据。

对于矩形板块,当按弹性计算方法计算时,可以输出详细的计算过程(即计算书),方便设计者校核和存档。

4. 楼板施工图

1) 钢筋布置

完成楼板计算后,接下来就可以进入"施工图"命令组,给出各房间的板底钢筋和支座钢筋。"施工图"包含的子菜单如图 5-15 所示。

图 5-15 "施工图"子菜单

单击"钢筋布置"命令,弹出"钢筋布置"对话框(图 5-16)。

(1) 自动布筋。楼板设计计算完成后:①单击"全部钢筋"按钮,程序给出各房间的板

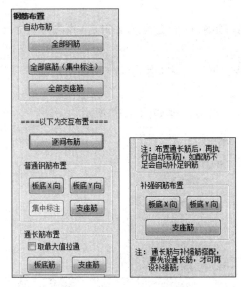

图 5-16　"钢筋布置"对话框

底钢筋和每一根杆件的支座钢筋,板底钢筋以主梁或墙围成的房间为单元,给出 x、y 两个方向配筋;②单击"全部底筋(集中标注)"按钮,程序给出各房间的板底钢筋,板底钢筋以主梁或墙围成的房间为单元,给出 x、y 两个方向配筋;③单击"全部支座筋"按钮,程序给出各房间的每一根杆件的 x、y 两个方向的支座钢筋。

　　(2) 逐间布筋。以房间为单元,自动绘出所选取房间的板底钢筋和四周支座的钢筋。在绘制板的配筋图时可以用该命令对所有板绘制钢筋,然后在此基础上进行钢筋的拉通、替换等修改。

　　(3) 普通钢筋布置。①"板底 x 向""板底 y 向",用来布置板底正筋。板底筋是以房间为布置的基本单元,设计者可以选择布置板底筋的方向(x 方向或 y 方向),然后选择需要布置的房间即可。②"支座筋":用来布置板的支座负筋。支座负筋是以梁、墙、次梁为布置的基本单元,设计者选择需要布置的杆件即可。

　　(4) 通长筋布置。勾选"取最大值拉通",板底筋和支座筋均按各跨的最大值拉通。①"板底筋":将板底钢筋跨越房间按 x、y 方向分别布置。画 x 方向板底筋时,单击**左边**钢筋起始点所在的梁或墙,再单击该板底钢筋在**右边**终点处的梁或墙,程序将在设计者指定的范围上取大值画出钢筋。画 y 方向板底筋时,单击**下边**钢筋起始点所在的梁或墙,再单击该板底钢筋在**上边**终点处的梁或墙,程序将在设计者指定的范围上取大值画出钢筋。②"支座筋":是由设计者单击起始和终止(起始一定在**左或下方**,终止在**右或上方**)的两个平行的墙梁支座,程序将这一范围内原有的支座筋删除,换成一根面积最大的连通的支座钢筋。按F5 键可重显图形,原来图面上布置的支座钢筋和跨中钢筋可消失。

　　提示:在通常筋布置时,不勾选"取最大值拉通",等布完通长筋后,再单击"全部钢筋",则钢筋量不足计算量的构件,会加上补充钢筋。

　　(5) 补强钢筋布置。①"板底 x 向""板底 y 向":用来布置板底补强正筋。板底补强正筋是以房间为布置的基本单元,其布置过程与板底正筋相同。②"支座筋":用来布置板的支座补强负筋。支座补强负筋是以梁、墙、次梁为布置的基本单元,其布置过程与支座负筋相同。

　　提示：在已布置板底拉通钢筋（或支座拉通钢筋）的范围内才可以布置补强钢筋。

　　2）钢筋编辑

　　对已画在图面上的钢筋，可以使用"钢筋修改""移动钢筋""删除钢筋""负筋归并""重新编号"等命令进行编辑。

　　单击"钢筋编辑"命令，弹出对话框如图 5-17 所示。

图 5-17　"钢筋编辑"对话框

　　（1）修改钢筋。单击该按钮，在图上选取需修改的钢筋，弹出"修改支座钢筋"对话框（图 5-18）。其中"简化输入"指当修改支座负筋时，若支座负筋两侧长度相等，仅标注负筋一侧的长度。"同编号修改"指编号相同的钢筋同时修改。

　　（2）移动钢筋。可对支座钢筋和板底钢筋用光标在屏幕上拖动，并在新的位置画出。

　　（3）删除钢筋。可用光标删除已画出的钢筋，可准确画出弧墙、弧梁上的支座钢筋和有弧形边长的板底钢筋。

　　提示：钢筋的移动、删除和替换都不影响钢筋编号和钢筋表的正确性。

图 5-18　"修改支座钢筋"对话框

　　（4）负筋归并。程序可对长短不等的支座负筋长度进行归并。归并长度由设计者在对话框中给出，如图 5-19 所示。对支座左右两端挑出的长度分别归并，但程序只对挑出长度大于 300mm 的负筋才做归并处理,因为小于 300mm 的挑出长度常常是支座宽度限制生成的长度。

提示:支座负筋"归并长度"是指不同负筋的总长度之差在该值范围内时,按照负筋长度较长的值将长度较小的负筋也取这个较长的长度值。归并方法主要区分是否按同直径归并,如选择"相同直径归并",则按直径分组分别做归并,否则,不考虑钢筋直径的影响,按一组做归并。

(5)重新编号。对于已经绘制好的钢筋平面图,由于绘图过程中的随意性,从而造成钢筋编号没有一定的规律性,想查找某编号的钢筋需要反复寻找。此功能主要是对各钢筋按照指定的规律重新编号,编号时可指定起始编号、选定范围(点选、窗选、围栏选)、相应角度后,程序先对房间按此规律排序,对于排好序的房间先板底再支座的顺序重新对钢筋编号。单击"重新编号"命令,弹出对话框如图 5-20 所示。

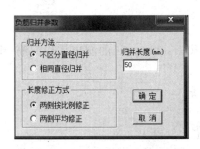
图 5-19　"负筋归并参数"对话框

图 5-20　"编号参数"对话框

3)房间归并

程序可对钢筋布置相同的房间进行归并。相同归并号的房间只在其中的样板间上画出详细配筋值,其余只标上归并号。"房间归并"菜单如图 5-21 所示。

(1)自动归并。程序对钢筋布置相同的房间进行归并,然后单击"重画钢筋"命令,设计者可根据实际情况选择程序提示。

(2)人工归并。对归并不同的房间,人为指定某些房间与另一些房间归并相同,而后要单击"重画钢筋"命令。

(3)样板间。程序按归并结果选择某一房间为样板间来画钢筋详图。为了避开钢筋布置密集的情况,可人为指定样板间的位置。

图 5-21　"房间归并"菜单

4)区域钢筋

在"计算"项完成后,单击"区域钢筋"菜单,弹出布置区域钢筋设定选择框。①设钢筋信息:(板面钢筋或板底钢筋);②设置钢筋放置角度;③勾选"取上表大值";④设区域范围:(选取板块或拾取既有区域),单击"选取板块"菜单后,用鼠标左键选取所需板块,选取所需板块后右击退出,弹出"布置区域钢筋"对话框(图 5-22)。按"布置"按钮程序自动在属于该区域的各房间同钢筋布置方向取大值,最后由设计者指定钢筋所画的位置以及区域范围所标注的位置。

提示:如果不勾选"取上部大值",应再到"钢筋布置"菜单下,点取"全部钢筋"菜单,则

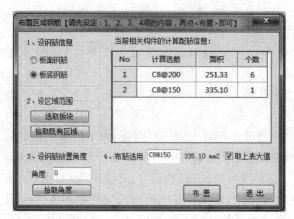

图 5-22　"布置区域钢筋"对话框

配筋量大于拉通筋的杆件会自动设置补强钢筋补足。

5）洞口钢筋

对洞口作洞边附加筋配筋，只对边长或直径在 300～1000mm 的洞口才作配筋，用光标点取某有洞口的房间即可。

提示：洞口周围是否有足够的空间以免画线重叠。

6）画板剖面

此菜单可将设计者指定位置的板的剖面，按一定比例绘出。

5.1.2　楼板配筋图绘图实例

【实例 5.1】　请用"砼施工图"模块，绘制实例 3-11 屋面板、二层楼板施工图并将其转换为 AutoCAD 图。

下面我们分 5 步完成楼板施工图的绘制。

1. 进入"砼施工图"模块

双击"砼施工图"模块，选择"施工图/板"命令，绘图区显示的结构平面图为屋面层。

2. 参数定义

1）计算参数

单击"参数"命令，弹出"计算参数"对话框，在对话框中设定计算参数，如图 5-23 所示。

提示：工程上与框架梁或圈梁相连的板外边界按简支计算，与剪力墙相连的板外边界按固支计算。

2）裂缝/挠度参数

单击"裂缝/挠度参数"命令，弹出"裂缝/挠度参数"对话框，在对话框中设定裂缝、挠度参数，如图 5-24 所示。

3）选筋参数

单击"选筋参数"命令，弹出"选筋参数"对话框（图 5-25）。可以对钢筋直径和间距进行添加和删除。本工程我们选择 3 种钢筋直径，8mm、10mm、12mm，每种钢筋间距选择 100mm、

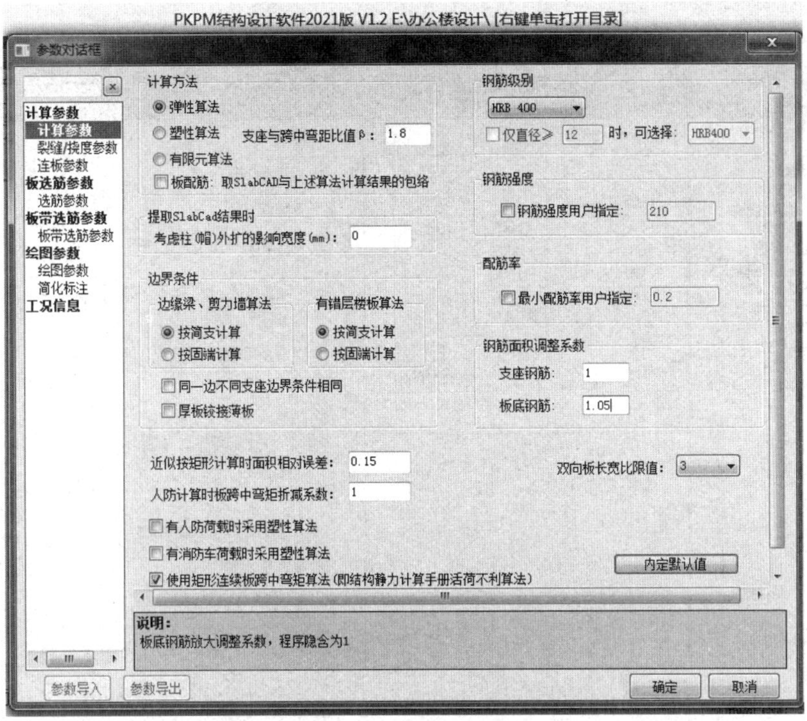

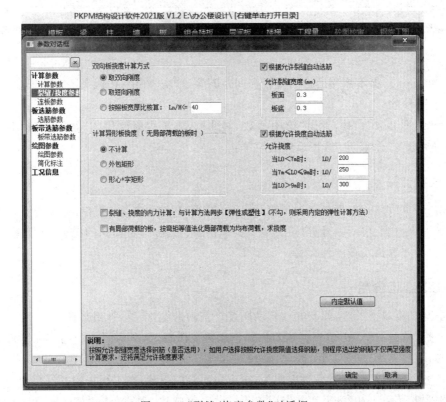

图 5-23　"计算参数"对话框

图 5-24　"裂缝/挠度参数"对话框

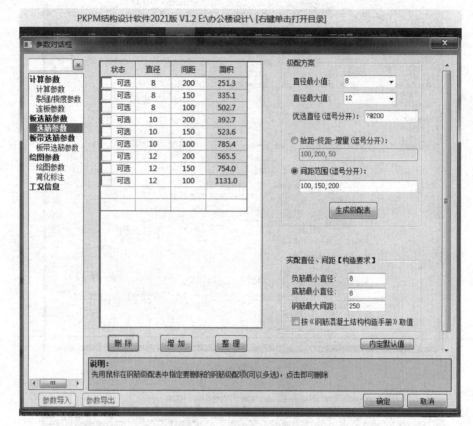

图 5-25　"选筋参数"对话框

150mm、200mm。将不需要的钢筋直径和间距删除,单击"确定"按钮关闭对话框。

4) 绘图参数

单击"绘图参数"命令,弹出"绘图参数"对话框,本工程修改后的"绘图参数"对话框如图 5-26 所示。单击"确定"按钮返回主菜单。

3. 楼板计算

单击"计算"选项卡,楼板自动计算,然后可以通过"结果查看"菜单,可以查看计算后的楼板钢筋计算面积、房间编号、弯矩、剪力、实配钢筋、实配/计算面积的比值、配筋率、挠度和裂缝等,也可查看每块板的计算书。

4. 板施工图绘制

单击"板"菜单下的"房间归并→自动归并→重画钢筋"菜单,弹出如图 5-27 所示的对话框,单击"否"按钮,按 Tab 键选择窗口方式选取整个楼层,每个房间按分离式配筋自动绘出楼板钢筋。

为了方便施工和控制屋面温度应力,减少屋面板的裂缝,本工程采用双层双向钢筋。

单击"板"菜单下的"钢筋布置"选项卡,屏幕左侧弹出"钢筋布置"对话框,单击"通长筋布置"→"板底筋"菜单,将板底钢筋通长布置,单击"支座筋"菜单,将支座钢筋通长布置。

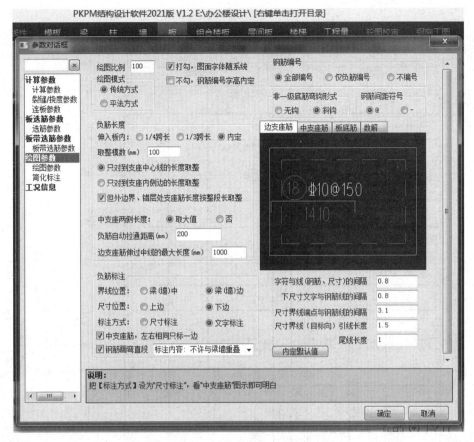

图 5-26 "绘图参数"对话框

单击"模板"菜单下"轴线/自动标注"菜单,弹出"轴线标注"对话框(图 5-28),单击"确定"按钮,完成屋面层配筋图,如图 5-29 所示。

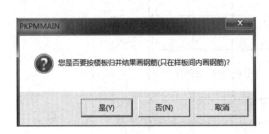

图 5-27 选择楼板钢筋绘图方式

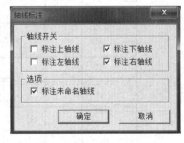

图 5-28 "轴线标注"对话框

重复上述步骤完成二层楼板配筋图,如图 5-30 所示。

提示:绘制其他楼层施工图时,柱子因为被剖到,应选择"模板"→"参数/构件显示"命令,在弹出的选择框中,勾选"柱填充"项(图 5-31)。

选择"模板"→"图表/图名"命令,弹出"注图名"对话框,输入相关数据后,单击"确定"按钮,完成屋面板施工图的命名。

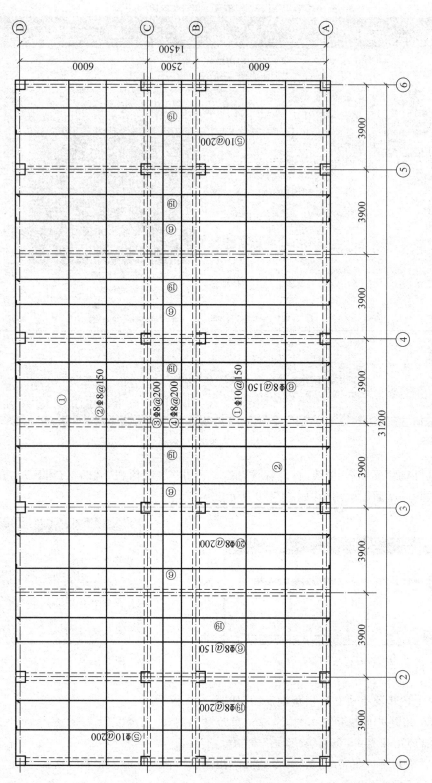

图 5-29　屋面板配筋图

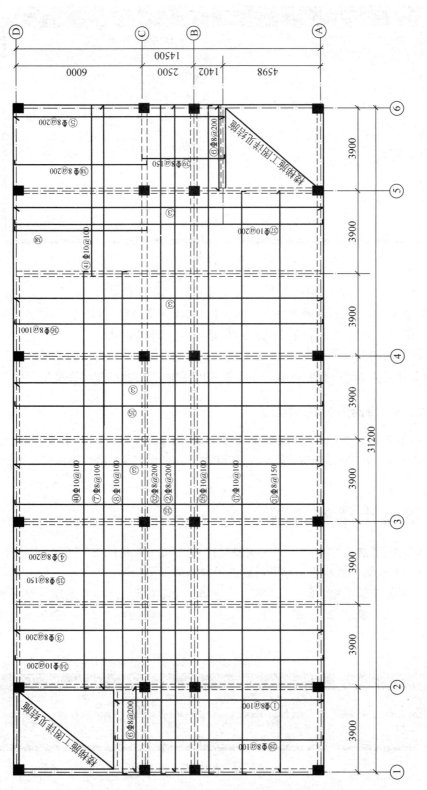

图 5-30　二层楼板板配筋图

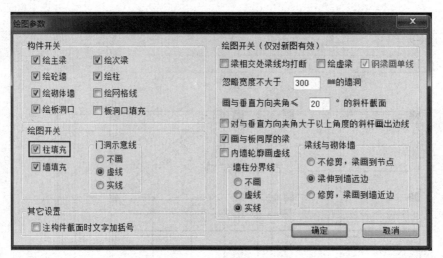

图 5-31 构件显示选择框

选择"模板"→"图表/图框"命令,按 Tab 键,弹出"图框设定"对话框,可修改图纸号。

选择"模板"→"图表/修改图签"命令,弹出"修改图签内容"对话框,可修改图签内容。

选择"模板"→"参数/构件显示"命令,可选择"柱填充"选项。

程序形成的图形文件名为 PM6.T,6 为第六自然层,即结构施工图的屋面板层;程序形成的图形文件名为 PM1.T,1 为第一自然层,即结构施工图的二层楼面板施工图。

5. PM * .T 转换为 PM * .DWG

单击屏幕右下方 ![dwg] 图标,完成当前 .T 文件转 .DWG 文件。在"工作文件夹 | 施工图"中可找到 PM6.DWG、PM1.DWG 文件,这样可在 AutoCAD 中对结构平面施工图进行修改。

5.2 混凝土梁施工图

"砼施工图"模块下"梁"施工图的主要功能为读取计算软件 SATWE 或 PMSAP 的计算结果,自动完成钢筋混凝土连续梁的配筋设计与施工图绘制。

单击"梁"施工图菜单,弹出"梁"施工图绘制主菜单(图 5-32),主要包括设钢筋层、设计参数、连续梁编辑、施工图生成、打开旧图、梁名修改、钢筋标注修改、挠度和裂缝计算等内容。

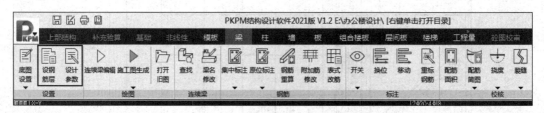

图 5-32 "梁"施工图绘制主菜单

5.2.1 梁施工图设置及绘图

1. 设钢筋层

实际设计中,存在若干楼层的构件布置和配筋完全相同的情况,可以用同一张施工图代表若干楼层。可以将这些楼层划分为同一钢筋标准层,为各层同样位置的连续梁给出相同的名称,配置相同的钢筋。读取配筋面积时,在各层同样位置的配筋面积数据中取大值作为配筋依据。

单击图 5-32 中"设钢筋层"按钮,调整和确认钢筋标准层的定义,如图 5-33 所示。程序会按结构标准层的划分状况生成默认的梁钢筋标准层。设计者根据工程实际状况,进一步将不同的结构标准层也归并到同一钢筋标准层中,只要这些结构标准层的梁截面布置相同。定义了多少个钢筋标准层,就应该画多少层的梁施工图。

图 5-33 "定义钢筋标准层"对话框

提示:在施工图编辑过程中,也可随时通过梁平法施工图绘图界面上侧"设置/设钢筋层"命令来调整钢筋标准层的定义。

图 5-33 中,左侧的定义树表示当前的钢筋层定义情况。单击任意钢筋层左侧的"＋"号,可以查看该钢筋层包含的所有自然层。右侧的分配表表示各自然层所属的结构标准层和钢筋标准层。

根据以下两条标准进行梁钢筋标准层的自动划分。

(1) 两个自然层所属结构标准层相同。

(2) 两个自然层上层对应的结构标准层也相同。

符合上述条件的自然层将被划分为同一钢筋标准层。

提示:本层相同,保证了各层中同样位置上的梁有相同的几何形状;上层相同,保证了各层中同样位置上的梁有相同的性质。此处的"上层"指楼层组装时直接落在本层上的自然层,是根据楼层底标高判断的,而不是根据组装顺序判断的。

2. 设计参数

1）纵筋参数

单击"设计参数"菜单，弹出梁"纵筋参数"对话框（图 5-34）。

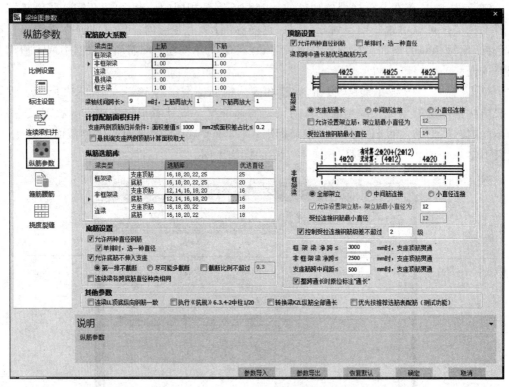

图 5-34　"纵筋参数"对话框

（1）配筋放大系数。针对框架梁、非框架梁、连梁、悬挑梁、框支梁和大跨度梁进行配筋放大。可以在对应的表格里填写上筋或下筋的放大系数，当梁跨度大于 9m 时，可填写"上筋再放大"系数或"下筋再放大"系数。如果没有进行活荷的最不利布置，那就必须在这里将梁的"下筋放大"系数由 1 改为 1.2 或 1.3。

（2）纵筋选筋库。选择纵筋的基本原则是尽量使用设计者设定的优选直径钢筋，尽量不配多于两排的钢筋。对于一般工程，不用直径为 32mm 和 28mm 的钢筋，主要是用直径为 16～25mm 的钢筋。在"选筋库"中单击表格手动输入，也可以单击"二点"，弹出如图 5-35 所示的"主筋选筋库"选择框，设计者可在选筋库选择框中勾选所需纵筋直径。钢筋直径由小到大排列在选筋库表格中，并被逗号隔开，"优选直径"列将由"选筋库"列决定。

（3）底筋设置。设计者可以设置两种直径的钢筋，也可以自主选择底筋是否伸入支座和伸入支座后的截断情况。

（4）顶筋设置。设计者可以参考例图，选择梁顶跨中通长配筋。框架梁是指 KL、WKL、KZL、LLk 的非悬挑跨，非框架梁是指 L、Lg。对于框架梁，设计者可以选择 3 种顶筋配筋方式：支座筋通长、中间筋连接和小直径连接，并且可以设置架立筋及其最小直径、受拉连接钢筋最小直径。非框架梁也可以选择三种顶筋配筋方式：全部架立、中间筋连接和小直径连接。

（5）执行《抗规》（《建筑抗震设计规范》）6.3.4-2 中柱 1/20。《混凝土结构设计规范》（GB 50010—2010）第 11.3.7 条、《建筑抗震设计规范》（GB 50011—2010）第 6.3.4-2 条及《高层建筑混凝土结构技术规程》（JGJ 3—2010）第 6.3.3 条规定：一、二、三级框架梁内贯通中柱的每根纵向钢筋直径，对框架结构不应大于矩形截面柱在该方向截面尺寸的 1/20。

勾选该项，程序将根据连续梁各跨支座中最小的柱截面控制梁上部钢筋。但有时会造成梁上部钢筋直径小而根数多的不合理情况，设计者应根据实际情况选择。

提示：对于抗震框架梁，其下筋面积还需要根据《混凝土结构设计规范》（GB 50010—2010）第 11.3.6.2 条做出调整：框架梁梁端截面的底部和顶部纵向受力钢筋截面面积的比值，除按计算确定外，一级抗震等级不应小于 0.5，二、三级抗震等级不应小于 0.3。需要注意此条规定针对实配钢筋面积。这也是配完上筋才能配下筋的原因所在。

图 5-35 "主筋选筋库"
选择框

2）比例设置

单击"比例设置"，弹出"比例设置"对话框（图 5-36）。设计者可以设置平、立、剖面图的图纸比例和出图比例。

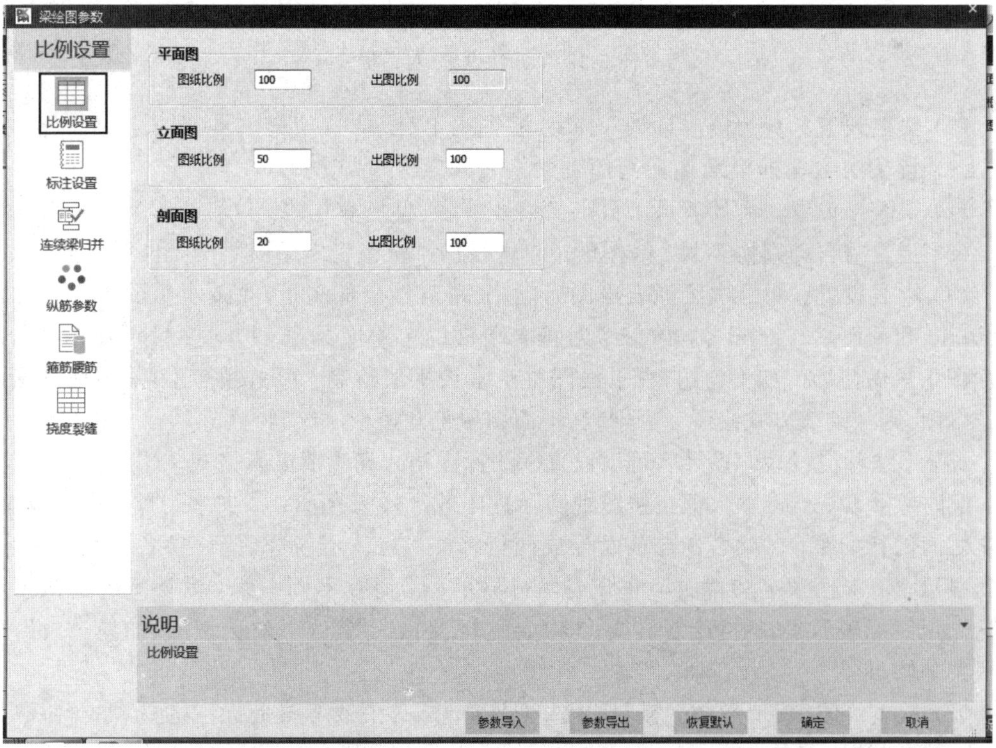

图 5-36 "比例设置"对话框

3）标注设置

单击"标注设置"，弹出"标注设置"对话框（图 5-37）。

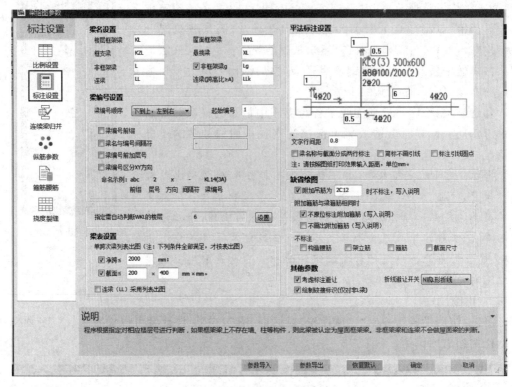

图 5-37 "标注设置"对话框

（1）梁名设置。分为楼层框架梁 KL、框支梁 LZL、非框架梁 L、连梁 LL、屋面框架梁 WKL、悬挑梁 XL、非框架梁 g（单跨简支梁）Lg、连梁（跨高比≥A）LLK。

（2）梁编号设置。设计者可以自定义编号顺序、起始编号、编号模板等。

（3）指定需自动判断 WKL 的楼层。单击"设置"按钮指定屋面层所属自然层号。

（4）梁表设置。单跨次梁列表出图（注：下列条件全部满足，才按表出图）。①净跨≤2000mm 和截面≤200mm×400mm：对符合条件的单跨次梁（Lg），均按照列表方式出图，平面图中只做简标。如不勾选，在平面图中正常按平法绘制。②连梁（LL）采用列表出图。勾选该项，则按列表方式绘图。否则，在平面图中正常按平法绘制。

（5）平法标注设置。设计者可以设置平法标注格式和生成梁表格式。①标注与结构距离：设计者可以在例图输入框按照图纸实际打印效果输入距离；②文字行间距：设置单行文本之间的行间距；③梁名称与截面分成两行标注：默认不勾选该项，梁名和截面尺寸同一行显示，如勾选，梁名和截面尺寸分成两行显示；④简标不画引线：默认不勾选该项，如勾选则用简标表示梁，不再绘制引线；⑤标注引线圆点：默认不勾选该项，如勾选，标注引线段部加圆点。

（6）缺省绘图、其他参数。默认勾选写入说明，不在施工图上标注的选项；默认勾选"考虑标注避让"，若勾选"绘制铰接标识（仅对非 L 梁）"，则对非框架梁绘制铰接标识。

4）连续梁归并

单击"连续梁归并"，弹出"连续梁归并"对话框（图 5-38）。

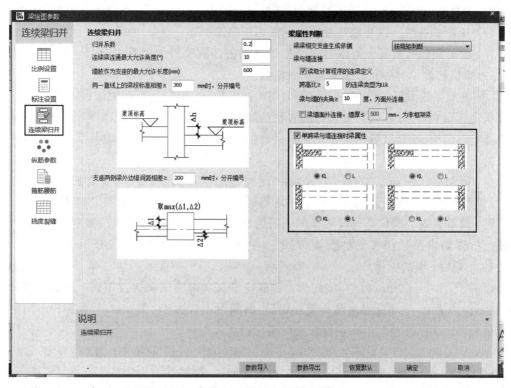

图 5-38　"连续梁归并"对话框

（1）归并系数。归并系数是控制归并过程的重要参数。归并系数越大，则归并出的连续梁种类数越少。归并系数的取值范围是 0～1，缺省为 0.2。

（2）设计者可以设置连续梁连通的最大允许角度、高差和梁侧边缘距离。

（3）梁属性判断。

① 梁梁相交支座生成依据：判断梁属性时，优先考虑计算程序中的梁端铰接情况，再默认根据弯矩判断支座调整属性。

② 读取计算程序的连梁定义：默认勾选该选项，然后按下面设置的跨高比限值来判断是否标注 LLK，取消勾选后，由施工图程序先自行判断 LL 属性（梁两端与墙平面内连接），再根据设置的跨高比进行判断是否标注 LLK。

③ 梁与墙的夹角：梁和墙的夹角小于 10°时，认为梁墙面内连接，否则认为是面外连接。

④ 梁墙面外连接，墙厚度控制：默认不勾选该参数，限值 500mm，如果勾选该参数，当程序判断梁和墙是面外连接时，再判断墙的厚度是否大于限值，如果大于限值，则梁属性为框架梁 KL，否则属性为非框架梁 L。

⑤ 单跨梁与墙连接时梁属性：默认不勾选该项，此时图 5-38 中框起来的 4 个图不起作用，构件的属性按程序的判断条件自动生成。当勾选该参数时，程序在判断的连接关系基础上对所有单跨梁按 4 个图的形式进行分类，然后符合图中情况的单跨梁，按各个图中选项标

注梁属性。

5）箍筋腰筋

单击"箍筋腰筋"，弹出"箍筋腰筋"对话框（图 5-39）。

（1）箍筋选筋库。箍筋选筋库要求同纵筋选筋库。

（2）箍筋间距。设计者可以自定义框架梁加密区箍筋最大间距、非框架梁箍筋最大间距、悬挑梁箍筋最大间距和箍筋间距取整模数。

（3）箍筋肢数下限。有"程序确定"和"用户指定"两个选项，用可切换面板实现（图 5-40）。程序确定界面中，针对不同梁宽自行配置箍筋肢数，设计者也可勾选选项，程序再执行选项；用户指定界面中，箍筋肢数完全按用户定义设置，用户可以设定某个宽度范围的梁配置一定数目的肢数。

（4）附加横向钢筋。共有两个选项："附加箍筋＋吊筋"和"仅配置附加箍筋"。勾选"仅配置附加箍筋"时，吊筋最小直径和吊筋钢筋强度单独指定时，两个参数禁用。

（5）腰筋设置。腰筋选筋库要求同纵筋选筋库，可以设置腰筋最大间距和直径，也可以设置抗扭腰筋以及抗扭腰筋的配置方式。《混凝土结构设计规范》（GB 50010—2010）第9.2.13 条规定：梁的腹板高度 h_w（矩形截面 $h_w = h_0$，T 形截面 $h_w = h_0 - h_f$，工字形截面取腹板净高）不小于 450mm 时，在梁的两个侧面应沿高度配置纵向构造钢筋。每侧纵向构造钢筋（不包括梁上、下部受力钢筋及架立钢筋）的间距不宜大于 200mm，截面面积不应小于腹板面积（bh_w）的 0.1%，但当梁宽较大时可以适当放松。

（6）拉筋直径。当梁宽不大于 350mm 时，使用直径 6mm 的拉筋；当梁宽大于 350mm 时，使用直径 8mm 的拉筋。拉筋间距取 2 倍箍筋间距，拉筋等级与箍筋等级相同。

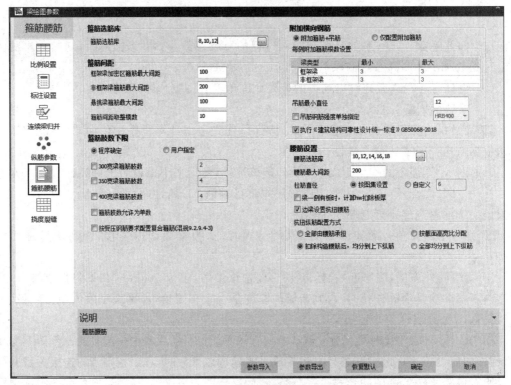

图 5-39　"箍筋腰筋"对话框

图 5-40　箍筋肢数设置可切换面板

6) 挠度裂缝

单击"挠度裂缝",弹出"挠度裂缝"对话框(图 5-41)。

(1) 根据挠度自动选筋。可以设置梁净跨大于某值后进行起拱。默认不勾选。

(2) 根据裂缝自动选筋。可以设置梁底和梁顶裂缝限值、裂缝折减参数和温度内力折减系数等。默认不勾选。

① 考虑支座宽度对裂缝的影响。当勾选"根据裂缝自动选筋"时,该选项才起作用。当不勾选"根据裂缝自动选筋"时,程序偏于安全地采用梁的柱支座形心处的负弯矩值。

若勾选"考虑支座宽度对裂缝的影响",程序在计算支座处裂缝时会对支座弯矩进行折减,从而减小支座实配负钢筋。另外,过大的支座负钢筋配置对于梁的强剪弱弯设计、柱的强柱弱梁设计也很不利。

提示:如果 SATWE 计算时选择了考虑节点刚域的影响,可以认为计算的弯矩已经考虑了支座截面尺寸的影响,在计算裂缝时就不应该对弯矩进行重复折减了。

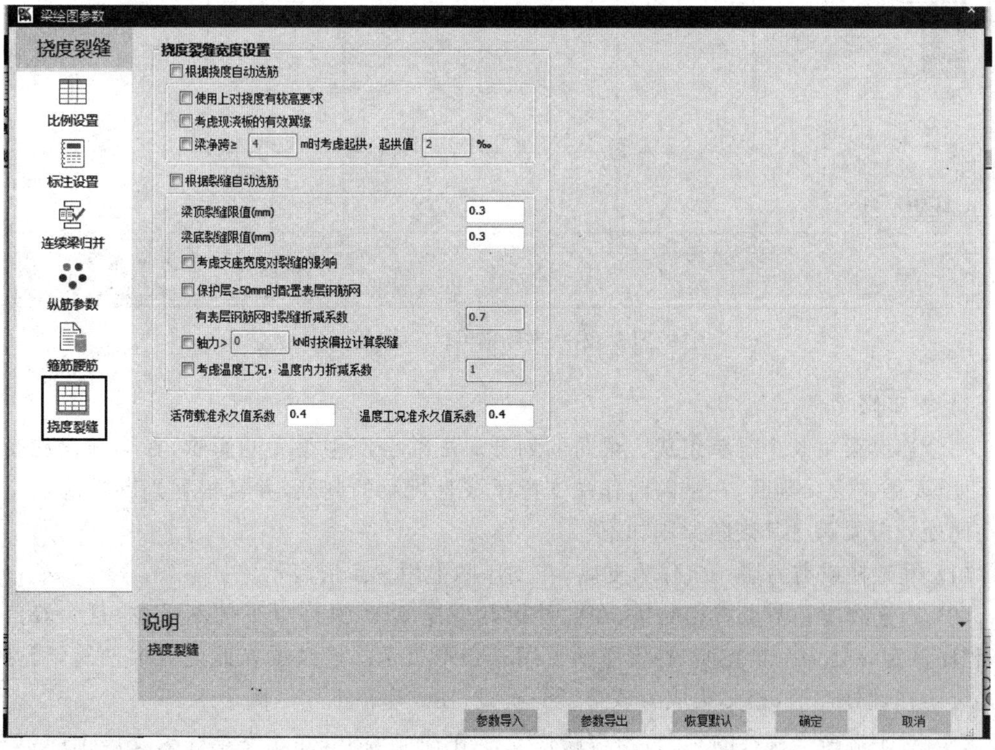

图 5-41　"挠度裂缝"对话框

② 保护层≥50mm时配置表层钢筋网。《混凝土结构设计规范》(GB 50010—2010)第8.2.3条的规定：当墙、梁、柱中纵向受力钢筋的保护层厚度大于50mm时，宜对保护层采取有效的构造措施。当在保护层内配置防裂、防剥落的钢筋网片时，网片钢筋的保护层厚度不应小于25mm。因此，应勾选本项。

③ 有表层钢筋网时的裂缝折减系数。本选项可填入"0.7"。

④ 轴力大于此值按偏拉计算裂缝。因拉力会增大梁裂缝，当梁中存在轴拉力时，应勾选该参数并填写拉力值，单位为kN。

(3) 活荷载准永久值系数。根据《建筑结构荷载规范》(GB 50009—2012)表5.1.1的相关规定输入。由于风荷载的准永久值系数为0，因此计算准永久组合时不考虑风荷载的作用。

(4) 温度工况准永久值系数。设计者可以自行设置温度工况准永久值系数。

3. 连续梁编辑

单击"连续梁编辑"，弹出"连续梁编辑"对话框(图5-42)。

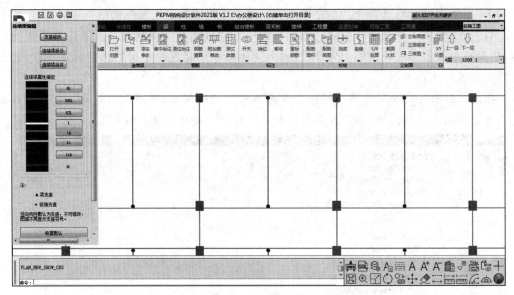

图5-42 "连续梁编辑"对话框

1) 支座修改

一个连续梁由几个梁跨组成。梁跨的划分对配筋会产生很大的影响，在梁与梁相交的支座处，要做主次梁判断，在端跨时作端支撑梁或悬挑梁的判断，并且根据判断情况确定是否在此处划分梁跨。其判断原则如下：

(1) 框架柱或剪力墙一定作为支座，在支座图上用三角形表示。

(2) 当连续梁在节点有相交梁，在此处恒载弯矩 $M<0$(即梁下部不受拉)且为峰值点时，程序认定该处为一梁支座，在支座图上用三角形表示。连续梁在此处分成两跨，否则认为连续梁在此处连通，相交梁成为该跨梁的次梁，在支座图上用圆圈表示。

(3) 对于端跨上挑梁的判断，当端跨内支承在柱或墙上，外端支承在梁支座上时，如该

跨梁的恒载弯矩 $M<0$（即梁下部不受拉）时，程序认定该跨梁为挑梁，支座图上该点用圆圈表示，否则为端支承梁，在支座图上用三角形表示。

（4）PMCAD 中输入的次梁与 PMCAD 中输入的主梁相交时，主梁一定作为次梁的支座。

（5）非框架梁的端跨只要有梁就一定作为支座，不会判断为悬挑。

提示：按此标准自动生成的梁支座可能不满足设计人员的要求，可以使用"连续梁编辑"→"支座修改"对梁支座进行修改。用三角形表示梁支座，圆圈表示连续梁的内部节点。对于端跨把三角支座改为圆圈后，则端跨梁会变成悬挑梁；把圆圈改为三角支座后，则悬挑梁会变成端支撑梁。中间跨如为三角形支座，则该处是两个连续梁跨的分界支座，梁下部钢筋将在支座处截断并锚固在支座内，增配支座负筋；把三角支座改为圆圈后，则两个连续梁跨会合并成一跨梁，梁纵筋将在圆圈支座处连通。支座的调整只影响配筋构造，并不影响构件的内力计算和配筋面积计算。一般来说，把三角支座改为圆圈后的梁构造是偏于安全的。支座调整后，程序会重配该梁钢筋并自动更新梁的施工图。

2）连续梁拆分、连续梁合并

程序自动生成连续梁，如果设计者对自动生成的连续梁结果不满意，可以进行手工的连续梁拆分和合并。

单击"连续梁拆分"，对已经生成的连续梁进行拆分（图 5-43），在图上选择要拆分的连续梁，然后选择从哪个节点拆分。程序会进行确认提示："确定要拆分所选连续梁码？"。选择"是"即可拆分所选连续梁。拆分后第一根梁会沿用原来的名称，第二根梁会被重新编号和命名。

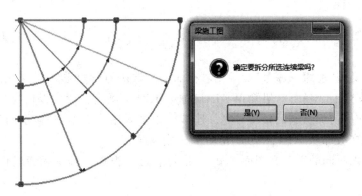

图 5-43　连续梁拆分确定框

单击"连续梁合并"，对已经生成的连续梁进行合并（图 5-44）。在图上选择要合并的两根连续梁，程序会进行确认提示："确定要合并所选连续梁码？"。选择"是"即可合并所选连续梁。合并后的新梁会重新命名。

提示：① 选择拆分节点时需要注意两点：一是只能从中间节点拆分，端节点不能作为拆分节点。二是只能从支座节点（显示为三角的节点）拆分，非支座节点（显示为圆圈的节点）不能拆分。

② 合并连续梁时，待合并的两个连续梁必须有共同的端节点，且在共同端节点处的高差不大于梁高，偏心不大于梁宽。不在同一直线的连续梁可以手工合并，直梁与弧梁也可以

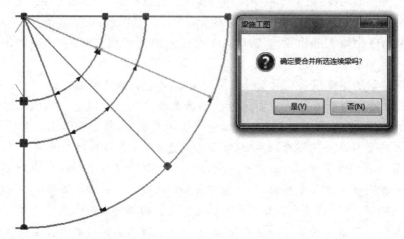

图 5-44　连续梁合并确定框

手工合并。

3) 连续梁属性指定

根据连续梁的支座特点对连续梁进行性质判断并命名。连续梁性质判断规则如下：

（1）判断是否为框架梁。如果连续梁的支座中存在框架柱或剪力墙等竖向构件，则此连续梁被认定为框架梁；否则，被认定为非框架梁。

（2）判断是框架梁否为框支、底框梁。如果框架梁上存在梁托柱或托混凝土剪力墙的情况，则此梁被认定为框支梁。如果框架梁位于底框层，且梁上有砌体墙，则此梁被认定为底框梁。

（3）判断框架梁是否为屋面框架梁。如果梁上不存在墙、柱等构件，则此梁被认定为屋面框架梁。

连续梁采用类型"前缀＋序号"的规则进行命名。默认的类型前缀为：框架梁 KL、非框架梁 L、单跨简支梁 Lg、屋面框架梁 WKL、底框梁 KZL。类型前缀可以在"配筋参数"中修改，比如在类型前缀前加所属的楼层号等。连续梁排序采用分类型、分楼层的编号规则，就是说每个钢筋标准层都从 KL1、L1 或 WKL1 开始编号。

连续梁属性以不同的颜色在图面中显示，设计者可以根据工程实际情况指定连续梁的属性。

4. 施工图生成

平面整体表示法施工图，简称平法图，已经成为梁施工图中最常用的标准表示法。该法具有简单明了、节省图纸和工作量的优点。因此梁施工图一直把平法作为最主要的施工图表示法。

单击"施工图生成"命令，弹出梁平法施工图绘图界面（图 5-45）。平法施工图符合图集《混凝土结构施工图平面整体表示方法制图规则和构造详图》(16 G101—1)（现浇混凝土框架、剪力墙、梁、板)（本规则已于 2022 年 5 月 1 日推出新版)的规定，主要采用平面注写方式，分别在不同编号的梁中各选一根梁，在其上使用集中标注和原位标注注写其截面尺寸和配筋具体数值，施工时原位标注优先。

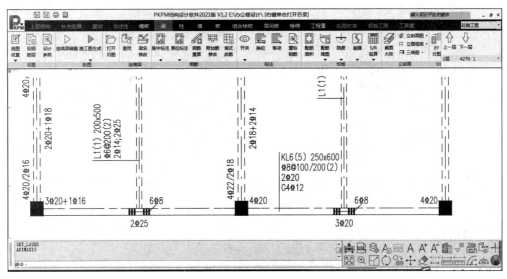

图 5-45　梁平法施工图绘图界面

5.2.2　梁钢筋修改与查询

通过设定梁钢筋标准层、设置梁配筋参数、读取指定层的计算结果并进行连续梁的生成与归并,程序会自动根据设计者的相关定义绘制指定层梁的平法施工图,若设计者对其中梁的某些配筋不满意,可利用"集中标注""原位标注""钢筋重算""附加筋修改""标注""校核"等相关命令进行梁钢筋修改与查询,如图 5-46 所示。

图 5-46　查改钢筋菜单

1. 集中标注

"集中标注"下有两个子菜单"修改"和"拷贝",如图 5-47 所示。

1) 修改

单击"集中标注"→"修改",屏幕左下角信息栏提示"选择需要修改集中标注的连续梁,Esc 退出",用单击图面中需要修改集中标注的连续梁,弹出"编辑集中标注"对话框,如图 5-48 所示,连续梁修改功能主要是修改连续梁的集中标注信息,包括箍筋、顶筋、底筋、腰筋等,修改完后按 Esc 键退出对话框。

2) 拷贝

单击"集中标注"→"拷贝",屏幕左下角信息栏提示"选择作为数据源的连续梁,Esc 退出",单击图面中作为数据源的连续梁,屏幕左下角信息栏提示"光标方式:用光标点选目标

图 5-47　"集中标注"子菜单　　　　图 5-48　"编辑集中标注"对话框

连续梁,Tab 切换方式,Esc 退出",用鼠标左键选择目标连续梁,弹出"连续梁选择是否正确"询问框,如图 5-49 所示,单击"确定"按钮,完成集中标注拷贝。

2. 原位标注

"原位标注"菜单下有 3 个子菜单"单跨修改""成批修改""拷贝",如图 5-50 所示。

图 5-49　连续梁选择确认框　　　　图 5-50　"原位标注"子菜单

1) 单跨修改

单击"原位标注"→"单跨修改",屏幕左下角信息栏提示"选择需要修改原位标注的连续梁,Esc 退出",用单击图面中的连续梁,弹出"编辑原位标注"修改钢筋对话框(图 5-51),按 Esc 键确认修改并退出对话框。

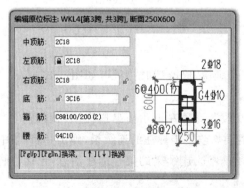

图 5-51　"编辑原位标注"对话框

2) 成批修改

单击"原位标注"→"成批修改",屏幕左下角信息栏提示"光标方式：请用光标选择需要修改原位标注的梁跨，Tab 切换方式，Esc 结束选择"。选择需要原位成批修改的连续梁，按 Esc 键，弹出"请编辑需求修改的钢筋"对话框（图 5-52），修改完成后单击"确定"按钮，配筋相同的若干跨的配筋信息同时进行修改。

图 5-52　"请编辑需要修改的钢筋"对话框

3．表式改筋

表式改筋指以表格的形式对连续梁的配筋进行修改（图 5-53），除可修改钢筋外，还增加了修改加密区长度、支座负筋截断长度、支座处理方式等功能。

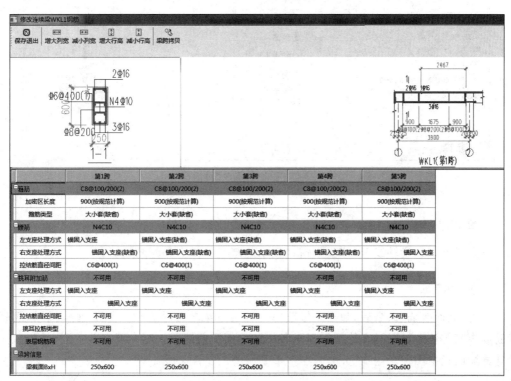

图 5-53　表式改筋

4．钢筋重算与重标钢筋

在保持钢筋标注位置不变的基础上，使用自动选筋程序重新选筋并标注。不同的是钢筋重算针对单独的连续梁，重标钢筋针对本层所有梁。这两个命令重配了钢筋却保留了图面布局，对于需要大量进行移动标注工作的梁施工图软件来讲，是相当有用的。

5．附加筋修改

单击"钢筋"→"附加筋修改"，弹出可显示主次梁相交处的附加箍筋或吊筋，选择需要修改的附加钢筋，弹出"附加筋修改"对话框（图 5-54），在对话框中修改附加钢筋。

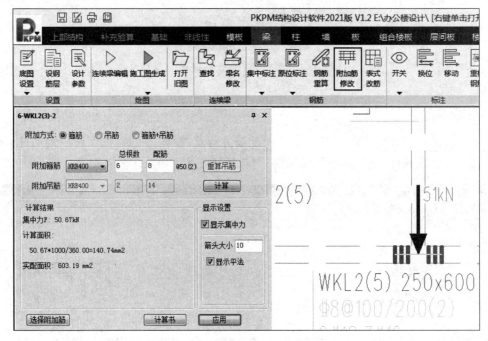

图 5-54 "附加筋修改"对话框

6．动态查询配筋信息

将光标停留在梁轴线上，即弹出窗口显示此跨梁的截面和配筋数据。

7．立面改筋

单击"立面改筋"命令后，弹出二级菜单。可通过菜单命令修改梁上部钢筋、下部钢筋、箍筋或腰筋等信息。同时在绘图区显示各梁的立面配筋简图。图中可查看实配钢筋包络图及计算配筋包络图。

8．配筋面积

单击"校核"→"配筋面积"后，弹出对话框如图 5-55 所示。设计者在对话框中勾选选项后，单击"应用"按钮，相应信息同步在图中。默认均不勾选。

第一次进入配筋面积查询状态时,显示的是计算配筋面积,每根梁上有 4 个数值,其中梁下方跨中的标注代表下筋面积,梁上方左右支座处的标注分别代表左右支座钢筋面积,梁上方跨中的标注代表梁上部通长筋的面积。

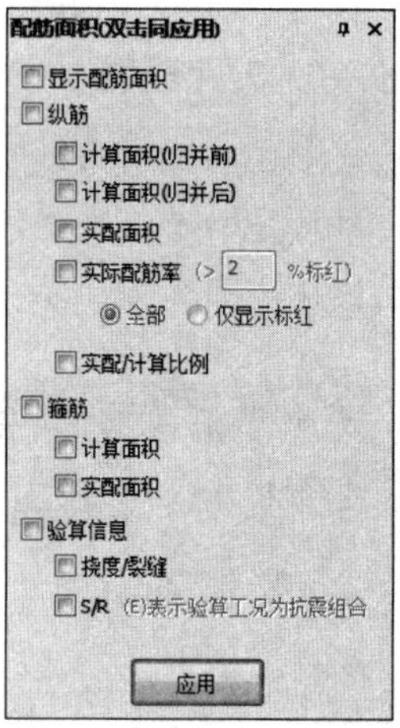

9. 配筋简图

单击"校核"→"配筋简图",可以生成类似 SATWE 配筋简图的施工图模型的配筋简图(图 5-56),便于导出作为参考配筋。不同于 SATWE 配筋简图的是,以施工图模型为单位输出,按梁跨输出,不是一个个的梁段,这样更方便进行直接配筋。

单击"校核/配筋衬图",可以生成类似 SATWE 配筋简图的施工图模型的配筋衬图(图 5-57),以衬图方式显示在平法施工图上,便于同时进行实配钢筋的校核和修改。

图 5-55　"配筋面积"选择框

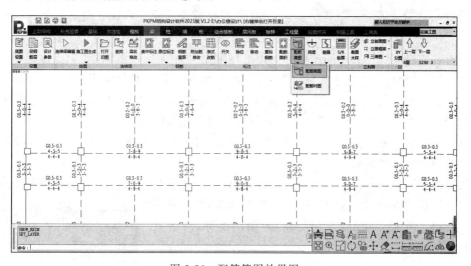

图 5-56　配筋简图效果图

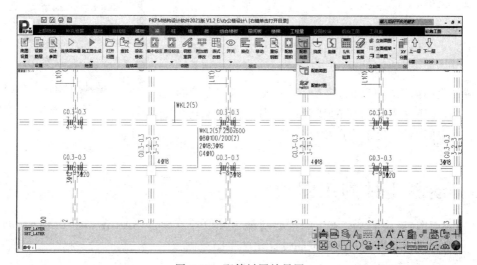

图 5-57　配筋衬图效果图

10. S/R 验算

"S/R 验算"显示的是 S(效应)与 R(抗力)的比值,对于非抗震结构要求该比值小于1;对于抗震结构,由于考虑了 γ_{RE}(承载力抗震调整系数),该比值应小于 $1/\gamma_{RE}$(当 $\gamma_{RE}=0.75$ 时,该比值即为 1.33)。也可单击"S/R 验算书"查看详细的计算结果,方便校核。

图 5-58　挠度计算参数选择框

11. 挠度

单击"挠度"→"校核/挠度计算",弹出"挠度计算参数"对话框(图 5-58),可在其中设定相关参数,生成梁挠度图。其中挠度计算参数含义如下。

(1) 使用上对挠度有较高要求。选择该项采用《混凝土结构设计规范》(GB 50010—2010)表 3.4.3 括号中的挠度限值。

(2) 将现浇板作为受压翼缘。与梁相邻的现浇板在一定条件下可以作为梁的受压翼缘,而受压翼缘存在与否对不同梁的挠度计算有不同的影响。由梁短期刚度计算公式可知,对于普通钢筋混凝土梁,受压翼缘对挠度影响较小;对于型钢混凝土梁,受压翼缘对挠度影响较大。据此特点,由设计者决定是否将现浇板作为受压翼缘。如果选择此项,按《混凝土结构设计规范》(GB 50010—2010)第 6.2.12 条及第 5.4.2 条计算受压翼缘宽度。

(3) 挠度绘图比例。表示 1mm 的挠度在图上用多少 mm 表示。该数值越大,则绘制出的挠度曲线离梁轴线越远。

挠度值超限时,用红色显示。单击"计算书"命令并选择一跨梁,程序显示该跨梁的挠度计算书。计算书输出挠度计算的中间结果,包括各工况内力、标准组合、准永久组合、长期刚度、短期刚度等,便于检查校核。

图 5-59　"裂缝计算参数"对话框

12. 裂缝

单击"裂缝"→"校核/梁裂计算"菜单,在弹出的"裂缝计算参数"对话框(图 5-59)中设定相关参数,生成梁裂缝图。

裂缝值超限时,用红色显示。单击"计算书"命令并选择一跨梁,程序显示该跨梁的裂缝计算书。计算书输出裂缝计算的中间结果,便于检查校核。

5.3　混凝土柱施工图

"砼施工图"模块下"柱"施工的主要功能为读取计算软件 SATWE 或 PMSAP 的计算结果,自动完成钢筋混凝土柱的配筋设计与施工图绘制。

单击"柱"施工图菜单,弹出"柱"施工图绘制主菜单,如图 5-60 所示。柱施工图绘制主要步骤如下:①设置钢筋标准层;②参数设置;③主筋归并;④选择绘制楼层绘新图;⑤钢筋修改;⑥绘制平法施工图。

图 5-60　"柱"施工图绘制主菜单

5.3.1　柱施工图设置及绘图

1. 设钢筋层

生成连续柱后,对同一连续柱内的不同层柱段进行竖向归并,即划分钢筋标准层。同一位置且同属一个钢筋标准层的若干柱段应该有相同的几何性质和相似的计算配筋,在自动选筋时会将连续柱上相同钢筋标准层的各层柱段的计算配筋面积统一取大值,然后为这些柱段配置完全相同的实配钢筋。划分钢筋标准层后,有几个钢筋标准层,就出几张柱平法施工图。

单击"柱"→"设置"→"设钢筋层"命令,弹出"定义钢筋标准层"对话框(图 5-61),操作方法与梁钢筋标准层相同。

软件默认每个自然层均为一个单独的柱钢筋层,钢筋标准层数与自然层数一致。这是由于柱内力和配筋主要取决于上层传来的荷载,即使结构标准层相同,不同自然层的柱计算配筋也可能有较大差异,强制划分为同一个钢筋层,可能对上层柱钢筋放大较多,不经济。但对于荷载不大、层数较少的结构,可以修改钢筋标准层少于自然层数,可减少出图数量。

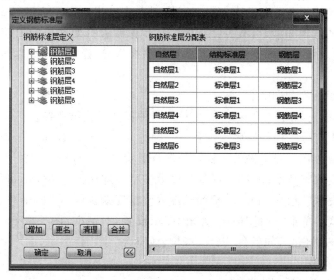

图 5-61　"定义钢筋标准层"对话框

2. 设计参数

柱设计参数包括"图面布置""绘图参数""选筋归并参数""选筋库"。下面分别介绍各参数。

1）图面布置

单击"柱"→"设置"→"设计参数"命令，弹出"图面布置"对话框（图 5-62）。

图 5-62 "图面布置"对话框

（1）这里主要设置图纸大小、图纸放置方式、是否加长、加宽等。

（2）施工图表示方法。用于选择施工图表示方法，有 4 种施工图绘制方法。

（3）平面图比例。设置当前图出图打印时的比例，设定不同的平面图比例，当前图面文字标注、尺寸标注等的大小会有所不同。

（4）原位剖面图比例。用于控制柱原位剖面详图的绘图比例。

（5）柱表剖面图比例。用于控制柱表剖面详图的绘图比例。

（6）生成图形时考虑文字避让。施工图绘制方式采用"1－平面原位截面注写"时可以自动考虑图面上的其他图素，可减少文字标注与其他图素打架现象的出现。由于图面的复杂程度不尽相同，设计者可根据实际情况选择此项操作，选择"1－考虑"，选择"0－不考虑"。

2）绘图参数

"绘图参数"对话框如图 5-63 所示。

（1）图名前缀。程序提供"英文"和"中文"两种标注形式供选择。

（2）钢筋间距符号。程序提供"@"和"－"两种间距符号供选择。

（3）箍筋拐角形状。程序提供两种箍筋拐角形状："1－直角"和"2－圆角"。

（4）纵筋长度取整精度（mm）。纵筋长度取整精度默认值为 5mm，可以修改。

（5）箍筋长度取整精度（mm）。箍筋长度取整精度默认值为 5mm，可以修改。

（6）图层设置。单击"设置"按钮，弹出"图层设置"对话框（图 5-64）。在对话框中可以设置柱图相关的图层信息，如颜色、图层、线型、线宽等。

3）选筋归并参数

"选筋归并参数"对话框（图 5-65）。

（1）连续柱归并编号方式。软件提供两种方式供选择：按全楼归并编号和按钢筋标准

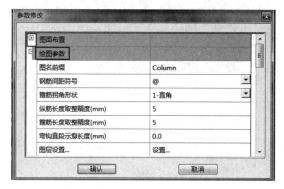

参数修改
图面布置
绘图参数
图名前缀
Column
钢筋间距符号
@
箍筋拐角形状
1-直角
纵筋长度取整精度(mm)
5
箍筋长度取整精度(mm)
5
弯钩直段示意长度(mm)
0.0
图层设置...
设置...
确认
取消

图 5-63 “绘图参数”对话框

图层设置
序号
构件类型
层号
层名
颜色
线型
线宽
1 轴线 701 轴线 点划线 0.18
2 轴线标注 702 轴线标注 实线 0.18
3 梁 706 梁 实线 0.18
4 次梁 707 次梁 虚线 0.18
5 柱平法截面 1200 柱平法截面 实线 0.18
6 柱集中标注 1201 柱集中标注 实线 0.18
7 柱原位标注 1202 柱原位标注 实线 0.18
8 柱平法纵筋 1204 柱平法纵筋 实线 0.25
9 柱平法箍筋 1205 柱平法箍筋 实线 0.35
10 柱平法表 1206 柱平法表 实线 0.18
11 柱截面标注 1203 柱截面标注 长点划线 0.18
初始化系统设置...
确认
取消
帮助(H)

图 5-64 “图层设置”对话框

层归并编号。

(2) 归并方案。程序提供两种归并方案：①0－归并方案一：“归并系数”“纵筋面积容差(mm^2)”“角筋按配筋简图选筋”是归并方案一的参数；②1－归并方案二：“归并考虑量相同时的阈值”“归并时采用相同编号时的阈值”是归并方案二的参数。

(3) 归并系数。该系数是对不同连续柱作归并的一个系数，指两根连续柱之间所有层柱的实配钢筋(主要指纵筋，每层有上、下两个截面)占全部纵筋的比例。该值的范围0～1。如果归并系数为0，则要求编号相同的一组柱所有的实配钢筋完全相同；如果归并系数取1，则只要几何条件相同的柱就会归并为相同的编号。

(4) 纵筋面积容差(mm^2)。“0－归并方案一”纵筋面积近似认为一样的阈值。

(5) 角筋按配筋简图选筋。“0－归并方案一”归并时“0－否”不考虑角筋、“1－是”考虑角筋。

(6) 归并考虑量相同时的阈值。是“1－归并方案二”统计各个变量(B边纵筋面积、H边纵筋面积、1根角筋面积、节点核心区箍筋面积、加密区箍筋面积、非加密区箍筋面积)认为完全一样的阈值。

(7) 归并时采用相同编号时的阈值。是“1－归并方案二”统计各个变量(B边纵筋面积、H边纵筋面积、1根角筋面积、节点核心区箍筋面积、加密区箍筋面积、非加密区箍筋面积)采用一个编号的阈值。

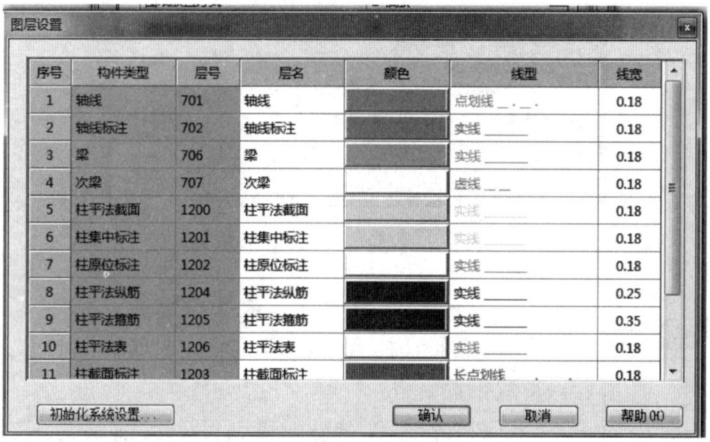

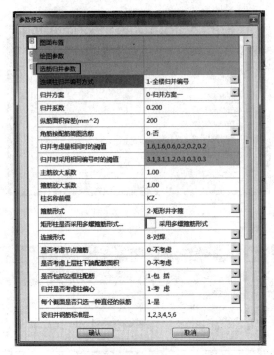

图 5-65　"选筋归并参数"对话框

图 5-66　上下层柱纵筋连接
形式

（8）主筋、箍筋放大系数。只能输入≥1.0的数，在选择纵筋（或箍筋）时，会把读到的计算配筋面积×放大系数后再选取实配钢筋。

（9）柱名称前缀。默认的名称前缀为 KZ－，设计者可以根据施工图的具体情况修改。

（10）箍筋形式。对于矩形截面柱共有 4 种箍筋形式供用户选择，默认的是矩形井字箍。对其他非矩形、圆形的异形截面柱这里的选择不起作用，程序将自动判断应该采取的箍筋形式，一般多为矩形箍和拉筋井字箍。

（11）矩形柱是否采用多螺箍筋形式。当勾选时，表示矩形柱按照多螺选筋的形式配置箍筋。

（12）连接形式。程序提供如图 5-66 所示的 11 种连接形式，主要用于立面画法，表现相邻层纵筋之间的连接关系。

（13）是否考虑节点箍筋。根据《建筑抗震设计规范》（GB 50011—2010）第 6.3.10 条确定：框架节点核心区箍筋的最大间距和最小直径宜按本规范 6.3.7 条采用；一、二、三级框架节点核芯区配箍特征值分别不宜小于 0.6%、0.5% 和 0.4%。柱剪跨比不大于 2 的框架节点核芯区，体积配箍率不宜小于核芯区上、下端柱的较大体积配箍率。

因节点箍筋的作用与柱端箍筋不同，程序提供考虑和不考虑两种选项。

（14）是否考虑上层柱下端配筋面积。通常每根柱确定配筋面积时，除考虑本层柱上、下端截面配筋面积取大值外，还要将上层柱下端截面配筋面积一并考虑。该参数应选择"考虑"。

（15）是否包括边框柱配筋。可以通过本选项控制在柱施工图中是否包括剪力墙边框柱的配筋,如果不包括,则剪力墙边框柱就不参加归并以及施工图的绘制,此时边框柱应该在剪力墙施工图程序中进行设计;如果包括边框柱配筋,则程序读取的计算配筋包括与柱相连的边缘构件的配筋。

(16) 归并是否考虑柱偏心。若选择"考虑",则归并时,判断几何条件是否相同的因素包括了柱偏心数据,否则柱偏心不作为几何条件考虑。

(17) 每个截面是否只选一种直径的纵筋。设计者如果需要每个不同编号的柱子只有一种直径的纵筋,选择"是"选项。否则,矩形柱每个方向选出两种直径的纵筋,异形柱整个截面可以采用两种直径的纵筋。

(18) 设归并钢筋标准层。设计者可以设定归并钢筋标准层。默认的钢筋标准层数与结构自然层数一致。设计者也可以修改钢筋标准层数少于结构自然层数,如设定多个结构标准层为同一个钢筋标准层。设归并钢筋标准层对设计者是一项非常重要的工作,因为在钢筋标准层概念下,原则上对每一个钢筋标准层都应该画一张柱的平法施工图,设置的钢筋标准层越多,应该画的图纸就越多。另一方面,设置的钢筋标准层少时,虽然画的施工图可以简化减少,但由于程序将一个钢筋标准层内所有各层柱的实配钢筋归并取大,使其完全相同,有时会造成钢筋使用量偏大。

提示:将多个结构标准层归为一个钢筋标准层时,多个结构标准层中的柱截面布置应该相同,否则程序将提示不能够将这么多个结构标准层归并为同一钢筋标准层。

4) 选筋库

"选筋库"对话框如图 5-67 所示。

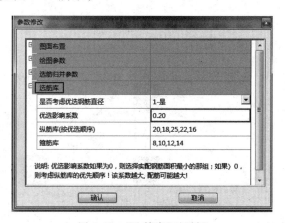

图 5-67　"选筋库"对话框

(1) 是否考虑优选钢筋直径。如果选"1-是"且优选影响系数大于 0,程序可根据设计者设定的优选直径顺序并考虑优选影响系数选筋。

(2) 优选影响系数。这是加权影响系数,选筋时首先计算实配钢筋面积与计算钢筋面积的比值,然后将其乘以纵筋库中顺序排列的钢筋直径对应的优选加权影响系数,最后选择比值最小的那组;优选影响系数如果为 0,则直接选择实配钢筋面积与计算钢筋面积的比值最小的那组;如果大于 0,则考虑纵筋库的优选顺序,即按纵筋库中钢筋直径排列的顺序选择钢筋。

(3) 纵筋库(按优选顺序)。设计者可以根据工程的实际情况,设定允许选用的钢筋直径,程序可以根据设计者输入的数据顺序优先选用排在前面的钢筋直径,如 20mm,18mm,25mm,16mm,…,20mm 的直径就是程序最优先考虑的钢筋直径。

(4)箍筋库。设计者可以设定允许选用的箍筋直径,根据设计者输入的数据顺序优先选用排在前面的箍筋直径,如 8mm,10mm,12mm,6mm,14mm,…,8mm 的直径就是程序最优先考虑的箍筋直径。

提示:"参数修改"中的"选筋归并参数"和"选筋库"修改后,应重新执行"归并"命令。由于重新归并后配筋将有变化,刷新当前层图形,钢筋标注内容将按照程序默认的位置重新标注。

3. 表示方法

单击"表示方法"命令,弹出柱画法选择菜单,如图 5-68 所示。

1)平法原位截面注写

平法原位截面注写参照《混凝土结构施工图平面整体表示方法制图规则和构造详图(现浇混凝土框架、剪力墙、梁、板)》(22 G101—1),分别在同一个编号的柱中选择其中一个截面,用比平面图放大的比例在该截面上直接注写截面尺寸、具体配筋数值的方式来表达柱配筋,如图 5-69 所示。

2)平法集中截面注写

平法集中截面注写参照《混凝土结构施工图平面整体表示方法制图规则和构造详图(现浇混凝土框架、剪力墙、梁、板)》(22 G101—1),在平面图上原位标注归并的柱号和定位尺寸,截面详图在图面上集中绘制,如图 5-70 所示。

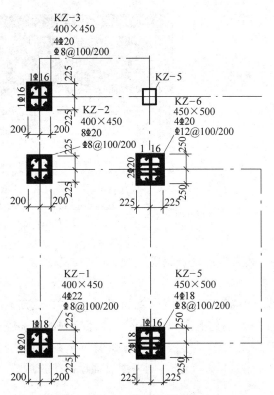

图 5-68 柱画法选择菜单   图 5-69 柱平法原位截面注写

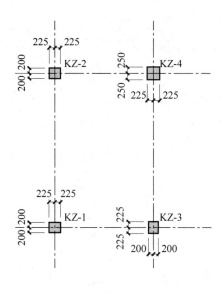

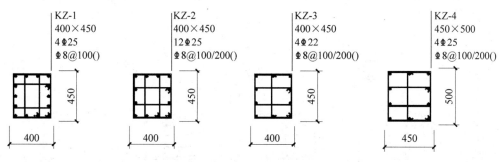

图 5-70　柱平法集中截面注写

3）平法列表注写

平法列表注写参照图集《混凝土结构施工图平面整体表示方法制图规则和构造详图（现浇混凝土框架、剪力墙、梁、板）》（22 G101—1）。该法由平面图和表格组成，表格中注写每一种归并截面柱的配筋结果，包括该柱各钢筋标准层的结果，注写了标高范围、尺寸、偏心、角筋、纵筋、箍筋等。程序还增加了 L 形、T 形、十字形截面的表示方法，适用范围更广，如图 5-71 所示。

4）截面列表注写

截面列表注写如图 5-72 所示，是一种被设计人员广泛采用的绘图方式。其特点是将所有信息按行列表列在大样图单元格下方，排列紧凑明了。

4．绘新图

选择要绘制的自然层号，根据归并结果和绘图参数的设置绘制相应的柱施工图。

5．柱查询

使用柱"查询"命令可以快速定位柱子在平面图中的位置，单击柱"查询"命令，在弹出的

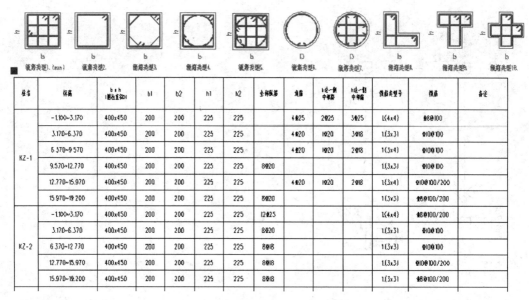

图 5-71   平法列表注写

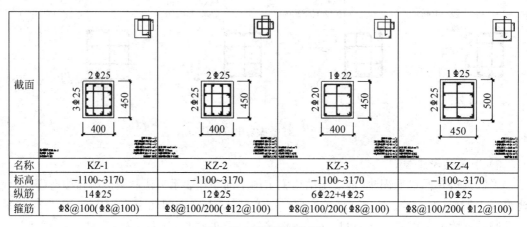

图 5-72   截面列表注写

对话框中单击需要定位的柱名称(图 5-73),程序会用高亮闪动的方式显示查询到的柱子。

6. 柱名修改

单击"柱名修改"命令,弹出"输入柱名"对话框(图 5-74)。通常柱的名称是由程序自动生成的,由"参数修改"菜单中"柱名称前缀"+归并号组成,设计者也可以对柱名进行修改,不同归并号的柱不能修改为相同的柱名。设计者可以根据需要指定框架柱的名称,对于配筋相同的同一组柱子可以一同修改柱子的名称。

7. 平法录入

单击"平法录入"命令,弹出平法录入对话框(图 5-75)。设计者可以利用对话框方式修改

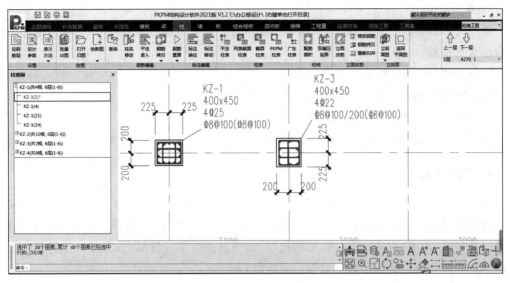

图 5-73 柱查询界面

图 5-74 "输入柱名"对话框

图 5-75 平法录入对话框

柱钢筋,在对话框中不仅可以修改当前层的钢筋,也可以修改其他层的钢筋。另外该对话框包含了该柱的其他信息,如几何信息、计算信息数据。

1)纵向钢筋

对于矩形柱,纵向钢筋分为三部分,角筋、x 向纵筋、y 向纵筋;圆柱和其他异形柱,只输入全部纵筋,程序会根据截面的形状自动布置纵筋。

2）箍筋

矩形柱可以修改箍筋肢数，圆柱和其他异形柱不能修改箍筋肢数，程序会根据截面的形状自动布置箍筋。

3）上端加密区长度、下端加密区长度

程序默认的箍筋加密区长度为"自动"计算。

4）纵筋与下层纵筋的搭接起始位置

程序默认为数值为"自动"，设计者可以根据工程实际情况进行修改。

8. 钢筋复制

单击"钢筋复制"→"层间钢筋复制"，弹出"层间钢筋复制"对话框（图 5-76）。选择复制的原始层号，可以是当前层，也可以是其他层，程序默认是当前层；复制的目标可以是一层，也可以是多层，单击"确认"按钮后，根据选项（如只选择纵筋或箍筋，或纵筋＋箍筋等），自动将同一个柱原始层号的钢筋数据复制到相应的目标层。

图 5-76 "层间钢筋复制"对话框

9. 钢筋修改及施工图编辑

通过前面的操作，即设定柱钢筋标准层、设置柱配筋参数并进行连续柱的生成与归并，自动根据设计者的相关定义绘出指定层柱的平法施工图。若设计者对其中柱的某些配筋不满意，可以采用"立面改筋""大样移位"等命令进行钢筋查询与修改以及施工图的编辑。此外还可以利用"配筋面积"显示计算面积和实配面积。

提示：使用"立面改筋"及"配筋面积"等修改钢筋后，应执行"重新归并"命令。参数修改如果只修改了"绘图参数"（如比例、画法等），设计者应执行"绘新图"命令刷新当前层图形，以便修改生效。

10. 柱的单偏压和双偏压配筋计算

在 SATWE 结构设计软件的补充参数定义中，可以由设计者选择按单偏压计算或双偏压计算，对于设计者定义的角柱、异形截面柱自动采用双偏压计算方法。

一般在 SATWE 中定义单偏压计算，在柱施工图模块中采用双偏压进行验算。

设计者选完柱钢筋后，可以直接执行"双偏压验算"检查实配结果是否满足承载力的要求。程序验算后，对于不满足承载力要求的柱，柱截面以红色填充显示。对于不满足双偏压验算承载力要求的柱，设计者可以直接修改实配钢筋，再次验算直到满足为止。由于双偏压、拉配筋计算本身是一个多解的过程，所以当采用不同的布筋方式得到的不同计算结果，它们都可能满足承载力的要求。

5.3.2　混凝土梁柱施工图绘制实例

【实例】　已知条件同实例 2.6,完成实例 3-11 及 4.6 节实例"SATWE 有限元分析软件应用",请用"混凝土施工图"模块绘制柱、二层梁和顶层梁施工图。

下面详细介绍绘制梁、柱施工图的操作步骤。

1. 梁配筋平法施工图的绘制

PKPM 统一了混凝土结构施工图的菜单布置、操作方式和界面风格。对于楼板、梁、柱、剪力墙施工图等绘制程序采用了相同的操作模式。完成结构模型的建立、结构分析后,可切换到"混凝土施工图"模块下,进行混凝土结构施工图绘制。

1) 梁钢筋标准层划分

第一次进入梁施工图时,要求设计者调整和确认钢筋标准层的定义。只要这些结构标准层的梁截面布置相同。程序会按结构标准层的划分状况生成默认的梁钢筋标准层,根据以下两条标准进行梁钢筋标准层的划分:

(1) 两个自然层所属结构标准层相同。

(2) 两个自然层上层对应的结构标准层也相同。

符合上述条件的自然层将被划分为同一钢筋标准层,如图 5-77 所示。

2) 设计参数选择

梁施工图模块的设计参数包括:绘图参数,通用参数,梁名称前缀,纵筋选筋参数,箍筋选筋参数,裂缝、挠度计算参数,其他参数。设计人员可根据工程的具体要求进行调整。

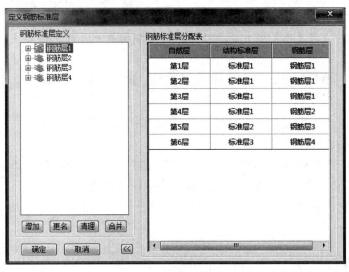

图 5-77　梁钢筋标准层划分

3) 挠度

单击"校核/挠度"菜单下"挠度计算"命令,弹出"挠度计算参数"对话框(图 5-78),勾选"使用上对挠度有较高要求"和"将现浇板作为受压翼缘"两项,且挠度绘图比例取默认值,单击"确定"按钮,可以计算梁的挠度,并将计算结果以挠度曲线的形式绘出,设计者可以查看各梁的挠度。单击"校核/挠度"菜单下的"计算书",可以输出挠度计算的各中间结果,包括各工况弯矩标准值、荷载效应准永久值组合、短期刚度、长期刚度等。对于有疑问的梁跨,可以使用计算书进行复核。

4)裂缝

单击"校核/裂缝"菜单下的"裂缝计算"命令,弹出"裂缝计算参数"对话框,如图 5-79 所示,单击"确定"按钮,可以计算并查询各连续梁的裂缝,绘制好的裂缝图上标明各跨支座及跨中的裂缝。软件提供了裂缝计算书的查询功能,可以使用计算书对有问题的梁跨进行复核。

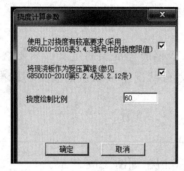

图 5-78　"挠度计算参数"对话框

图 5-79　"裂缝计算参数"对话框

可根据裂缝选择纵筋,如果设计人员在参数菜单中选择了"根据裂缝选筋",则在选定主筋后会计算相应位置的裂缝(下筋验算跨中下表面裂缝,支座筋验算支座处裂缝)。如果所得裂缝大于允许裂缝宽度,则将计算面积放大 1.1 倍重新选筋。

提示:减少裂缝宽度的最有效的方法是增大梁截面高度或增大混凝土保护层厚度。

5)标注

选择"模板"→"轴线/自动"标注轴线。选择"模板"→"图表/图名",将图名标注到图中。

6)楼层表

选择"模板"→"图表/楼层表",将楼层表插入图中,如图 5-80 所示。

7)图框标题栏

选择"模板"→"图表/图框",按 Tab 键,弹出图框设定对话框,在对话框中可以修改图纸号。选择"模板"→"图表/修改图签",可以完成标题栏的修改。

屋面层梁的施工图绘制过程与二层梁的施工图绘制过程相同,完成后的施工图如图 5-81 所示。

2.柱施工图的绘制

程序提供了 4 种不同的画法:平法原位截面注写、平法集中截面注写、平法列表注写和截面列表注写,设计者选择"平法原位截面注写"出图,该办公楼框架结构柱平法施工图如图 5-82 所示。

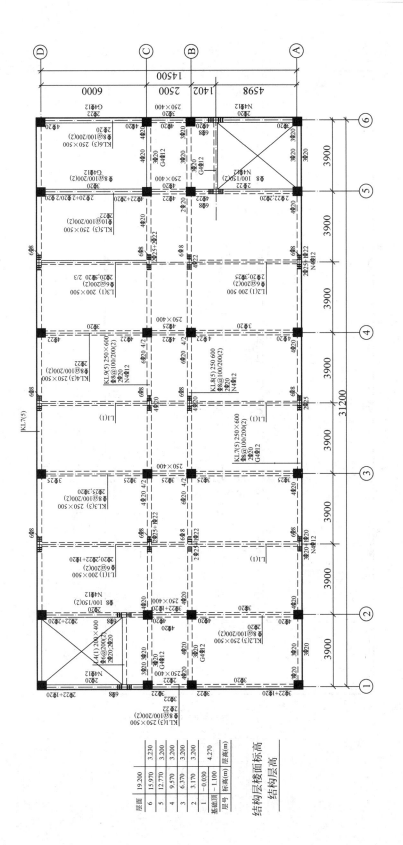

图 5-80 二层梁配筋图

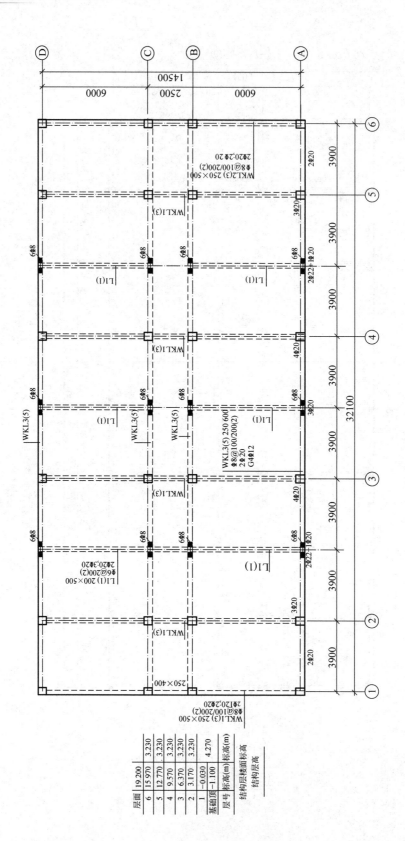

图 5-81　屋面层梁施工图

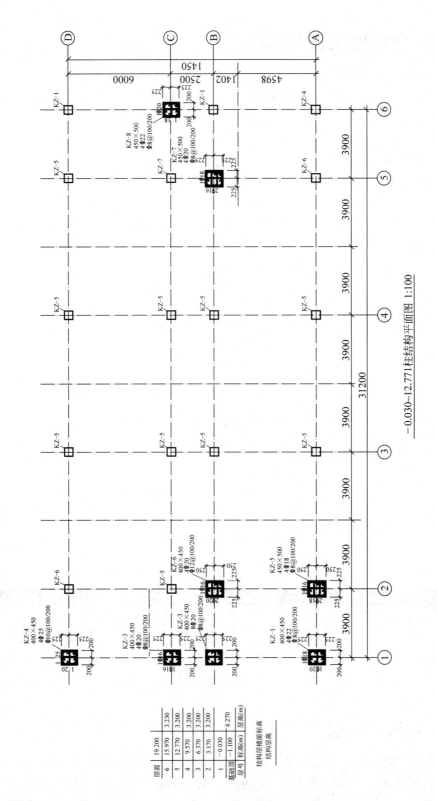

图 5-82　柱平法施工图

5.4   剪力墙施工图的绘制

在剪力墙施工图中应反映以下内容：墙的平面布置情况，墙体配置的分布筋，墙端和若干墙交汇处的边缘构件形状、尺寸和配筋，墙梁的尺寸、平面布置、高度（竖向位置）和配筋。

软件提供了"截面注写图"和"平面图＋大样"两种剪力墙施工图表达方式，设计者可随时在这两种方式间进行切换。

墙施工图绘制流程如图 5-83 所示。首先用 PMCAD 程序输入工程模型及荷载等信息，再用 PKPM 系列软件中任一种多、高层结构整体分析软件（SATWE 或 PMSAP）进行整体计算。由墙施工图程序读取指定层的配筋面积计算结果，按使用者设定的钢筋规格进行选筋，并通过归并整理与智能分析生成墙内配筋。可对选配的钢筋进行调整，墙配筋图主菜单如图 5-84 所示。

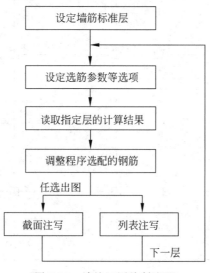

图 5-83   墙施工图绘制流程

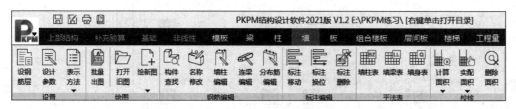

图 5-84   墙配筋图主菜单

5.4.1   设置钢筋层

进行剪力墙施工图设计之前，要对计算配筋结果进行归并，从而简化出图。第一步归并是划分钢筋标准层，并在同一钢筋标准层内对其包含的各自然层进行归并；第二步归并是在每个钢筋标准层内，将截面尺寸相同的构件归并为同一个编号并配置相同的钢筋。

首次执行剪力墙施工图程序时,程序会按结构标准层的划分状况生成默认的墙钢筋标准层。两自然层归为同一墙筋标准层的条件为:所属结构标准层相同;上、下相连的楼层结构标准层对应相同;层高相同。

单击"墙"菜单下的"设置/设钢筋层"命令,弹出对话框如图 5-85 所示。

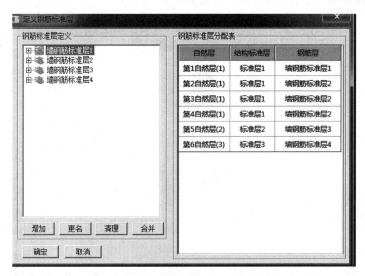

图 5-85 "定义钢筋标准层"对话框

设定钢筋标准层的对话框与梁施工图相同。可在左侧的树形表中拖动自然层的名称到所属的钢筋标准层之下,也可在右侧的表格中单击要修改其所属墙钢筋标准层的自然层行的"钢筋层"栏,在出现的下拉框中选择适当的墙钢筋标准层名称。在该对话框中左右两部分所做的设置是等效的,使用者可以只关注其中之一。对话框中的"增加"按钮表示在既有的墙钢筋标准层之外新增;"更名"是针对墙钢筋标准层(结构标准层的名称已在建模程序中指定,不能在此处更改);"清理"指清除未用到的(不包含任何自然层的)钢筋标准层;"合并"指将设计者选定的若干钢筋标准层合并。

设计者可根据工程实际情况将分属不同结构标准层的自然层也归并到同一个钢筋标准层中,只要这些结构标准层的墙截面布置相同。如果属于同一墙筋标准层的若干自然层所属的结构标准层布置有差异,墙施工图程序画平面图时将使用自然层号最小的楼层作为代表。

自动配筋时,对每个构件取该钢筋标准层包含的所有楼层中同一位置构件的最大配筋结果进行选筋,这是程序第一个层次的归并。反之,不同钢筋标准层之间不作任何归并,画图的内容没有任何关联。相同构件名称在不同的墙筋标准层可代表不同的形状和配筋。

提示:布置约束边缘构件和构造边缘构件的楼层将被自动划分在不同的墙筋标准层中。梁、板、柱、剪力墙等不同构件设置的钢筋标准层是相互独立的,互不影响。如果对已画图的楼层重新设置了墙钢筋标准层,当前工程文件夹中的图纸文件内所标注的文字未更新,可能与后设置的楼层关系不符,一般需要重新绘制影响到的各层施工图。

5.4.2　设计参数

单击"墙"菜单下的"设置/设计参数"命令,弹出如图 5-86 所示的对话框,设计者需根据工程实际情况设置相应参数,部分参数定义如下。

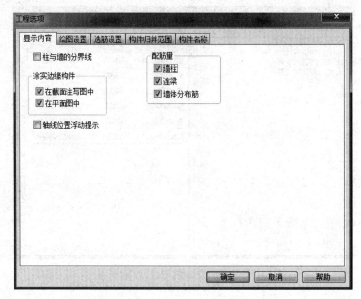

图 5-86　"显示内容"对话框

1. 显示内容

设计者定义施工图中要显示的内容。

1)柱与墙的分界线

这是指按绘图习惯确定是否要画柱和墙之间的界线。

2)配筋量

这表示在平面图中(包括截面注写方式的平面图)是否显示指定类别的构件名称、尺寸及配筋的详细数据。

3)涂实边缘构件

若选择该项,在截面注写图中将未做详细注写的各边缘构件涂实;在平面图中则是对所有边缘构件涂实。

4)轴线位置浮动提示

若选择该项,则对已命名的轴线在可见区域内示意轴号,但此类轴号示意内容仅用于临时显示,不保存在图形文件中。

2. 绘图设置

绘图设置对新画的图有效,已画的图不受影响,如图 5-87 所示。

1)标高与层高表

层高表参照《混凝土结构施工图平面整体表示方法制图规则和构造详图》(16 G101—1)

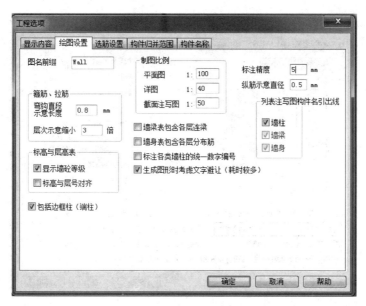

图 5-87　"绘图设置"对话框

（现浇混凝土框架、剪力墙、梁、板）提供的形式绘制，即在层高表中以粗线表示当前图形所对应的各楼层。设计者可按绘图习惯选择是否在层高表中显示墙的混凝土强度等级以及标高及层号是否对齐。

2) 墙梁表包含各层连梁、墙身表包含各层分布筋

可根据绘图习惯选择是否在同一张图纸上显示多层内容。

3) 标注各类墙柱的统一数字编号

若选择此项，则程序用连续编排的数字编号替代各墙柱的名称。

4) 生成图形时考虑文字避让

在画平面图（包括截面注写方式的平面图）之前可以设定要求在生成图形时考虑文字避让，这样会尽量考虑由构件引出的文字互不重叠，但选中该项生成图形时较慢。

3. 选筋设置

选筋的常用规格和间距按墙柱纵筋、墙柱箍筋、水平分布筋、竖向分布筋、墙梁纵筋、墙梁箍筋等六类分别设置。程序根据计算结果选配钢筋时将按这里的设置确定所选钢筋的规格。还可以在读入部分楼层墙配筋后重新设置"选筋设置"的参数，修改的结果将影响此后读计算结果的楼层，这样可实现在结构层中分段设置墙钢筋规格，如图 5-88 所示。

1) "规格"和"间距"

表中列出的是选配钢筋时优先选用的数值。"规格"表中反映的是钢筋的直径。选配纵筋时，根据构件尺寸确定所需的纵筋根数范围，按计算配筋面积和构造配筋面积中的较大值，以"规格"表中的次序进行选配。当得到的配筋面积大于前述较大值且超过所需面积不多（其倍数不大于"配筋放大系数"），即认为选配成功，不再考虑排在后面的备选规格。

纵筋的"间距"由"最大值"和"最小值"限定，不用"间距"表中的数值。"箍筋"或"分布筋"间距则只用"间距"表中数值，不考虑"最大值"和"最小值"。可在表中选定某一格，用表

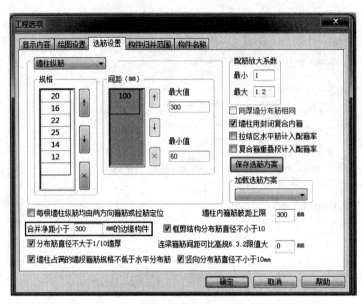

图 5-88 "选筋设置"对话框

侧的"↑"和"↓"调整次序,用"×"删除所选行。

2）同厚墙分布筋相同

若选择此项,则在设计配筋时,在本层的同厚墙中找计算结果最大的一段,据此配置分布筋。

3）墙柱用封闭复合内箍

若选择此项,则墙柱内的箍筋优先考虑使用封闭形状。

4）拉结区水平筋计入配箍率、复合箍重叠段计入配箍率

一般选择拉结区水平筋计入配箍率,复合箍重叠段不计入体积配箍率。

5）每根墙柱纵筋均由两方向箍筋或拉筋定位

通常用于抗震等级较高的情况,如果选择本项,则程序不再按默认的"隔一拉一"处理,而是对每根纵筋均在两方向定位。

6）保存/加载选筋方案

选筋方案包括除"边缘构件合并净距"之外的全部内容,均保存着 CFG 目录下的"墙选筋方案库.MDB"文件中。保存时可指定方案名称,在做其他工程墙配筋设计时可用"加载选筋方案"调出已保存的设置。

7）分布筋直径不大于 1/10 墙厚和竖向分布筋直径不小于 10mm

该两项一般应勾选,《混凝土结构设计规范》(GB 50010—2010)第 11.7.15 条中的"宜"类规定。设计者可根据设计习惯调整。

4. 构件归并范围

同类构件的外形尺寸相同,需配的钢筋面积(计算配筋和构造配筋中的较大值)差别在归并参数指定的归并范围内时,按同一编号设相同配筋,如图 5-89 所示。

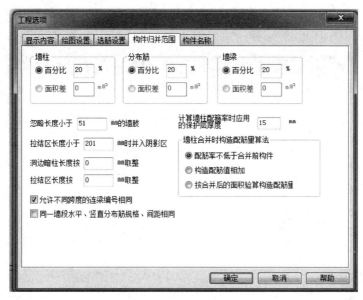

图 5-89 "构件归并范围"对话框

1）墙柱、分布筋、墙梁百分比

对平面形状完全相同、所需配筋面积差别在设定的百分比范围内的墙柱将归并为同一编号墙柱。程序选筋时在此范围内取最大计算结果。

2）洞边暗柱、拉结区的取整长度

考虑该项时，通常将相应长度加大，以达到取整值的整倍数。常用数值为 50mm；若取默认的数值 0，则表示不考虑取整。

3）同一墙段水平、竖直分布筋规格、间距相同

如果选择该项，将取两方向的配筋中的较大值设为分布筋规格。

4）墙柱合并时构造配筋量算法

（1）配筋率不低于合并前构件。勾选该项，确保合并后的构件配筋率取合并前两构件的较大值。

（2）构造配筋值相加。是简单地将合并前的两构件构造配筋相加。对于两原始构件之间有一段距离的情况，按此方式计算的构造筋会小于第一种算法。

（3）按合并后的面积验算构造配筋量。是对合并后的构件按规范指定的构造配筋要求比较，通常也会小于第一种算法。

5．构件名称

表示构件类别的代号默认值参照"平面整体表示法"图集设定，如图 5-90 所示。如选中"在名称中加注 G 或 Y 以区分构造边缘构件和约束边缘构件"，则这一标志字母将写在类别代号前面。可在"构件名模式"中选择"楼层号间隔符-类别间隔符；编号"，将楼层号嵌入构件名称，即以类似于 BZ1-2 或 1BZ-2 的形式为构件命名。使用者可根据自己的绘图习惯选择并设置间隔符。默认在楼层号与表示类别的代号间不加间隔符，而在编号前加"－"隔开。加注的楼层号是自然层号。

墙施工图按墙梁的跨高比决定应用 LL 或 LLK 编号。默认的跨高比界限值为 5。当墙梁的跨高比不小于 5 时,按 LLK 编号;跨高比小于 5 时,按 LL 编号。

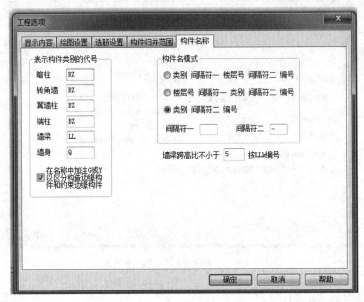

图 5-90　"构件名称"对话框

5.4.3　表示方法

程序提供两种表示方法的剪力墙结构施工图。

1. 截面注写

参照平法图集,在各个墙钢筋标准层的平面布置图上,于同名的墙柱、墙身或墙梁中选择一个直接注写截面尺寸和配筋具体数值(对墙柱还要在原位绘制配筋详图),其他位置上只标注构件名称。

2. 列表注写

在剪力墙结构平面图上画出墙体模板尺寸,标注剪力墙编号、端柱编号、暗柱编号和墙梁编号。在节点大样图中画出剪力墙端柱、暗柱、翼柱和转角柱的形式、受力钢筋与构造钢筋。墙梁钢筋用图表方式表达。

5.4.4　钢筋编辑

通过墙施工图绘制流程中的前 3 个步骤,可以得到自动配筋的墙柱设计结果,设计者可在此基础上进一步调整。单击"墙柱编辑""连梁编辑""分布筋编辑"命令,或在平面图上需要编辑的墙柱上右击,利用弹出菜单中的命令进行编辑或复制。

1. 墙柱

对暗柱、端柱、翼墙柱、转角墙等边缘构件程序统一定义为"墙柱"，根据点取的位置调用不同的对话框。

剪力墙边缘构件的相关规定见《混凝土结构设计规范》（GB 50010—2010）第 11.7.17条，《高层建筑混凝土结构技术规程》（JGJ 3—2010）第 7.2.15～7.2.17 条，《建筑结构设计规范》（GB 50011—2010）第 6.4.5 条。

单击"墙柱编辑"命令，弹出图 5-91 所示对话框。需要编辑的墙柱的大样配筋按柱截面注写的方式在平面图上绘出。根据对话框输入内容变化，该大样和配筋显示将随之变化，此时可利用鼠标滚轮对大样图进行缩放显示。

图 5-91　"输入墙柱尺寸、配筋"对话框

2. 墙梁

单击"连梁编辑"命令，弹出"输入连梁配筋"对话框（图 5-92）。默认将上下层洞间的高度均纳入连梁高度，上层无洞时以楼板顶面到洞顶的高度为连梁高。如设计者对"高度"数据做过修改则以该修改结果为准。

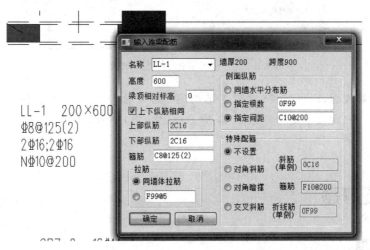

图 5-92　"输入连梁配筋"对话框

程序生成的连梁配筋总是上下对称的，设计者可以修改为连梁上下侧设置不同的纵筋。

编辑单个连梁时最少需要输入名称、高度、下部纵筋、箍筋规格等信息。如果输入信息不完整则不能单击"确定"按钮结束该对话框。

3. 分布筋

单击"分布筋编辑"命令,弹出"输入墙体分布筋"对话框(图5-93)。编辑分布筋时可随时变更"输入范围",即确定当前输入的内容影响哪些墙段。

1)整道

整道指与选择的墙段在同一轴线上的相连各墙。

2)逐片

以相交的墙为界,编辑时会在图中以高亮显示的方式示意影响到的各墙段。

3)排布方式

配筋排列方式分为"各排相同""两侧不同""两侧相同"3种。默认配筋排布方式是"各排相同",即各排分布筋规格相同,可设置为"两侧相同"(最外侧的两排分布筋规格相同,中间各排采用"中排"规格)。相关规定见《高层建筑混凝土结构技术规程》(JGJ 3—2010)第7.2.3条。

4)排数

根据墙厚确定分布筋的排数:墙厚不大于400mm时设2排,大于400mm而不大于700mm设3排,700mm以上设4排。

5)应用到本层同厚各墙

勾选该选项,在单击"确定"按钮退出前可设定将当前编辑的内容应用到本层同厚各墙。

图5-93 "输入墙体分布筋"对话框

经过编辑修改后,即可按照《混凝土结构施工图平面整体表示方法制图规则和构造详图》(22 G101—1)(现浇混凝土框架结构、剪力墙、梁、板)中剪力墙平法施工图的表达要求,绘出剪力墙施工图。

思考题及习题

一、思考题

1. 构件施工图中的钢筋层有何含义?

2. 梁钢筋归并是如何计算的?

3. 什么是钢筋标准层？它与结构标准层、自然层和图纸张数之间有什么关系？

4. 梁平法施工图中集中标注和原位标注不同时,以哪个标注为准？

5. 请简要说明如何绘制柱平法施工图。

6. 梁、柱、墙平法施工图中的图名内容如何书写？层高表应如何修改？

二、习题

1. 请对第 3 章习题 1 在用 PMCAD 建模的基础上,进行顶层楼板内力计算并绘制顶层楼板结构施工图。

2. 请对第 3 章习题 1 在用 PMCAD 建模的基础上及第 4 章习题 1 用 SATWE 内力计算的基础上,绘制顶层梁及二层梁平法施工图,绘制底层柱平法施工图。注意图纸表达内容要齐全且符合平法制图规则。

第6章

LTCAD——楼梯设计程序

本章要点、学习目标及思政要求

本章要点

(1) 普通楼梯建模。

(2) 普通楼梯内力计算。

(3) 普通楼梯施工图绘制。

学习目标

(1) 掌握普通楼梯建模方法。

(2) 理解采用程序设计楼梯的方法。

(3) 能完成普通楼梯施工图的绘制与修改。

思政要求

培养学生的工匠精神和职业道德,激励学生自觉遵守职业规范要求,理解土木工程师应承担的社会责任。

6.1 普通楼梯设计

新的 LTCAD 软件把所有楼梯,包括普通楼梯、悬挑楼梯、螺旋楼梯、组合螺旋楼梯集成到一个程序中,可以在一个环境下对所有楼梯类型进行相关操作。进入 PKPM 主界面后,可以看到"楼梯"选项,单击进入 LTCAD 设计界面,如图 6-1 所示。

普通楼梯的设计流程如图 6-2 所示。

6.1.1 楼梯交互式数据输入

LTCAD 的数据分为两类:第一类为楼梯间数据,包括楼梯间的轴线尺寸,其周边的墙、梁、柱及门窗洞口的布置,总层数及层高等;第二类为楼梯布置数据,包括楼梯板、楼梯梁和楼梯基础等信息。与"结构设计"接力使用时,从整体模型中获取楼梯间数据,在这里设计者可以选择从 PMCAD 读取文件并建立楼梯间。

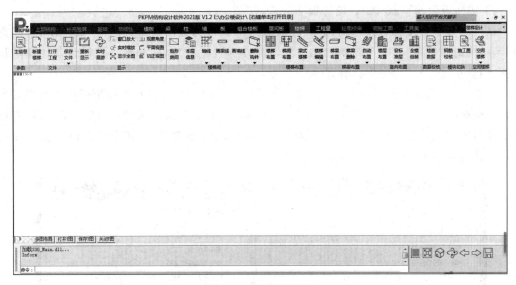

图 6-1　楼梯设计界面

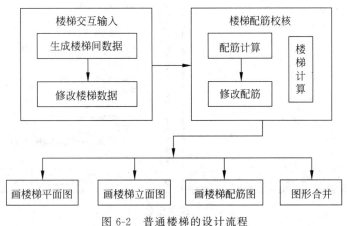

图 6-2　普通楼梯的设计流程

建立楼梯工程的步骤如下：①输入楼梯主信息；②建立楼梯间；③输入楼梯和梯梁；④楼梯竖向布置。

1. 楼梯主信息

在新建任一个楼梯工程前，须首先执行楼梯主信息，主信息的数据分为两类：楼梯主信息一和主信息二，如图 6-3 所示。

楼梯主信息一主要定义施工图绘制时各图形的绘图比例、尺寸线位置和楼梯踏步是否等分（MAVER＝0 时表示等分；MAVER＝1 时，对最后一步作调整；MAVER＝－1 时，对第一步作调整）。

楼梯主信息二主要定义楼梯设计计算时的相关参数。

1）楼梯板装修荷载 QZX、楼梯板活载 QHZ

这两项分别指楼梯板装修荷载标准值（kN/m^2）、楼梯板活荷载标准值（kN/m^2）。根据《建筑结构荷载规范》（GB 50009—2012）第 5.1.1 条注 5 规定，楼梯活荷载对预制楼梯踏步平板，尚应按 1.5kN 集中荷载验算。

一般来说，为了与活荷载计算相协调，梯段板上的恒荷载应按水平投影面积上每平方米计算。恒荷载计算方法与一般钢筋混凝土平板相同，主要包括楼梯栏杆、踏步面层、锯齿形斜板及板底抹灰的自重等。LTCAD **自动计算楼梯斜板自重部分**，其余应由设计者当作楼梯板装修荷载输入，作为恒荷载标准值计算。

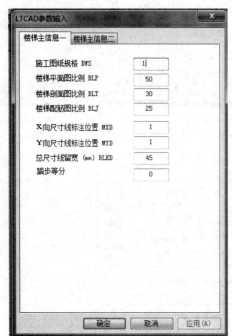
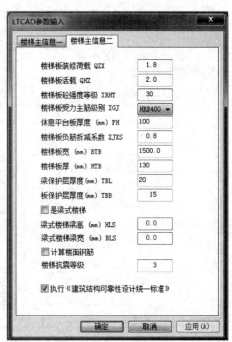

图 6-3 "楼梯主信息"对话框

2）楼梯板受力主筋级别 IGJ

结构构件中的普通纵向受力钢筋宜选用 HRB400、HRB500、HRBF400、HRBF500 级钢筋。

3）休息平台板厚度（mm）PH

这项是指中间休息平台板厚度，整个楼梯休息平台板取一个厚度。

4）楼梯板负筋折减系数 ZJXS

楼梯板负筋折减系数，隐含值为 0.8，梯板负筋按 $ZJXS \times M_{max}$ 选配钢筋；因 LTCAD 楼梯板按照简支计算，故不计算梯板负弯矩，负筋配筋取主筋乘折减系数计算。

设计者可以考虑实际情况凭经验取值。

5）楼梯板宽（mm）BTB、楼梯板厚（mm）HTB

在楼梯板定义中首先取这两个数作为楼梯板宽、楼梯板厚（指楼梯斜板厚）默认值。

6）梁式楼梯梁高（mm）HLS、梁宽（mm）BLS

这两项是指梁式楼梯边梁梁高、梁宽。梁式楼梯主要应用于梯板跨度较大（一般 $L > 3.0$m，

L 为楼梯斜板水平投影长度），或作用荷载较大，设计成板式楼梯不经济时采用。缺点是模板比较复杂，施工较困难；尤其是梯梁较高时，外观显得笨重，不美观（此参数对板式楼梯不起作用）。

2．新建楼梯工程

单击图 6-1 所示普通楼梯设计界面中的"新建楼梯"命令，弹出"新建楼梯工程"对话框（图 6-4），各选项含义如下。

1）手工输入楼梯间

当选择该项时，需要输入楼梯文件名，然后以类似 PMCAD 的建模方式建立一个楼梯间。

2）从整体模型中获取楼梯间

当选择从 PMCAD 读取文件并建立楼梯间，程序自动搜索 PMCAD 整体工程文件名，如果不存在整体工程或者所选目录不是工作目录，程序会要求重新选择目录，如果有则弹出"整体模型读取数据"对话框（图 6-5）。

图 6-4　"新建楼梯工程"对话框

图 6-5　"整体模型读取数据"对话框

设计者输入楼梯文件名，单击"确认"按钮后，显示出整体模型中设计者选取的所有标准层的第一个标准层平面图，选择楼梯间所在网格，按 Tab 键可在"光标""轴线""窗口""围区"间切换选择方式。选择完毕后，程序会自动形成一个楼梯间，并且根据楼梯间所有的构件自动形成本工程的相关构件信息，在形成构件信息时会自动过滤掉楼梯间没用的构件信息。

（1）**标准层设置**：考虑到实际工程中的楼梯在不同的标准层中楼梯间和楼梯布置可能是相同的，同时在诸如地下室等楼层中可能没有布置楼梯，设计人员通过设置楼梯起始标准层，以及选取实际的楼梯标准层进行设定，使楼梯标准层和整体模型标准层区分开。

（2）**杆件截取**：程序可由设计者设定是否保留周边剖断处的相关构件。若保留，可能导致所选构件周边构件残留较多，对施工图处理带来不便。

提示：只能生成一个楼梯间，不能生成两个或多个楼梯间，可把房间中原有的结构梁删除，用楼梯梁代替；不能在楼梯布置过程中，在已经形成的楼梯间中增加布置结构梁或墙，这样会使已布置完成的楼梯间数据混乱；布置楼梯梁时，不要采用先布置网格线，然后在网格线上布置楼梯梁的方式，这样布置的楼梯梁程序会处理成结构梁。对于单跑、双跑楼梯（包括两边上、中间合和中间上、两边分的类型），楼梯间应该有两条平行边，如果两条边不平行，程序会自动将该楼梯转换成任意楼梯间类型；对于三跑楼梯，楼梯间除应有两条平行边外，还必须有另一边与平行边垂直；对于四跑楼梯则必须为矩形房间；任意形状的楼梯，楼梯间可为任意形状。

图 6-6　"打开楼梯工程"对话框

3. 打开楼梯工程

如果已经存在楼梯工程，则可单击图 6-1 所示普通楼梯设计界面中心的"打开楼梯工程"命令，弹出"打开楼梯工程"对话框（图 6-6），对已经存在的楼梯工程进行编辑、设计等工作。

4. 建立楼梯间

该菜单主要用于没有 PMCAD 数据时建立楼梯间轮廓，也可补充楼梯间数据，主要包括以下内容。

1）矩形房间

单击图 6-1 中"矩形房间"命令，弹出"矩形梯间输入"对话框（图 6-7）。

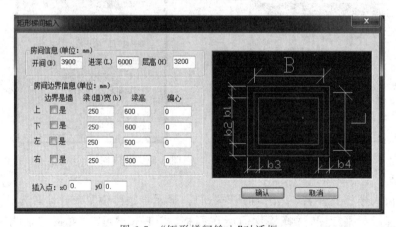

图 6-7　"矩形梯间输入"对话框

只需要在对话框中填入上（B 边）、下、左、右（L 边）各边界数据（程序默认该矩形房间为四边是梁的房间），程序自动生成一个房间和相应轴线，简化了建立房间的过程。

2）本层信息

此菜单项要求输入两个参数，如图 6-8 所示。一个是本标准层楼板厚度，另一个是本标准层层高，与 PMCAD 连接使用时，这两个参数都可从 PMCAD 中传递过来，LTCAD 单独使用时需输入其值，在最终楼层布置时，层高值可取标准层层高，也可以重新输入。

3）轴线

该菜单的用法与 PMCAD 轴线输入方法相似，以便设计者形成楼梯间的轴线，并利用轴线进行构件的定位。

4）画梁线

该菜单包括梁布置、绘连续梁、平行直梁、绘圆弧梁等各项子菜单，可以用来画各种形状的梁，同时自动生成轴线数据。

5）画墙线

该菜单和画梁线操作的功能基本类似。

6）删除构件

本菜单包含了删除墙、删除主梁、删除柱、删除洞口等删除功能。

7）设标准层

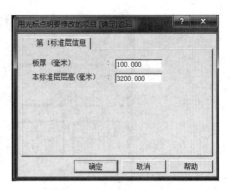

图 6-8　本层信息定义对话框

在进入程序后如果是新文件自动指定本层为第一标准层。在完成一个标准层布置后，可以用本菜单切换至另一标准层，也可以用工具栏上的切换标准层完成此功能。

当与 PMCAD 接力使用时，此处会先显示原在 PM 建模时已有的各标准层，但在每标准层中只包含选出的楼梯间信息。在已有标准层上单击可修改或查看这一层。

在屏幕空白处单击可以增加一个标准层，新增加的标准层可自动复制当前标准层的局部或全部内容。

5. 楼梯布置

楼梯布置适用于描述各种单跑和多跑楼梯。程序提供两种布置楼梯的方式。

第一种是对话框方式，由"对话输入"菜单引导。它把每层的楼梯布置，用参数对话框引导设计者输入，对话框中是描述楼梯的各种参数，改变某一参数数据，楼梯布置相应修改，该方式限于布置比较规则的楼梯形式。

第二种是鼠标布置方式，它需分别定义楼梯板、梯梁、基础等，再用鼠标布置构件在网格上。使用"楼梯、梯梁、楼梯基础"等命令完成。该方式即按网格或楼梯间进行的布置和编辑，都有专门的相反操作菜单，不能在图编辑菜单中用 Undo 和恢复删除两项菜单处理，布置后的楼梯可以在图编辑菜单中连同网格一起进行编辑、复制。

设计者可任选这两种方式之一布置楼梯。

1）对话输入

单击"楼梯/楼梯布置"菜单，弹出"请选择楼梯布置类型"对话框（图 6-9）。在其中选择楼梯类型进行楼梯布置。梯间布置结果只对当前标准层有效。

单击图 6-9 中的两跑楼梯，弹出"平行两跑楼梯—智能设计对话框"（图 6-10）。

（1）选择楼梯类型。在对话框中，首先选择楼梯类型，可输入的楼梯类型包括：单、双、三、四跑楼梯，对称式三跑中间上、两边分，两边上、中间合的楼梯。显示区域可显示楼梯平面图及透视图。

（2）起始节点号。选择楼梯类型后，设计者需首先输入定位起始节点号，它是第一跑楼梯所在网格的起始方向的节点。根据图 6-10 右侧图形上显示的楼梯间周围的网格线号、节

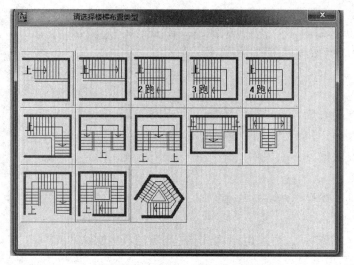

图 6-9 "请选择楼梯布置类型"对话框

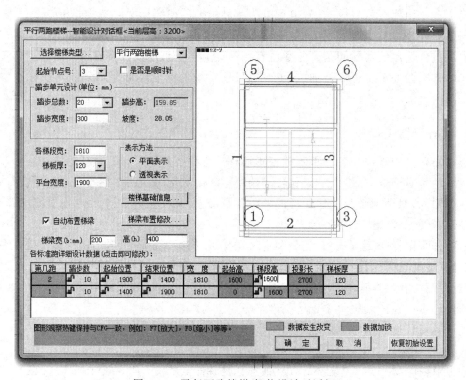

图 6-10 平行两跑楼梯-智能设计对话框

点号和工程实际情况进行指定。

（3）是否是顺时针。勾选该项后，按顺时针方向布置梯跑。

（4）踏步单元设计。在该对话框中输入，踏步宽度 b 和踏步高 h 存在以下关系：$2h + b = 600 \sim 620 \text{mm}$，如果不满足，程序将会提示重新输入。

（5）平台宽度。是指中间楼层休息平台宽度。

（6）自动布置梯梁。选择该项后，程序自动根据楼梯间和梯梁的布置情况给梯板布置一个紧靠梯板上端的梯梁。

（7）楼梯基础信息。单击该按钮，弹出如图 6-11 所示的对话框，可定义楼梯基础的相关信息。

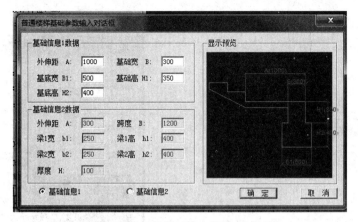

图 6-11　普通楼梯基础参数输入对话框

（8）梯梁布置修改。单击该按钮，弹出"平台梁信息对话框"（图 6-12），可对梯梁布置进行修改。

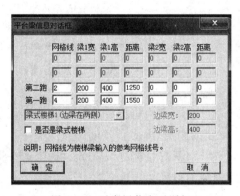

图 6-12　平台梁信息对话框

提示：梁 1 指第一跑梯板紧靠梯板上端的平台梁或第二跑紧靠梯板上端的楼层梁；梁 2 指楼梯间边网格线处第一跑的平台梁或第二跑的楼层梁。平台梁的标高自动取与其相连楼梯板上方的标高。

（9）各标准跑详细设计数据。第 1 跑（或第 2 跑）是根据起始节点号确定的。其中的"起始位置"为楼梯第一步距起始节点（第 1 跑）或距下方轴线的距离（第 2 跑）；"起始高"是该跑楼梯第一步距本层楼面的高度。

2）梯间布置

单击图 6-1 中"梯间布置"命令，弹出如图 6-9 所示的楼梯类型列表，在其中选择楼梯类型进行梯间布置。梯间布置结果只对当前标准层有效。

选择平行跑双跑楼梯后，屏幕左下角命令行提示："请输入楼梯间跑数：（2）"，按 Enter 键，屏幕左下角命令行继续提示："请用光标选择上楼起始节点"，单击图 6-10 中的节点⑤。

选择完成后,弹出楼梯"截面列表"对话框(图6-13)。对话框中列出已定义过的楼梯的梯段宽度和单跑总高度两个参数。如果"截面列表"对话框中没有已定义的楼梯,则可单击"新建"按钮,在弹出的对话框(图6-14)中输入标准楼梯参数后,单击"确定"按钮,关闭对话框。

图6-13 楼梯"截面列表"对话框

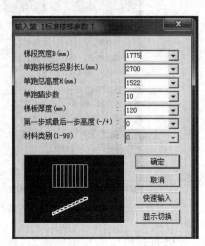

图6-14 输入"标准楼梯参数"

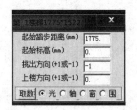

图6-15 楼梯参数设置

单跑布置操作步骤如下:

(1) 选择一项已定义的楼梯。

(2) 在对话框中输入楼梯的4个定位数据,如图6-15所示。

① 起始踏步距离(mm):表示上楼方向起始踏步距网格线的距离(即平台宽度)。

② 起始标高(mm):指楼梯起始踏步相对于本层楼面处的距离(如第一跑为0,第二跑为梯板的总高度)。

③ 挑出方向(+1或-1):+1表示楼梯跑位于梁(墙)右边或上边,-1表示楼梯跑位于梁(墙)左边或下边。

④ 上楼方向(+1或-1):+1表示上楼方向从左到右或从下到上,-1表示上楼方向从右到左或从上到下。

(3) 采用4种选择方式(光标方式、沿轴线方式、窗口方式和围栏方式)之一,按Enter键进行布置。

楼梯查询:进入查询菜单后,按Enter键可查询楼梯长度和宽度,按Esc键可查询楼梯的偏心距离和楼梯标高,按Tab键可查询单个构件的全部信息。查询只在当前标准层进行。

楼梯删除:该菜单是楼梯布置的反操作,删除结果只对当前标准层有效。被选中的网格线上布置的楼梯即会被删除。

楼梯替换:该菜单是将已经布置的一种楼梯替换成另一种楼梯,其他数据不变,替换结果只对当前标准层有效。

楼梯取消：该菜单是楼梯定义的反操作，将定义过的楼梯从定义项目中取消，相应的各标准层中布置的这个楼梯也会被删除。取消结果对所有标准层有效。

梁式楼梯：设计者在楼梯主信息中设置楼梯是否为梁式楼梯，这样设定的楼梯在所有标准层中同为梁式或板式楼梯。也可用本菜单针对不同的标准层设置是否为梁式楼梯，同时定义斜梁的尺寸。

6. 梯梁布置

梯梁是指布置于楼梯间边轴线或内部的与各梯板相连的直梁段。布置时必须以楼梯板作为参考物，自动取楼梯板上沿的高度作为它的布置高度。对单跑楼梯类型一，也可在楼层位置的轴线上布置梯梁。

程序设定每个楼梯板上可设置一、二道楼梯梁，楼梯的水平走向是设计者人机交互用光标直接在屏幕上勾画定位的。

7. 竖向布置

在各标准层的平面布置完成后，可在"竖向布置"菜单中确定各楼层所属的标准层号及层高，从而完成各层楼梯的最后布置，此外还可以完成对楼层和标准层的删除和插入操作。

（1）楼层布置。该菜单可对楼梯进行竖向楼层组装，操作方法和 PMCAD 中的普通楼层组装类似。

（2）设标准层。程序提供了加标准层、删标准层、插标准层及上侧下拉菜单中新增标准层等标准层编辑菜单。

8. 梯板数据

该菜单可以为设计者提供保存曾经设计过的梯板数据到梯板数据中。保存过的所有梯板数据可以在当前楼梯工程中使用，无须重新设计。

9. 数据检查

该菜单对输入的各项数据做合理性检查，并向 LTCAD 主菜单中的其他项传递数据。

10. 钢筋校核

单击该项命令，程序进入"钢筋设计"计算模块。

11. 施工图

如果设计者已经进行了钢筋校核，则单击该项命令，程序进入楼梯"施工图"模块。

6.1.2　楼梯钢筋校核

设计者在完成楼梯建模后，可进入钢筋设计计算模块。程序可以计算平台板及楼梯板和梯梁的配筋，同时提供楼梯计算书，设计者可通过计算书查看计算过程，同时修改钢筋结果并存储。

图 6-16　选择钢筋数据

软件运行时,会首先查找有无以前的计算或修改钢筋结果文件,如果有会提示设计者是否读入该结果,如图 6-16 所示。若设计者选择不读入,则程序自动全部重新计算一次,然后在屏幕上显示第一标准层第一梯跑的配筋结果图。

1. 菜单和工具栏

图 6-17 主界面上方为工具栏,从左至右分别是:选择梯跑、上一跑、下一跑、钢筋修改、画钢筋表、计算书。

图 6-17　"钢筋校核"菜单

2. 配筋计算及修改

程序按两端简支构件计算梯跑、平台板和梯梁,并根据设计者在 LTCAD 主信息中定义的参数,进行配筋计算。

(1) 梯跑。该菜单可以用"选择梯跑""上一跑""下一跑"等按钮切换梯跑,屏幕上相应显示所选梯跑的配筋和受力图,方便设计者查看检查。

(2) 校核修改。程序提供了"钢筋修改""画钢筋表""计算书"等按钮。

单击"钢筋修改"按钮,弹出如图 6-18 所示对话框,设计者可在其中修改当前梯跑的所有钢筋数据。

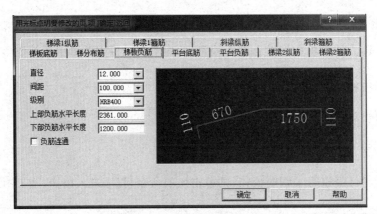

图 6-18　"钢筋修改"对话框

单击"画钢筋表"按钮,显示经过统计和编码的所有钢筋详细列表。

单击"计算书"按钮,设计者输入必要的工程信息,程序自动根据目前的楼梯数据生成楼梯计算书,该计算书包括三部分:荷载和受力计算、配筋计算、实配钢筋结果。计算书中给出了较为详细的计算技术条件及计算过程,设计者可直接对该计算书进行修改、预览、打印及存储等操作,也可以插入图片、文件等。

6.1.3　楼梯施工图

钢筋校核完成后可进行楼梯施工图绘制。施工图包括平面图、平法绘图、立面图、配筋图及图形合并。

单击"施工图"按钮,弹出上侧楼梯施工平面图菜单,如图 6-19 所示。

图 6-19　楼梯施工平面图菜单

单击"设置"按钮,弹出绘图参数设置对话框(图 6-20),设计者可在此设置绘制不同图形时的相关参数。

图 6-20　设置绘图参数

1. 楼梯平面图

楼梯平面图的绘制可通过本菜单完成。首先屏幕显示首层平面模板图,包括柱、梁、墙、洞口的布置,楼梯板、楼梯梁的布置,横竖轴线及总尺寸线等。

(1)绘新图。进入各施工图模块时,默认直接读取上次画过的该层对应图形,设计者如需重新画图,需单击本菜单。

（2）选择标准层。单击"选择标准层"命令，可在弹出的对话框中选择要画的标准层及梯跑号。

（3）画平台钢筋。程序目前只能针对有平行边界的房间且楼梯间类型为一、二、三、五、六的楼梯配置平台钢筋，其余部分暂时不处理。而且如果平台板是与楼梯板连在一起的折形板（没有梯梁存在），则单击此项菜单后，程序提示"不存在梯梁，不设平台钢筋"。

本项菜单给设计者提供两种方式将平台板的钢筋绘出。

修改正筋：设计者点取该菜单后，程序提示选择修改的正筋方向（x 方向和 y 方向），然后弹出该方向正筋已有数据，设计者可以修改配筋。

修改负筋：同修改正筋操作相同，只是修改钢筋数据时多了负筋连通和负筋长度的选项。

设计者单击平台钢筋后，LTCAD 不直接画钢筋，设计者需要单击此项菜单后才能画当前层平台钢筋。

提示：钢筋编号依据全楼梯工程编号，而不是本平台编号，已标注钢筋不再详细标注（只标注编号）。钢筋长度标注采用直接标注的方式，直接在钢筋下方标注长度。

（4）画楼面钢筋。设计者如果在主信息中没有设定计算楼面钢筋（默认情况），楼面处钢筋没有配置，设计者可以选择重新配置或者不配置钢筋。其操作方式和平台钢筋类似，程序会自动判断寻找楼面部分以及钢筋位置。

提示：目前只针对楼面处存在梯梁的一、二、三、五、六类型的楼梯处理。

2. 平法绘图

平法施工图把现浇混凝土板式楼梯根据不同情况分成了两大组11种类型，其中第一组为 AT～ET，第二组为 FT～LT。程序根据《混凝土结构施工图平面整体表示方法制图规则和构造详图（现浇混凝土板式楼梯）》(22 G101-2)对这 11 种类型划分的原则，针对梯梁位置，平台周边支撑等不同情况分别进行了区分，并自动给定设计者设计楼梯的楼梯类型。并根据平法绘制楼梯的要求按照平面注写的方式注明。

平面注写方式，系以在楼梯平面布置图上注写截面尺寸和配筋具体数值的方式来表达楼梯平法施工图。其内容包括：集中标注和外围标注，集中标注表达梯板的类型代号及序号、梯板的竖向几何尺寸和配筋；外围标注表达梯板的平面几何尺寸以及楼梯间的平面尺寸。

一般来讲，集中标注包含四项内容：第一项为梯板类型代号与序号，第二项为梯板厚度，第三项为踏步段总高度，第四项为梯板配筋，梯板的分布钢筋注写在图名下方。

单击"平法绘图"菜单，其菜单组成与"平面图"菜单类似，如图 6-21 所示，此处不再赘述。

图 6-21　楼梯平法绘图主菜单

3. 立面图

楼梯立面图（剖面图）的绘制由本菜单完成，如图 6-22 所示。图中只画出各个标准层的剖面，相同标准层的各个自然层的高度标注在一起显示。

图 6-22　楼梯立面图主菜单

梯板钢筋。标准楼梯跑的钢筋可在剖面图上绘出，单击此按钮后，屏幕提示："平台钢筋是否同时标注?"程序默认标注。此后屏幕又提示："请用光标点取要标注钢筋的楼梯板"，单击后，梯板钢筋标注在剖面图上。每个标准梯板在图上只能标注一次。如果多次单击，程序会提示已经输入。LTCAD 在画梯板钢筋时同时会画上梯梁钢筋。各个模块的切换和平面图类似。

4. 配筋图

本菜单可完成楼梯配筋图，如图 6-23 所示。设计者通过"选择梯跑"或者"上一跑""下一跑"命令来画不同楼梯板的配筋图。

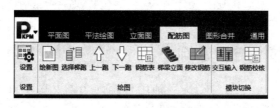

图 6-23　楼梯配筋图主菜单

"修改钢筋"命令可修改梯板上任一种钢筋，单击图面上钢筋的标注位置，按屏幕提示输入新值后即可将施工图及钢筋表中的钢筋全部修改。

"梯梁立面"命令可以画出详细的梯梁的立面图；设计者单击"梯梁立面"按钮后，程序会自动在屏幕上显示梯梁立面详图。

5. 图形合并

"图形合并"命令可将由前面形成的楼梯平面图、楼梯剖面图、楼梯配筋图有选择地布置在一张或几张图纸上，形成最终要在绘图仪上输出的施工图。

单击"图形合并"按钮，弹出"图形合并"菜单，如图 6-24 所示。可通过该菜单设置绘图图纸号，选择需要放入该施工图的已有楼梯各个图形。设计者选取需要的图形文件插入，程序默认插入整幅图形的右下角，设计者可以拖动图形到合适的位置。

图 6-24 "图形合并"菜单

6. 通用

该命令可将对全楼各模块形成的施工图进行一些通用功能的编辑。

(1) 另存。这项菜单提供设计者保存当前图形的功能,设计者可以用其他名字保存当前图形。

(2) 标注轴线。可采用自动标注、交互标注或逐根单击的方式标注楼梯间轴线。

自动标注:仅对正交的且已命名的轴线才能执行,它根据设计者所选择的信息自动画出轴线与总尺寸线,设计者可以控制轴线标注的位置。

逐根点取:可每次标注一批平行的轴线,但每根需要标注的轴线都必须单击选择,按屏幕提示指示这些点取轴线在平面图上画的位置,这批轴线的轴线号和总尺寸可以画,也可以不画。标注的结果与点取轴线的顺序无关。

(3) 标注中文。在柱、梁(不包括梯梁)、墙上标注说明字符。

其他各项菜单和 PM 常用命令基本类似,这里不再赘述。

6.2 板式楼梯设计实例

以 2.6 节框架结构①～②与©～①轴的楼梯间为例。楼梯板装修恒荷载标准值为 $1.95kN/m^2$,楼梯间活荷载标准值为 $3.50kN/m^2$。

楼梯间做法:楼梯踏步尺寸为 160mm × 300mm。采用 C35 混凝土,板厚取 $h =120mm$。楼梯角 $\alpha = \arctan(160/300) = 28.07°,\cos\alpha = 0.882$。楼梯间面层采用现浇水磨石面层;12mm 厚 1:2 水泥石子磨光;素水泥浆结合层一道;18mm 厚 1:3 水泥砂浆找平层;素水泥砂浆结合层一道。楼梯间尺寸为 3900mm×6000mm,梯井为 105mm 宽。请采用楼梯绘图软件 LTCAD 设计并绘制楼梯施工图。

下面详细介绍 LTCAD 软件的建模过程及绘图步骤。

1. 主信息

选择"楼梯设计"→"交互输入|主信息"选项,弹出"LTCAD 参数输入"对话框。"楼梯主信息一"取程序默认值,"楼梯主信息二"需输入参数,如图 6-25 所示。单击"确定"按钮关闭"LTCAD 参数输入"对话框。

2. 新建楼梯

楼梯间是由设计者单击选取网格(从 PMCAD 数据)或交互建模生成的,由结构梁或墙围成的闭合形状即可形成一个楼梯间。

1）手工输入楼梯间

（1）单击"交互输入|新建楼梯"菜单，弹出"新建楼梯工程"对话框（图 6-26）。选中"手工输入楼梯间"，在"楼梯文件名"处键入"LT1"，然后单击"确认"按钮。

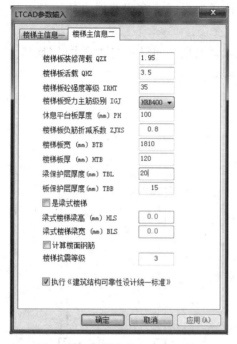

图 6-25　"楼梯主信息二"对话框　　　　　　　图 6-26　"新建楼梯工程"对话框

（2）单击"楼梯间|矩形房间"按钮，弹出本层信息定义对话框（图 6-8），在对话框中板厚输入 100mm（本层楼板的板厚），本层标准层层高 3200mm，单击"确定"按钮，弹出"矩形楼梯间输入"对话框，在对话框中输入已知数据，如图 6-27 所示。"上""下"为开间方向的梁或墙，"左""右"为进深方向的梁或墙。选择"柱布置"选项进行框架柱布置，布置方法同PMCAD 结构建模。

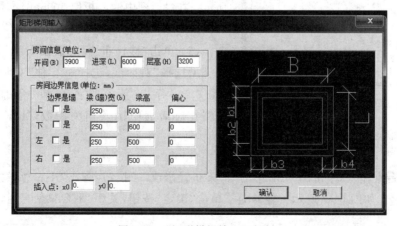

图 6-27　"矩形梯间输入"对话框

2）从整体模型中获取楼梯间

（1）单击"交互输入|新建楼梯"按钮，弹出"新建楼梯工程"对话框（图 6-26），在对话框中选择"从整体模型中获取楼梯间"，单击"确认"，弹出"整体模型读取数据"对话框，输入楼梯文件名："LT1"，其余参数设置如图 6-28 所示，单击"确认"按钮。

（2）在屏幕显示的 PMCAD 整体模型中选择楼梯间所在房间周边的轴线。选择完成后，右击或按 Esc 键退出。

（3）程序回到楼梯交互输入主界面，刚刚选择的楼梯间显示在屏幕上，完成从 PMCAD整体模型中读入楼梯间数据工作，如图 6-29 所示。

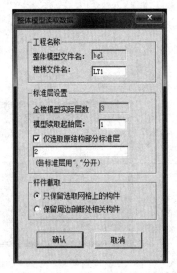

图 6-28　"整体模型读取数据"对话框

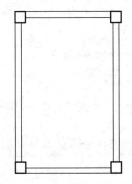

图 6-29　从 PMCAD 整体模型中读入的楼梯间

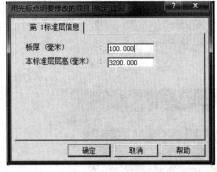

图 6-30　"第 1 标准层信息"对话框

3. 楼梯布置

1）建立楼梯第 1 结构标准层

（1）单击"本层信息"菜单，弹出对话框如图 6-30所示。在对话框中输入板厚 100mm，本标准层层高3200mm，按"确定"按钮，退出标准层信息对话框。

（2）单击"楼梯布置|对话输入"菜单，弹出"楼梯类型选择"对话框，选择第 3 种"双跑楼梯"选项（图 6-9），弹出"平行两跑楼梯—智能设计对话框"，在对话框中输入相关参数，如图 6-31 所示。

各梯段宽 $= \dfrac{1}{2}$（开间净跨度－梯井宽度）。

（3）平台梁输入，单击图 6-31 中的"梯梁布置修改…"按钮，弹出"平台梁信息对话框"，输入相关信息，如图 6-32 所示。输入完毕单击"确定"按钮，关闭"平台梁信息对话框"。

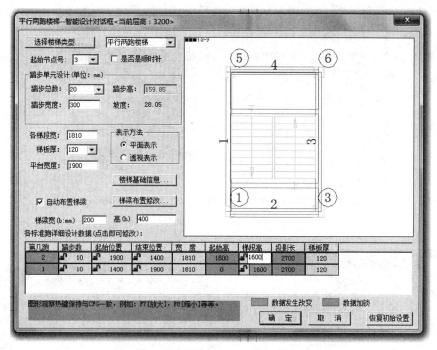

图 6-31 平行两跑楼梯—智能设计对话框

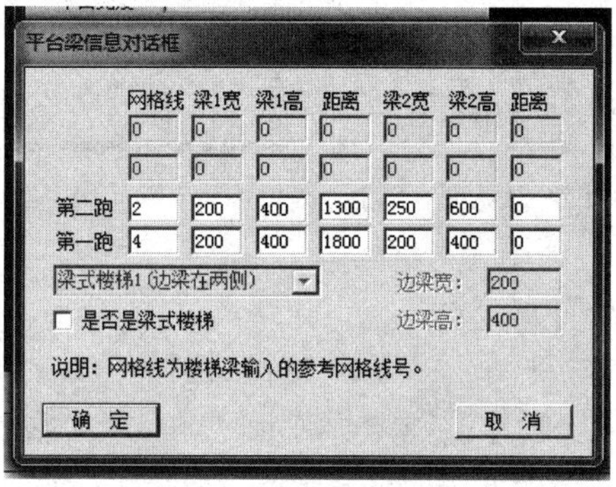

图 6-32 平台梁信息对话框

（4）基础信息输入，单击图 6-31 中的"楼梯基础信息…"按钮，弹出"普通楼梯基础参数输入对话框"，在对话框中输入相关参数，如图 6-33 所示，输入完毕后单击"确定"按钮，关闭"普通楼梯基础参数输入对话框"。

单击图 6-31 中"确定"按钮，楼梯间第 1 结构标准层建模完成。

2）建立楼梯第 2 结构标准层

（1）单击"竖向布置|换标准层"菜单，弹出"选择/添加标准层"对话框（图 6-34）。选择"添加新标准层"和"全部复制"选项，单击"确定"按钮，进入第 2 标准层。

（2）单击"本层信息"菜单，弹出对话框如图 6-35 所示。在对话框中输入板厚 100mm，本标准层层高 3200mm，单击"确定"按钮，退出"第 2 标准层信息"对话框。

（3）由于楼梯第 1 结构标准层层高与第 2 结构标准层层高相同，第 2 结构标准层平行两跑楼梯智能设计对话框与图 6-31 相同，不同的是第 2 结构标准层不需要进行基础布置。

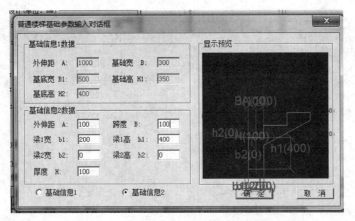

图 6-33　普通楼梯基础参数输入对话框

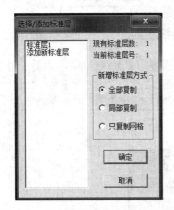

图 6-34　"选择/添加标准层"对话框

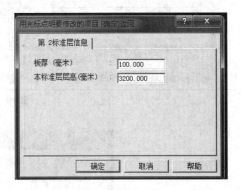

图 6-35　"第 2 标准层信息"对话框

3）建立楼梯第 3 结构标准层

（1）单击"竖向布置"→"换标准层"菜单，弹出"选择/添加标准层"对话框（图 6-36）。选择"添加新标准层"和"全部复制"选项，单击"确定"按钮，进入第 3 标准层。

（2）单击"本层信息"菜单，弹出对话框如图 6-37 所示。在对话框中输入板厚 100mm，本标准层层高 3230mm，按"确定"按钮，退出"第 3 标准层信息"对话框。

图 6-36　添加新标准层

图 6-37　"第 3 标准层信息"对话框

（3）单击"楼梯布置"→"楼梯编辑"→"楼梯删除"，按 Tab 键，用光标截取窗口，按鼠标左键，楼梯被删除，按 F5 键刷新屏幕，完成楼梯第 3 结构标准层的建模。

4. 竖向布置

单击"竖向布置"→"楼层布置"菜单，弹出"楼层组装"对话框（图 6-38）。楼层组装方法与 PMCAD 相同。单击"确定"按钮退出"楼层组装"对话框。单击"竖向布置"→"全楼组装"菜单查看建模是否正确，如图 6-39 所示。若不正确，则返回"楼梯布置"菜单进行修改。

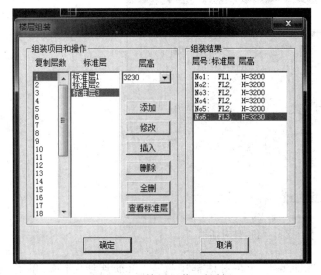

图 6-38　"楼层组装"对话框

图 6-39　楼梯全楼组装模型

5. 检查数据

单击"数据校核"→"检查数据"菜单，对输入的各项数据作合理性检查，并向 LTCAD 主菜单中的其他项传递数据。

6. 钢筋校核

单击"模块切换"→"钢筋校核"菜单，查看楼梯的计算简图及计算书等是否正确。

7. 楼梯施工图

（1）单击"模块切换"→"施工图"菜单，弹出"楼梯施工图"菜单（图 6-40）。

（2）单击"设置"菜单，弹出"设置"对话框（图 6-41）。在对话框中勾选"显示平台钢筋"，在"起始标高（米）"输入"－0.030"，其他取程序默认值。单击"确认"按钮，关闭"设置"对话框。

（3）单击"通用"→"轴线标注"→"交互标注"菜单，完成轴线标注。单击"平台钢筋"→"修改负筋"菜单，在弹出的对话框中选择负筋布置方向（图 6-42），单击"x 方向"按钮或"y

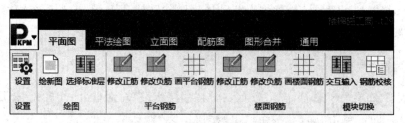

图 6-40 "楼梯施工图"菜单

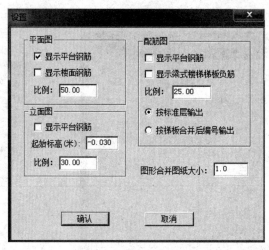

图 6-41 "设置"对话框

方向"按钮,弹出"负筋设置"对话框(图 6-43),在对话框中选中"负筋连通"选项,单击"确定"按钮,完成楼梯第 1 标准层的平面图绘制。

（4）单击"绘图"→"选择标准层"选项,选择楼梯第 2 标准层,分别选择"通用"→"轴线标注"→"交互标注"菜单"平台钢筋"→"修改负筋"菜单,完成楼梯第二标准层的平面图绘制。

图 6-42 选择负筋布置方向

图 6-43 "负筋设置"对话框

（5）分别选择"立面图""配筋图""图形合并"菜单,完成楼梯施工图,如图 6-44 所示。

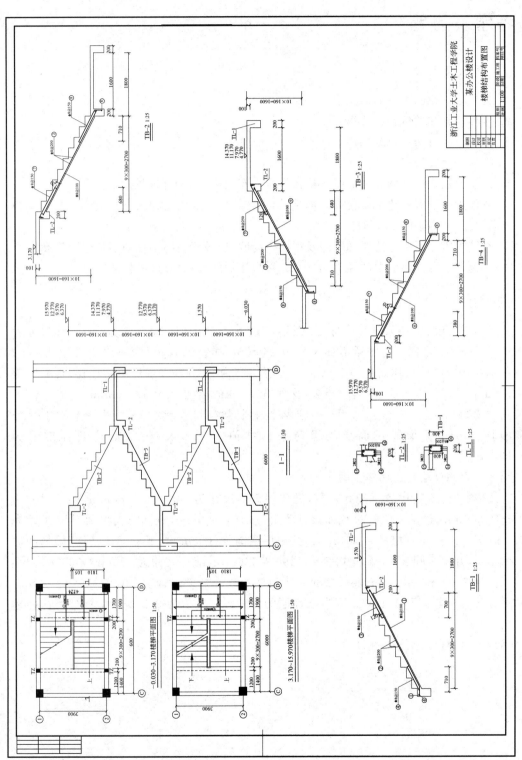

图 6-44 楼梯施工图

思考题及习题

一、思考题

1. 首层第一跑的楼梯如何支承？

2. 楼梯间梯柱的位置在哪里？

3. 计算楼梯时扶手荷载如何处理？

4. 楼梯平台梁如何支承？

5. 试绘出板式楼梯的计算简图。楼梯梯段板有何内力？如何配筋？

6. 对于无地下室的建筑做楼梯建模时，第1结构标准层的楼梯层高与PMCAD整体模型中该标准层的层高不同，应如何处理？

7. 在结构施工图中标注楼梯平台及楼面标高时，应该标注结构标高还是建筑标高？

8. 平台梁信息对话框中的梁1和梁2分别指楼梯间什么地方的梁？

二、习题

1. 已知某框架结构教学楼共5层，框架柱截面尺寸为450mm×500mm，梯柱尺寸为250mm×300mm，进深方向的梁截面尺寸为250mm×600mm，开间方向的梁截面尺寸为250mm×400mm。1层层高为3600mm，其他层层高为3300mm，现浇板式楼梯，楼梯间进深7200mm，开间3900mm，梁居中布置，梯井宽150mm，踏步尺寸为150mm×300mm，平台梁尺寸为200mm×400mm，采用C30混凝土，楼梯斜板和平台梁钢筋均采用HRB400，楼梯斜板厚130mm。梯段板面层的恒荷载标准值为1.98kN/m²，活荷载标准值为3.50kN/m²。

请用LTCAD绘制楼梯施工图。

2. 已知某框架结构教学楼共6层，框架柱截面尺寸为500mm×500mm，梯柱尺寸为250mm×300mm，进深方向的梁截面尺寸为250mm×600mm，开间方向的梁截面尺寸为250mm×400mm。1层层高为3600mm，其他层层高为3300mm，现浇梁式楼梯，楼梯间进深7200mm，开间3900mm，梁居中布置，梯井宽150mm，踏步尺寸为150mm×300mm，平台梁尺寸为200mm×400mm，斜梁截面尺寸为200mm×400mm，采用C35混凝土，楼梯斜板和平台梁钢筋均采用HRB400。梯段板面层的恒荷载标准值为2.0kN/m²，楼梯活荷载标准值为3.5kN/m²。

请用LTCAD绘制楼梯施工图。

参 考 文 献

[1] 中华人民共和国住房和城乡建设部.建筑结构可靠性设计统一标准：GB 50068—2018[S].北京：中国建筑工业出版社,2018.

[2] 中华人民共和国住房和城乡建设部.钢结构设计标准：GB 50017—2017[S].北京：中国建筑工业出版社,2018.

[3] 中华人民共和国住房和城乡建设部.建筑工程抗震设防分类标准：GB 50223—2008[S].北京：中国建筑工业出版社,2008.

[4] 中华人民共和国住房和城乡建设部.混凝土结构设计规范：GB 50010—2010[S].北京：中国建筑工业出版社,2011.

[5] 中华人民共和国住房和城乡建设部.建筑结构荷载规范：GB 50009—2012[S].北京：中国建筑工业出版社,2012.

[6] 中华人民共和国住房和城乡建设部.建筑抗震设计规范：GB 50011—2010[S].北京：中国建筑工业出版社,2016.

[7] 中华人民共和国住房和城乡建设部.高层建筑混凝土结构技术规程：JGJ 3—2010[S].北京：中国建筑工业出版社,2011.

[8] 中华人民共和国住房和城乡建设部.建筑与市政工程抗震通用规范：GB 55002—2021[S].北京：中国建筑工业出版社,2021.

[9] 中华人民共和国住房和城乡建设部.工程结构通用规范：GB 55001—2021[S].北京：中国建筑工业出版社,2021.

[10] 中华人民共和国住房和城乡建设部.混凝土结构施工图平面整体表示方法制图规则和构造详图（现浇混凝土框架、剪力墙、梁、板）(22 G101—1)[M].北京：中国计划出版社,2022.

[11] 中华人民共和国住房和城乡建设部.混凝土结构施工图平面整体表示方法制图规则和构造详图（现浇混凝土板式楼梯）(22 G101—2)[M].北京：中国计划出版社,2022.

[12] 陈岱林,高航.结构软件技术条件及常见问题详解[M].北京：中国建筑工业出版社,2020.

[13] 东南大学,同济大学,天津大学.混凝土结构与砌体结构设计(中册)[M].7 版.北京：中国建筑工业出版社,2020.

[14] 叶列平.混凝土结构(上册)[M].2 版.北京：清华大学出版社,2005.

[15] 崔钦淑,单鲁阳,聂洪达.建筑结构与选型[M].2 版.北京：化学工业出版社,2022.

[16] 李永康,马国祝.PKPMV3.2 结构软件应用与设计实例[M].北京：机械工业出版社,2018.

[17] 崔钦淑,聂洪达.建筑结构 CAD 教程[M].2 版.北京：北京大学出版社,2014.

[18] 季涛,黄志雄.多高层钢筋混凝土结构设计[M].北京：机械工业出版社,2007.

[19] 王小红,罗建阳.建筑结构 CAD：PKPM 软件应用[M].北京：中国建筑工业出版社,2004.

[20] 张宇鑫,刘海成,张星源.PKPM 结构设计应用[M].上海：同济大学出版社,2006.

[21] 崔钦淑,欧新新.PKPM 系列程序在土木工程中的应用[M].北京：中国水利水电出版社,2006.

[22] 欧新新,崔钦淑.建筑结构设计与 PKPM 系列程序应用[M].北京：机械工业出版社,2010.

[23] 崔钦淑.PKPM 结构设计程序应用[M].北京：中国水利水电出版社,2011.